工业和信息化**精品系列**教材

大学信息技术
实践教程

李菲 涂洪涛 张琪◎主编
徐雯君 张恒◎副主编

人民邮电出版社

北京

图书在版编目（CIP）数据

大学信息技术实践教程 / 李菲，涂洪涛，张琪主编. -- 北京：人民邮电出版社，2022.3（2024.1重印）
工业和信息化精品系列教材
ISBN 978-7-115-57294-3

Ⅰ. ①大… Ⅱ. ①李… ②涂… ③张… Ⅲ. ①电子计算机－高等职业教育－教材 Ⅳ. ①TP3

中国版本图书馆CIP数据核字(2021)第180974号

内 容 提 要

本书是按照《高等职业教育专科信息技术课程标准》，结合当前计算机的发展与应用型人才培养的实际要求编写的。本书共 5 章，包含 11 个任务，分别介绍计算机基础、WPS 文字、WPS 表格、WPS 演示、计算机网络及使用。本书结构清晰、案例翔实、语言通俗易懂、图文并茂，将知识点融入案例中，具有较强的实用性和可操作性。

本书可以作为高等职业院校各专业信息技术基础课程的教材，也可以作为信息技术的培训教材及自学参考书。

◆ 主　编　李　菲　涂洪涛　张　琪
　　副主编　徐雯君　张　恒
　　责任编辑　刘　佳
　　责任印制　王　郁　焦志炜
◆ 人民邮电出版社出版发行　北京市丰台区成寿寺路 11 号
　　邮编　100164　电子邮件　315@ptpress.com.cn
　　网址　https://www.ptpress.com.cn
　　固安县铭成印刷有限公司印刷
◆ 开本：787×1092　1/16
　　印张：14.75　　　　　　　　　　　2022 年 3 月第 1 版
　　字数：314 千字　　　　　　　　　2024 年 1 月河北第 4 次印刷

定价：49.80 元

读者服务热线：(010)81055256　印装质量热线：(010)81055316
反盗版热线：(010)81055315
广告经营许可证：京东市监广登字 20170147 号

前　言

本书全面贯彻党的二十大精神，以社会主义核心价值观为引领，传承中华优秀传统文化，坚定文化自信，使内容更好体现时代性、把握规律性、富于创造性。

随着计算机技术的高速发展和计算机知识的普及，计算机应用已深入当今社会的各个领域，掌握计算机基础知识和使用技能已成为当代大学生的一项基本任务。本书全面介绍信息技术的基础知识，主要内容包括计算机基础、WPS 文字、WPS 表格、WPS 演示、计算机网络及使用。本书具有以下几个方面的特色。

（1）体例新颖：本书基于工作过程的教学案例编写，同时融入课程思政元素，在日常教学中实现对学生的爱国主义情操、公民责任感和遵守网络法规等素质的培养。

（2）针对性强：本书内容以教育部颁布的《高等职业教育专科信息技术课程标准》为依据，紧扣计算机等级考试二级 WPS Office 高级应用与设计考试大纲编写。

（3）符合认知规律：本书的编写遵循"认识—了解—掌握—应用"的认知规律。

（4）可操作性强：本书中各工作任务都有详细的步骤描述，便于教师讲解和学生自学，任务难度适中，具有一定的综合性和实践性。

（5）内容全面：本书不仅包含一定的计算机理论知识，还包含当今信息技术发展的趋势和应用方面的内容，以开阔学生视野。

本书包含 11 个案例式任务，每个任务将多个知识点与操作技能有机地联系起来。读者要完成书中的任务，必须正确运用所包含的知识点与技能。案例式任务贴近教学任务需求，本书将各任务分为任务描述、任务分析、工作流程、基本概念、详细步骤等几部分内容。案例教学是依据目标、基于任务的教学，根据目标及任务综合思考，一步步完成教学，有利于培养学生的创新精神与实践能力。

本书在内容的组织安排上尽量做到结构合理、内容翔实、通俗易懂。从实践的角度出发，提供较为详尽的操作步骤，具有很强的实用性和可操作性。

本书由李菲提出编写思路并拟定编写大纲，由李菲、涂洪涛、张琪任主编，徐雯君和张恒任副主编，参与编写的还有刘媛媛、王路、杨玉香、黄崇新、阮婉莹、喻力、叶端丽等。

由于编者水平有限，书中疏漏之处在所难免，敬请广大读者批评指正。

编者

2023 年 6 月

目 录

第 1 章

计算机基础 1

- 1.1 认识计算机 1
  - 1.1.1 计算机发展史 1
  - 1.1.2 计算机的工作原理 3
  - 1.1.3 计算机系统的组成 3
  - 1.1.4 计算机硬件系统 4
  - 1.1.5 计算机软件系统 11
- 1.2 计算机中的数据 14
  - 1.2.1 文件及文件类型 14
  - 1.2.2 数制 16
  - 1.2.3 编码 20
- 1.3 多媒体及其应用 22
- 1.4 计算机病毒及预防 24
- 1.5 操作系统 28
  - 1.5.1 操作系统的功能 28
  - 1.5.2 操作系统的分类 29
- 1.6 任务：购买和组装计算机 30
  - 【任务描述】 30
  - 【任务分析】 30
  - 【购机流程】 31
  - 【详细步骤】 31
- 拓展阅读 35
- 课后练习 37

第 2 章

WPS 文字 39

- 2.1 基本操作技能 39
  - 2.1.1 新建 WPS 文字文档 40
  - 2.1.2 使用模板创建文档 41
  - 2.1.3 保存文档 42
  - 2.1.4 输出文档 43
- 2.2 协作和共享 45
  - 2.2.1 协作编辑 45
  - 2.2.2 分享文档 48
  - 2.2.3 使用共享文件夹 52
- 2.3 任务一：制作讲座邀请函 54
  - 【任务描述】 54
  - 【任务分析】 55
  - 【工作流程】 55
  - 【基本概念】 56
  - 【详细步骤】 56
- 2.4 任务二：制作精美的宣传单页 64
  - 【任务描述】 64
  - 【任务分析】 65
  - 【工作流程】 65
  - 【基本概念】 66
  - 【详细步骤】 66
- 2.5 任务三：设计学习备忘录 77
  - 【任务描述】 77
  - 【任务分析】 77
  - 【工作流程】 78
  - 【基本概念】 78
  - 【详细步骤】 78
  - 【技能提高】 86
- 拓展阅读 92
- 课后练习 97

第 3 章

WPS 表格 99

- 3.1 基本操作技能 99
  - 3.1.1 WPS 表格的启动和退出 99
  - 3.1.2 WPS 表格窗口 100
  - 3.1.3 用 WPS 表格创建并保存文档 .. 103

3.1.4 WPS 表格中单元格的基本操作…… 104
3.1.5 WPS 表格中工作表的基本操作…… 109
3.2 任务一：制作产品目录及
价格表 …………………………… **111**
【任务描述】………………………… 111
【任务分析】………………………… 111
【工作流程】………………………… 112
【基本概念】………………………… 112
【详细步骤】………………………… 114
3.3 任务二：制作工资管理表……… **122**
【任务描述】………………………… 122
【任务分析】………………………… 122
【工作流程】………………………… 122
【基本概念】………………………… 123
【详细步骤】………………………… 127
3.4 任务三：制作企业日常
费用表 …………………………… **135**
【任务描述】………………………… 135
【任务分析】………………………… 135
【工作流程】………………………… 136
【基本概念】………………………… 136
【详细步骤】………………………… 139
3.5 任务四：制作销售统计分析 …… **146**
【任务描述】………………………… 146
【任务分析】………………………… 146
【工作流程】………………………… 146
【基本概念】………………………… 146
【详细步骤】………………………… 148
拓展阅读 ………………………………… 154
课后练习 ………………………………… 156

第 4 章

WPS 演示 ………………………**160**
4.1 基本操作技能 …………………… **160**
4.1.1 新建演示文稿 ………………… 160
4.1.2 WPS 演示文稿窗口 …………… 161
4.2 幻灯片操作 ……………………… **162**
4.2.1 切换视图 ……………………… 162
4.2.2 新建幻灯片 …………………… 164

4.2.3 删除幻灯片 …………………… 165
4.2.4 复制和移动幻灯片…………… 165
4.3 打包演示文稿 …………………… **166**
4.3.1 打包为文件夹 ………………… 167
4.3.2 打包为压缩文件 ……………… 167
4.4 任务一：制作讲座用演示
文稿 ……………………………… **168**
【任务描述】………………………… 168
【任务分析】………………………… 169
【工作流程】………………………… 169
【基本概念】………………………… 169
【详细步骤】………………………… 170
4.5 任务二：制作电子相册………… **184**
【任务描述】………………………… 184
【任务分析】………………………… 184
【工作流程】………………………… 185
【基本概念】………………………… 185
【详细步骤】………………………… 186
拓展阅读 ………………………………… 199
课后练习 ………………………………… 201

第 5 章

计算机网络及使用 ……………**203**
5.1 了解计算机网络 ………………… **203**
5.1.1 计算机网络的功能 …………… 204
5.1.2 计算机网络的分类 …………… 204
5.1.3 常见网络术语 ………………… 205
5.1.4 常用网络设备 ………………… 206
5.2 认识互联网 ……………………… **209**
5.2.1 了解互联网 …………………… 209
5.2.2 互联网工作原理 ……………… 211
5.2.3 接入互联网 …………………… 214
5.3 任务：使用互联网 ……………… **215**
【任务描述】………………………… 215
【任务分析】………………………… 215
【详细步骤】………………………… 215
拓展阅读 ………………………………… 225
课后练习 ………………………………… 228

第 1 章
计算机基础

学习内容：

- 计算机的发展史、工作原理和计算机系统的组成。
- 计算机中文件、文件类型和编码。
- 数制的基本概念，二进制和十进制、八进制、十六进制之间的转换。
- 多媒体及其应用。
- 计算机病毒及预防。
- 操作系统的功能与分类。

学习目标：

- 掌握计算机的原理和系统组成的相关知识。
- 掌握计算机病毒和多媒体的相关知识。
- 掌握操作系统的概念。
- 了解组装台式计算机的方法和步骤。

1.1 认识计算机

1.1.1 计算机发展史

如同历史上的许多发明一样，计算机技术的发展是随着人类不同时期的需求和其他领域的各种发明不断调整、结合、演化的。从最初用于数量统计的辅助工具到近代大型工业的高速计算，再到现今的信息处理、人工智能领域，计算机的发展可谓日新月异。

1946 年 2 月，美国宾夕法尼亚大学莫尔学院制成了第一台电子数字积分计算机"埃尼阿克"（Electronic Numerical Integrator and Computer，ENIAC），它最初用来为美国陆军计算弹道数据，后经多次改进成为能进行各种科学计算的通用计算机，如进行原子弹和新型导弹弹道的计算。这台完全采用电子电路执行算术运算、逻辑运算和信息存储的计算机，运算速度比继电器计算机快 1000 倍。ENIAC 占地约 170 平方米，重 30 吨，包含了 18800 个真空管，耗电 150 千瓦/小时。它每秒可以进行 5000 次加法运算，需要手动连接电缆，设置了 6000 个开关进行编程。这种计算机的程序仍然是外加式的，存储容量也太小，尚未完全具备现代计算机的主要特征。

那么，计算机是如何从房间大小的庞然大物发展成现代的微型个人计算机的呢？计算机器件从电子管到晶体管，从分立元件到集成电路，再到微处理器，计算机的发展史中出现了 3 次飞跃，形成了 4 个发展阶段。

第一阶段是电子管计算机时期（1946—1954 年），这一阶段的计算机主要用于科学计算。主存储器制作技术是决定计算机技术面貌的主要因素，当时的主存储器有水银延迟线存储器、阴极射线示波管静电存储器、磁鼓存储器和磁心存储器等类型，通常按主存储器类型对计算机进行分类。

第二阶段是晶体管计算机时期（1955—1964 年），这一阶段的计算机主存储器均采用磁心存储器，磁鼓存储器和磁盘存储器开始用作主要的辅助存储器。这个时期，科学计算机领域的计算机继续发展，中、小型计算机，特别是廉价的小型数据处理计算机开始大量生产。

第三阶段是中、小规模集成电路计算机时期（1965—1971 年），在集成电路计算机发展的同时，计算机也进入了产品系列化的发展时期。这一时期半导体存储器逐步取代了磁心存储器的主存储器地位，磁盘存储器成了不可缺少的辅助存储器，并且这一时期的计算机开始普遍采用虚拟存储技术。随着各种半导体只读存储器和可改写的只读存储器的迅速发展，以及微程序技术的发展和应用，计算机系统中开始出现固件子系统。

第四阶段是大规模和超大规模集成电路计算机时期（1972 年至今），计算机中集成电路的集成度迅速从中、小规模发展到大规模、超大规模的水平，微处理器和微型计算机应运而生，各类计算机的性能迅速提高。随着字长为 4 位、8 位、16 位、32 位和 64 位的微型计算机（简称微机）的相继问世和广泛应用，小型计算机、通用计算机和专用计算机的需求量也相应增长。

微型计算机在社会上大量应用后，一座办公楼、一所学校、一个仓库常常拥有数十台乃至数百台计算机。实现多台计算机互联的局域网随即兴起，进一步推动了计算机应用系统从集中式系统向分布式系统的发展。微型计算机如图 1-1 所示。

图 1-1　微型计算机

目前，计算机已经把信息采集存储处理、通信和人工智能结合在一起。它不仅能进行一般的信息处理，而且能面向知识进行信息处理，具有推理、联想、学习和解释的能力，是人类开拓未知领域、获得新知识的好帮手。

1.1.2 计算机的工作原理

当代计算机是按照冯·诺依曼提出的"二进制和存储程序原理"制造的。其简单工作原理：首先，外界的信息（程序和数据）由输入设备接收，控制器发出命令将数据送入内存储器，然后向内存储器发出取命令；在取命令下，程序指令被逐条送入控制器，控制器对程序指令进行译码，并根据程序指令的操作要求，向存储器和运算器发出存、取命令和运算命令，并把结果保存在存储器内；最后，控制器发出输出命令，输出设备输出计算结果。从以上原理可知，计算机内部的硬件工作均是在控制器的控制之下进行的，计算机的工作原理如图 1-2 所示。

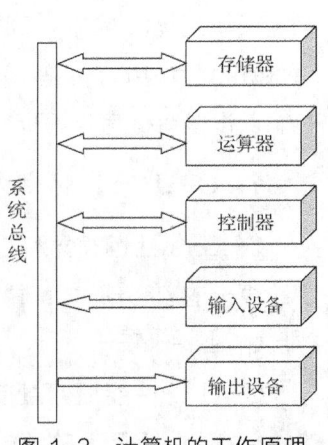

图 1-2 计算机的工作原理

1.1.3 计算机系统的组成

计算机系统包括硬件系统和软件系统两大部分，如图 1-3 所示。

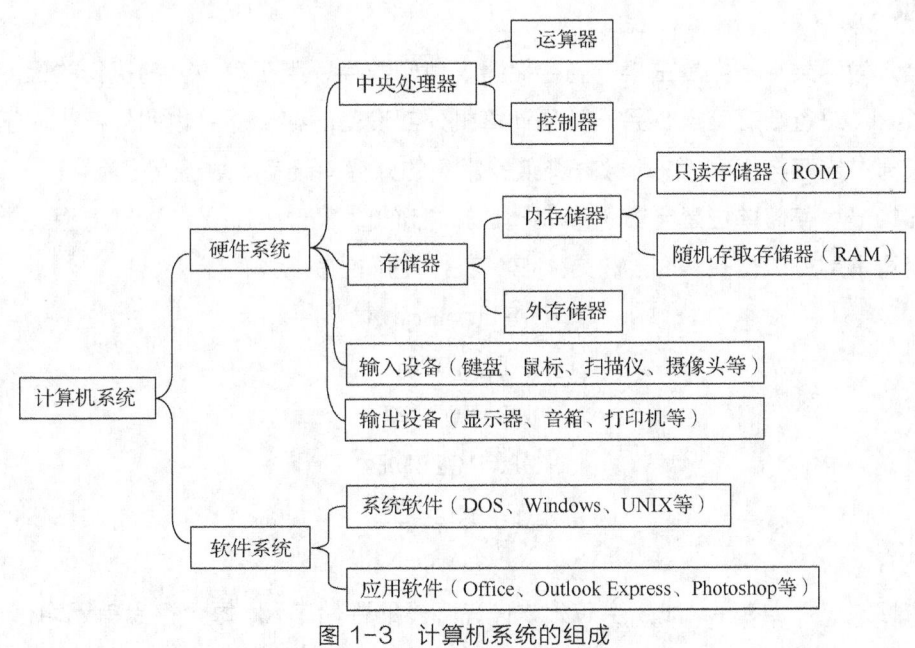

图 1-3 计算机系统的组成

软件系统是计算机系统中使用的所有程序和有关资料的总称，软件系统包括系统软件和应用软件。硬件系统由组成计算机的各种看得见、摸得着的实际物理设备构成,包括计算机的主机和外部设备。一般来说,硬件系统由五大功能部件组成:运算器、控制器、存储器、输入设备和输出设备。

1.1.4 计算机硬件系统

在微型计算机中,运算器和控制器通常集成在一块芯片上,称为中央处理器(Central Processing Unit,CPU)。主机机箱中包括主板、存储设备、电源和各种插件板等部件。常用的输入设备有键盘、鼠标等,常用的输出设备有显示器、打印机等。

1. CPU

CPU 包括运算器和控制器两大部件,又称为微处理器,是计算机的核心部件。计算机的所有操作均受 CPU 控制。CPU 芯片如图 1-4 所示。

CPU 的性能指标直接决定了由它构成的微型计算机系统的性能指标。CPU 的性能指标主要包括字长和时钟频率。字长表示 CPU 每次处理数据的能力。计算机处理的字长越长,计算机的精度越高。时钟频率又称主频,以 MHz 为单位,通常时钟频率越高,CPU 处理速度就越快。

图 1-4 CPU 芯片

2. 存储器

存储器分为两类:一类是主机的内存储器,也叫内存,用于存放当前执行的程序和数据,它直接与 CPU 进行数据交换;另一类是计算机外部设备的存储器,也叫外存,属于永久性存储设备,它通过内存与 CPU 进行数据交换,常见的外存有硬盘、U 盘等。

存储器的最小存储单位是字节(Byte,B),相连的 8 位(bit)二进制数为一个字节。描述存储器容量常用的单位有 KB、MB、GB、TB,它们的关系如下。

$$1Byte=8bit$$
$$1KB=1024B$$
$$1MB=1024KB$$
$$1GB=1024MB$$
$$1TB=1024GB$$

(1)内存

内存也称为主存。内存一般按字节分成许许多多的存储单元,每个存储单元均有一个编号,称为地址。CPU 可以通过地址查找所需的存储单元。

存储容量和存取时间是衡量内存性能的两个重要指标。存储容量指存储器可容纳的二进制信息量，在计算机的性能指标中，常说的 128MB、256MB 是指内存的存储容量。存取时间即存储器从收到有效地址到其输出端出现有效数据的时间间隔，存取时间越短，内存性能越好。根据功能，内存又可分为随机存取存储器（Random Access Memory，RAM）和只读存储器（Read Only Memory image，ROM）。

RAM 中的信息可以随机地读出和写入。当计算机断电时，内存中的信息会丢失。目前计算机中使用的内存均为半导体材料所制。内存由一组存储芯片在一条印刷电路板上焊制而成，因此通常又习惯称之为内存条，如图 1-5 所示。

图 1-5　内存条

ROM 中的信息由制造厂家一次性写入并永久保存下来。在计算机运行过程中，ROM 中的信息只能被读出而不能写入。它通常用来存放一些固定的程序，如系统监控程序、检测程序等。

（2）外存

外存也称辅助存储器，它通常是与主机相对独立的存储器部件。与内存相比，外存容量较大，断电后其中的信息不会丢失，但存取速度较慢。外存不直接与 CPU 进行数据交换，当 CPU 需要访问外存的数据时，需要先将数据读入内存中，然后 CPU 再从内存中访问该数据；当 CPU 要输出数据时，也是先将数据写入内存中，然后再由内存将数据写入外存中。

微型计算机常用的外存有两类：磁盘存储器和光盘存储器。最主要的磁盘存储器是硬盘，也称固定盘，如图 1-6 所示。它安装在主机机箱内，盘片与读写驱动器组合成一个整体。微型计算机中的大量程序、数据和文件通常都保存在硬盘中。

图 1-6　硬盘

注意　硬盘工作时应避免震动，以免磁头划坏盘片，造成损坏。在安装系统前，还要对硬盘进行分区。分区是将一个硬盘划分为几个逻辑盘，分别标识出 C 盘、D 盘、E 盘等，并设定主分区（活动分区）。

光盘是一种大容量外存，如图 1-7 所示。它具有体积小、容量大、可靠性高、保存时间长、价格低和便于携带等特点，是现在计算机中常用的一种存储设备。光盘存储系统由光盘、光盘驱动器和接口设备组成。图 1-8 所示为光盘驱动器。光盘驱动器（简称光驱）是多媒体计算机中重要的输入设备，它内部装有小功率的激光光源，读取信息时根据光盘凹凸不平的表面对光反射的强弱变化来读出数据。光驱最重要的性能指标是光驱的"倍速"，常见的有 48 倍速和 56 倍速等。光驱的倍速是以基准数据传输率 150kbit/s 来计算的。光盘的读取速度要慢于硬盘。

图 1-7 光盘　　　　　　　　　　　图 1-8 光盘驱动器

随着通用串行总线（Universal Serial Bus，USB）开始在 PC（Personal Computer，个人计算机）上出现并逐渐盛行，借助 USB 接口，移动存储设备逐步成为主要的存储设备。常用的移动存储设备如图 1-9 所示。

（a）U 盘　　　　　　　（b）移动硬盘　　　　　　（c）存储卡

图 1-9 常用的移动存储设备

U 盘是一种基于 USB 接口的移动存储设备，如图 1-9（a）所示。它可在不同的硬件平台上使用，容量通常在几百 MB 到几百 GB，价格便宜，体积很小，便于携带，使用极其方便。

移动硬盘也是基于 USB 接口的移动存储设备，如图 1-9（b）所示。它可以在任何不同硬件平台（PC、MAC、笔记本计算机）上使用，容量可达几百 GB，有的能达到几 TB，同时具有极强的抗震性，是一款实用、稳定的移动存储设备。

计算机应用变得越来越广泛，很多人都喜欢随身携带小巧的电子产品，例如数码相机、数码摄像机等。这些电子产品多采用存储卡作为存储设备，如图 1-9（c）所示。将数据保存在存储卡中，电子产品可以方便地与计算机进行数据交换。

3. 输入设备

输入设备指向计算机输入数据、程序及各种信息的设备。计算机中最常用的输入设备有键盘、鼠标等。

键盘（Keyboard）是实现人机交互的最基本设备之一，用户可以用它来输入数据、命令和程序，如图 1-10 所示。键盘内部有专门的控制电路，当按下键盘上的一个按键时，键盘内部的控制电路就会产生一个相应的二进制代码，并将此代码输入计算机内部。目前计算机中常用的键盘为 101 键位键盘、104 键位键盘和 107 键位键盘。

图 1-10　键盘

鼠标（Mouse）也是计算机必不可少的输入设备。在图形环境下，鼠标可以通过鼠标指针定位来完成操作，速度较快。从控制原理来看，目前市场上流行的鼠标主要有光电鼠标、无线光电鼠标和轨迹球鼠标，如图 1-11 所示。

（a）光电鼠标

（b）无线光电鼠标

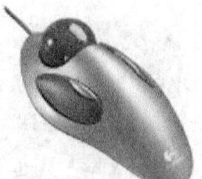
（c）轨迹球鼠标

图 1-11　鼠标

光电鼠标内部有一个发光二极管。它发出的光线可以照亮光电鼠标底部表面，底部表面会反射回一部分光线，通过一组光学透镜后，传输到一个光感应器件内成像。当光电鼠标移动时，其移动轨迹便会被记录为一组高速拍摄的连贯图像，被光电鼠标内部的一块专用图像分析芯片（即数字微处理器）分析处理。该芯片通过对这些图像上特征点位置的变化进行分析，来判断鼠标的移动方向和移动距离，从而完成鼠标指针的定位。

无线光电鼠标利用红外线和无线电技术进行信号传输，使得鼠标在使用过程中更灵活，也更自由，没有了线缆的束缚。无线光电鼠标的接收器通常插入计算机的 USB 接口，以实现鼠标和计算机之间的信号传输。

轨迹球鼠标的工作原理和内部结构与光电鼠标类似，只是改变了滚轮的运动方式：鼠标固定不动，直接用手拨动轨迹球来控制鼠标指针的移动。轨迹球鼠标外观新颖，可随意放置，手感也不错。

4．输出设备

输出设备是指能输出计算机处理结果的设备。常用的输出设备有显示器、打印机、音箱和投影仪等。

　　显示器用来显示计算机输出的文字、图形或影像。常见的显示器有两种：阴极射线管（Cathode Ray Tube，CRT）显示器，如图1-12（a）所示；液晶显示器（Liquid Crystal Display，LCD），如图1-12（b）所示。LCD的特点是轻、薄、几乎无辐射，因此现在市面上多为这种显示器。

　　CRT有两个重要的技术指标：屏幕尺寸和分辨率。显示器的屏幕尺寸以屏幕对角线的长度来表示，常见的有17英寸、20英寸、22英寸等（1英寸≈2.54厘米）。分辨率就是屏幕图像的精密度，是指显示器上单位面积所能显示的像素的多少。由于屏幕上的点、线和面都是由像素组成的，显示器可显示的像素越多画面就越精细，同样的屏幕区域内能显示的信息也越多，所以分辨率是一个非常重要的性能指标。可以把整个图像想象成一个大型的棋盘，而分辨率就是所有水平线和垂直线交叉点的数目。以分辨率为1024×768的屏幕来说，此屏幕每一条水平线上包含有1024个像素点，共有768条水平线，即扫描列数为1024列，行数为768行。

（a）CRT显示器　　　　　　　　　　（b）LCD

图1-12　两种常见的显示器

　　LCD有6个技术参数：亮度、对比度、可视角度、响应时间、色彩和分辨率。

　　亮度值愈高，画面愈亮丽。对比度越高，色彩越鲜艳、饱和，立体感越强。对比度越低，颜色显得越贫瘠，影像也变得越扁平。对比度的值差别很大，有100∶1、300∶1，甚至更高，一般实际应用最好在250∶1及以上。

　　可视角度是指用户在屏幕前观看画面可以看得清楚的范围。可视角度愈大，浏览愈轻松；可视角度愈小，稍微变动观看位置，就可能看不全画面，甚至看不清楚。

　　响应时间是指系统从接收键盘或鼠标的指示开始，经CPU计算处理后，至显示器显示相应操作的时间。响应时间关系到用LCD观看文本及视频（如VCD/DVD）时，画面是否会出现拖尾现象。此现象一般只发生在LCD上，传统的CRT显示器则无此问题。从早期的25ms，到16ms，再到12ms、8ms、5ms、2ms，LCD的响应时间在不断缩短。

　　显示器的色彩指的是显示器能够显示自然界颜色的数量，色彩越多，则图像色彩还原度越高。大多数LCD的真正色彩为26万色左右（262144色），各品牌的LCD彼此之间差距不大。

LCD 和传统的 CRT 显示器一样，分辨率是显示器最重要的参数之一。LCD 的物理分辨率是固定不变的。对于 CRT 显示器而言，只要调整电子束的偏转电压，就可以改变分辨率的大小。但是在 LCD 里实现起来就复杂多了，必须通过运算来模拟出最佳显示效果，但实际分辨率是没有改变的。当 LCD 使用的是非标准分辨率时，文本显示效果就会变差，文字的边缘就会被虚化。LCD 的最佳分辨率也叫最大分辨率，在该分辨率下，LCD 才能显现最佳影像。由于相同尺寸 LCD 的最大分辨率都一致，所以同尺寸 LCD 的价格一般与分辨率没有关系。因此，我们在购买 LCD 的时候千万不要只顾着看亮度和对比度，而忘了看物理分辨率。

注意

购买 LCD 还需要注意"坏点"问题。LCD 最怕的就是坏点，一旦出现坏点，不管实际的图像如何，LCD 上的那一点永远显示同一种颜色。这种"坏点"是无法维修的，只有更换整个 LCD 才能解决问题。坏点大概可以分为两类：暗点和亮点。其中，出现暗点后，无论屏幕显示内容如何变化都无法显示内容，而更令人讨厌的则是那种只要开机后就一直存在的亮点。

LCD 由两块玻璃板构成，厚约 1 毫米，玻璃板中间是厚约 5 微米（1/1000 毫米）的水晶液滴，被均匀间隔开，包含在细小的单元格结构中，每 3 个单元格结构构成屏幕上的一个像素。一个像素为一个光点。每个光点都由独立的晶体管来控制其电流的强弱，如果该光点的晶体管坏掉，就会造成该光点永远点亮或不亮，这就是前面提到的亮点和暗点。

检查坏点的方法相当简单，只要将 LCD 的亮度及对比度调到最大（显示反白的画面）或调到最小（显示全黑的画面），你可能会发现屏幕上有不少亮点或暗点存在。坏点通常无法完全避免，LCD 厂商一般对此的解释是只要坏点的数量和分布没有超出一定的标准就表示 LCD 是正常的。

打印机可将计算机中的信息打印到纸张或其他特殊介质上，以供阅读和保存。打印机的类型很多，目前常用的打印机有：针式打印机，如图 1-13（a）所示；喷墨打印机，如图 1-13（b）所示；激光打印机，如图 1-13（c）所示。打印机的主要性能指标是打印速度和打印分辨率。

（a）针式打印机

（b）喷墨打印机

（c）激光打印机

图 1-13　打印机

针式打印机由打印头、运载打印头的小车装置、色带、输纸机构和控制电路组成。色带一般由浸除了打印色料的高强度尼龙带制成。打印针打印到色带上时，将颜色转印在纸张上来完成打印。针式打印机的打印精度不高，速度较慢，噪声较大，但成本较低。

喷墨打印机是靠墨水通过精细的喷头喷到纸面上来形成字符和图像。喷墨打印机的分辨率一般可达到720dpi（Dot Per Inch，每英寸的点数），最高可达到1440dpi。喷墨打印机的体积小、重量轻、价格便宜，但打印成本较高。

　　激光打印机是一种高速度、高精度、低噪声的非击打式打印机。它的分辨率通常为600dpi，高档激光打印机的分辨率可达到1200dpi，是自动化办公设备的主流之选。

　　音箱是整个音响系统的终端，其作用是把音频的电信号转换成相应的声信号，并把它辐射出去，它是音响系统极其重要的组成部分，如图1-14所示。音箱直接与人的听觉打交道，人的听觉是十分灵敏的，并且对复杂声音的音色具有很强的辨别能力。由于人耳对声音的主观感受正是评价音响系统音质好坏的重要标准，因此可以认为，音箱的性能对音响系统的放音质量起着关键作用。

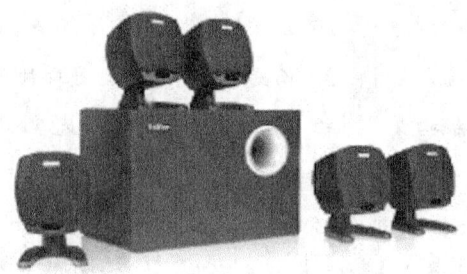

图1-14　音箱

5. 主板

　　通常，人们不会把主板作为计算机的一个独立部分来介绍。因为它只是一个平台，集成了计算机系统的核心部件，包括CPU插座、内存插座、声卡芯片、各种接口电路及PCI扩展槽等，各种输入、输出设备均需要连接到主板上。微型计算机主板如图1-15所示。

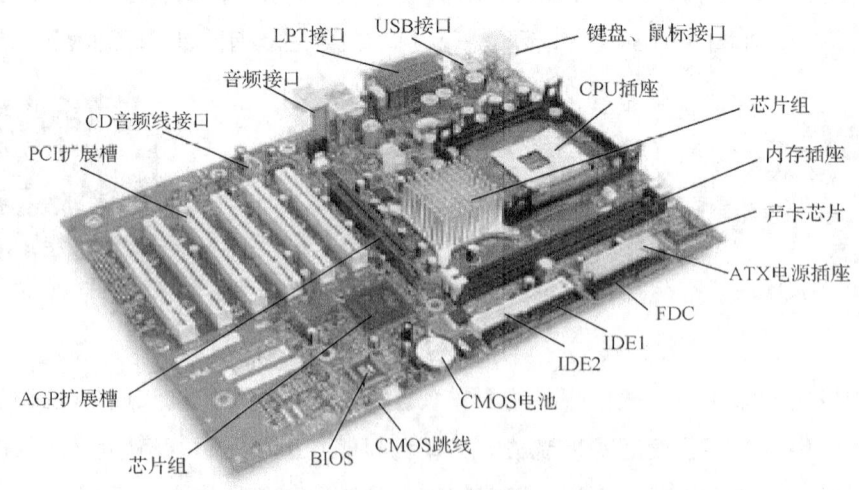

图1-15　微型计算机主板

说明　显示接口卡也称为显示适配器，又称显卡，它是显示器与主机通信的控制电路和接口。显卡的作用是将计算机中的数据处理成信息，并在显示器上显示出来。显示器的显示效果如何，不光要看显示器的质量，还要看显卡的质量。显卡分为独立显卡和集成显卡两类。集成显卡是将显示芯片、显存及其相关电路集成在主板上，它的优点是功耗低、发热量小，不用花费额外的资金购买显卡；缺点是不能单独更换显卡，要换就只能和主板一起换。独立显卡将显示芯片、显存及其相关电路单独做在一块电路板上，如图1-16所示，它需占用主板的扩展插槽。独立显卡在技术上较集成显卡先进得多，比集成显卡的显示效果和性能好得多，也便于升级。它的缺点是系统功耗大，发热量也较大，需额外花费购买显卡的资金。如今一般的计算机用户都选择集成显卡，除非是专业从事图形图像类设计的人士，或者是追求完美视听效果的"发烧友"，才会选购独立显卡。

声卡是实现声波与数字信号相互转换的一种硬件。声卡的基本功能是把从输入设备中获取到的声音模拟信号转换成一串数字信号，采样存储到计算机中。重放时，这些数字信号被送到一个数模转换器中还原为模拟信号，放大后送到扬声器发声。如今，大多计算机用户都选择购买集成声卡，此类产品集成在主板上，具有不占用PCI接口、成本更低、兼容性更好等优势，能够满足普通用户的大多数需求。而独立声卡是相对于集成声卡而言的，虽然现在的集成声卡音效已经很不错了，但独立声卡并没有销声匿迹。现在推出的独立声卡大多是为音乐"发烧友"及其他特殊场合量身定制的，它对电声中的一些技术指标有着相当苛刻的要求，以达到精益求精的程度，再配合出色的回放系统，能给人以身临其境的视听享受。独立声卡如图1-17所示。

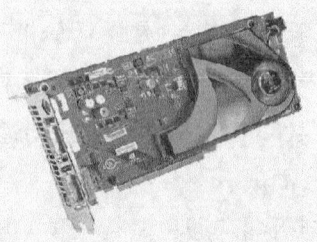
图1-16　独立显卡

图1-17　独立声卡

1.1.5　计算机软件系统

计算机软件系统是指为了充分发挥计算机硬件系统的效能，以及方便用户使用计算机而设计的各种程序和数据的总和。软件系统是计算机系统的重要组成部分，没有软件系统的计算机不能进行任何工作。通常，非专业的人员学习计算机，主要是为了掌握相关的系统软件和应用软件的使用方法，以便完成工作任务和满足娱乐需求等。

计算机软件系统可分为两大部分：系统软件和应用软件。

1．系统软件

系统软件是计算机中最靠近硬件的一层软件，用来实现计算机系统的管理、控制、运行和维护。系统软件与具体的应用无关，是为所有其他软件提供支持和服务的，是计算机必须具备的支撑软件。一般来说，系统软件包括以下 3 类。

① 操作系统管理硬件资源、控制程序执行、改善人机界面和为其他软件提供支持的软件，如 Windows、UNIX、Linux 和 DOS。

② 语言处理系统是各种程序设计语言的编译程序，它的作用是把源程序编译成二进制代码表示的机器语言，如 Pascal、C、C++、Java 等语言。目前较流行的是可视化、面向对象的语言，如上述后两种语言。

③ 数据库管理系统是用于建立、使用和维护数据库的系统软件，如 Fox 公司的 FoxPro、微软公司的 SQL 与 Access、甲骨文公司的 Oracle、IBM 公司的 DB2 等。

（1）系统软件的主要特点

系统软件的特点主要有以下几点。

① 与硬件系统紧密结合，例如，操作系统（包括设备驱动程序）实际上是与硬件捆绑在一起的。

② 公用性和共享性，即所有用户均需要使用它。

③ 基础性，即它是各种应用软件的工作平台。

（2）程序设计语言

计算机做任何事情，均是通过执行指令的方式来实现的。指令是给计算机下达的命令，它告诉计算机每一步要做什么操作，参与此操作的数据来自何处，操作结果又将送往何处。一条指令包括操作码和地址码两部分，操作码指出该指令操作的类型，地址码指出参与操作的数据和操作结果存放的位置。程序由一条条指令有序地组合而成。

人与人之间的沟通需要有共同的语言，同样，人与机器沟通也需要一种交流的工具，即程序设计语言。程序设计语言通常分为机器语言、汇编语言和高级语言 3 类。

① 机器语言。机器语言是计算机能直接识别的语言，执行效率比任何其他的语言都高。每种型号的计算机都有自己的机器语言，也就是指令系统，每条指令都是一串二进制代码。虽然机器语言的执行效率很高，但其可读性差，程序编写困难、易错，调试和修改程序的难度很高。因为机器语言直接针对某种型号的机器，所以为一种型号的机器编写的程序不能用在另一种型号的机器上，机器语言的可移植性很差。

② 汇编语言。为了弥补机器语言的缺点，人们努力地改造程序设计语言。20 世纪 50 年代，出现了汇编语言。这种语言把难以理解的二进制代码改为容易识别、记忆的符号，所以汇

编语言又被称为符号语言。尽管如此，汇编语言仍旧是面向机器的低级语言，只是将指令用符号表示而已。

③ 高级语言。虽然汇编语言相对于机器语言稍有改进，但仍然依赖于硬件，且助记符量大难记，于是人们发明了更加易用的"高级语言"。这种语言避开了对硬件的直接操作，其语法和结构更类似普通英文，有更强的表达能力，可方便地表示数据的运算和程序的控制结构，能更好地描述各种算法，而且容易学习和掌握。

高级语言并不是特指某一种具体的语言，而是包括多种编程语言，如 C/C++、VB、FoxPro、Java、C#等，这些语言的语法、命令格式都不相同。这里简单地介绍几种目前流行的高级语言。

C 语言是高级语言中很特别的一种语言，它把高级语言易读易用的语句结构与低级语言的实用性完美地结合起来。因此，在编写需要对硬件进行操作的程序时，C 语言明显优于其他高级语言，其典型的应用示例包括单片机程序及嵌入式系统的开发。C 语言适用范围很大，适合多种操作系统，如 Windows、DOS、UNIX 等，也适用于多种机型。C 语言最初就是为了编写 UNIX 操作系统而产生的，它既可以作为操作系统设计语言编写系统程序，也可以作为应用程序设计语言编写不依赖计算机硬件的应用程序。

指针是 C 语言的一大特色。就是因为指针，C 语言才可以直接对硬件进行操作。但是 C 语言的指针也给它带来了很多不安全的因素。C++在这方面做了改进，在保留了指针操作的同时又加强了安全性。但这些改进增加了语言的复杂度。Java 则吸取了 C++的教训，取消了指针操作，也取消了 C++改进内容中一些备受争议的地方，在安全性和适合性方面均取得良好的效果，但它的运行效率低于 C/C++。一般而言，C 语言、C++、Java 被视为同一系的语言，它们长期占据着程序使用榜的前 3 名。

VB（Visual Basic）是一种由微软公司开发的事件驱动编程语言。它源自 BASIC 编程语言。VB 拥有图形用户界面（Graphical User Interface，GUI）和快速应用程序开发（Rapid Application Development，RAD）系统，可以轻易地连接数据库，轻松地创建 ActiveX 控件。VB 的设计原则就是便于程序员使用，因为许多属性和方法都被封装在组件里，使用者不需要花大量的时间学习编程知识，就可以使用 VB 提供的组件快速建立一个简单的应用程序。当然，它也可以用来编写相当复杂的程序。正是由于 VB 的易学易用性，使得它成为有史以来使用人数最多的语言之一——无论是专家级的程序员还是刚入门的初学者。它恐怕也是最受争议的语言之一——无论是赞美它的人还是批评它的人都远远多过其他语言。因为 VB 具有可视化的特性，所以很多人自学了 VB，但是并没有学到好的编程习惯，就导致了一些莫名其妙的代码产生。程序员有时就会一边感叹 VB 的易用性，一边沮丧地看着一些类似于"未定义类型"的错误警告弹出来。

用高级语言或汇编语言编写的程序被称为"源程序"。机器不能直接识别源程序，必须先把它翻译成机器语言，然后才能执行。这个翻译的过程被称为"编译"，编译后得到的机器语言程序被称为"目标程序"。把一个源程序翻译成目标程序的工作过程分为 5 个阶段：词法分析、语法分析、语义检查和中间代码生成、代码优化、目标代码生成。其中比较重要的是词法分析和语法分析，这两个阶段又称为源程序分析。源程序分析过程中发现有语法错误时，系统会给出提示信息。

2. 应用软件

实际上，用户是通过应用软件对计算机进行操作的，而应用软件是通过系统软件对硬件进行操作的。

在系统软件的支持下，为了解决某个实际问题而编写的计算机程序称为应用软件，如管理软件、机票售票系统、教学辅助系统等。各个软件公司也在不断开发各种应用软件，以满足各行各业的信息处理需求。应用软件的种类繁多，发展迅速，目前常用的应用软件主要有以下几种。

① 办公与文字处理软件：如方正飞腾的排版软件、金山的 WPS Office 和微软的 Office 套装软件等。

② 图形图像处理软件：用于绘制和处理各种复杂的图形、图像等，常见的有 Photoshop、CorelDraw、AutoCAD 和 3ds Max 等。

③ 多媒体制作软件：可以将文字、图像、声音等有机地结合在一起，制作出图文并茂、有声有色的多媒体作品，常见的有 Authorware、Animate 和 PowerPoint 等。

此外，还有教学辅助软件 CAI，网页制作软件 FrontPage 和 Dreamweaver，以及财务软件、杀毒软件等专用软件，这些均属于应用软件。

1.2 计算机中的数据

1.2.1 文件及文件类型

文件（File）是以计算机可以识别的格式保存的数据和程序的集合。这里所说的数据是一个比较广泛的概念，包括数值、文字、图像、声音等数据。程序也被看成一组数据，这组数据遵从一定的程序设计语法规则，计算机系统根据相应的规则识别这些数据，做出相应的动作，完成程序所规定的操作。

计算机中的每个文件都有一个唯一的文件名。文件名由两部分组成，基本文件名和扩展文件名，两者之间用"."隔开，形式如下。

基本文件名.扩展文件名

计算机中的文件可以大致分为图片文件、音频文件、视频文件、文档文件等。

常见的图片文件类型如表 1-1 所示。

表 1-1　图片文件类型

序号	文件扩展名	文件特点
1	.bmp	原始位图文件，占用空间最多
2	.gif	互联网上常用，具有动画效果
3	.jpg、.jpeg	互联网上常用，经有损压缩，占用空间较小
4	.tif	扫描仪和 OCR 软件常用
5	.png	使用了无损压缩算法，压缩比例高，常见于网页中
6	.wmf	微软公司推出的矢量图格式，如剪贴画就是这种格式
7	.psd	Photoshop 的专用格式

常见的音频文件类型如表 1-2 所示。

表 1-2　音频文件类型

序号	文件扩展名	文件特点
1	.wav	波形文件，原始声音类型，占用空间大
2	.mid	MIDI 文件，计算机模拟乐器发声，占用空间极小，但音质受声卡影响很大
3	.mp3	有损压缩文件，占用空间小，大小是波形文件的几十分之一
4	.wma	压缩率可达 1∶18，占用空间只有 MP3 文件的一半

常见的视频文件类型如表 1-3 所示。

表 1-3　视频文件类型

序号	文件扩展名	文件特点
1	.avi	原始视频文件，占用空间极大
2	.mov	苹果公司的视频格式
3	.mpg	有损压缩，占用空间很小，只有 AVI 文件的几十分之一
4	.rm、.rmvb	Realplayer 支持的格式
5	.wmv	保证视频质量，体积非常小，适合在网上播放

除了以上的 3 类文件外，还有常见的文档文件类型，如表 1-4 所示。

表 1-4　文档文件类型

序号	文件扩展名	文件特点
1	.txt	文本文档，体积小
2	.doc、.docx、.dot	Word 文档
3	.xls、.xlsx	Excel 文档
4	.ppt、.pptx、.pps	PowerPoint 演示文稿文件
5	.pdf	Adobe 公司开发的便携文件格式

续表

序号	文件扩展名	文件特点
6	.wps	金山公司的文档格式
7	.htm、.html	网页文件

除了以上这些文件类型外，还有其他一些常见的文件类型，如扩展名为.asf 的格式，微软公司定义的一种流媒体格式，是一种包含音频、视频、图像，以及控制命令脚本的数据格式，用于播放全动态影像，让用户在下载的同时可以同步播放影像；扩展名为.swf 的格式，动画设计软件 Animate 的专用格式，被广泛应用于网页设计、动画制作等领域；扩展名为.flc 的格式，2D、3D 动画制作软件中采用的动画文件格式，采用了高效的数据压缩技术。另外还有扩展名为.dll 的格式（动态链接库文件格式）、扩展名为.exe 的格式（可执行文件格式），以及扩展名为.rar、.zip 的格式等常见压缩文件格式。

1.2.2 数制

数制是指使用一组固定的数字和一套有效的规则来统计数量的方法。人们习惯用十进制表示一个数，即以 10 为模，逢十进一的进制方法。实际生活中，人们还使用其他的各种数制，如十二进制（一打等于 12 个，一年等于 12 个月）、六十进制（1 小时等于 60 分钟，1 分钟等于 60 秒）等。

计算机内部一律采用二进制存储数据。为了书写阅读方便，用户可以根据需要选择十进制、八进制和十六进制的形式表示一个数，但不管采用哪种形式，计算机都要把它们变成二进制数存入计算机内部，并以二进制数的形式进行运算，再把运算结果转换成人们习惯的数制形式输出。

1. 进位计数制的三要素

进位计数制有数位、基数和位权三要素，下面分别简要介绍。

① 数位：数码在一个数中所处的位置。

② 基数：在某种进位计数制中，数位上所能使用的数码个数。例如，十进制的基数是 10，八进制的基数是 8。

③ 位权：在某种进位计数制中，数位所代表的大小。对于一个 R 进制数（即基数为 R），若数位记作 j，则位权可记作 R^j。

2. 计算机中的常用数制后缀表示

① 十进制数（Decimal number）用后缀 D 表示或无后缀，例如 15D，187.45。

② 二进制数（Binary number）用后缀 B 表示，例如 101B，10.11B。

③ 八进制数（Octal number）用后缀 O 表示，例如 45O，754.12O。

④ 十六进制数(Hexadecimal number)用后缀 H 表示,例如 78AB7H,FF.A8H。

3. 十进制数

十进制数的基本规则如下。

① 数值部分用 10 个不同的数字符号 0、1、2、3、4、5、6、7、8、9 来表示。

② 逢十进一。

③ 一般对任意一个正的十进制数 S,可表示为:

$$S=K_{n-1}(10)^{n-1}+K_{n-2}(10)^{n-2}+\cdots+K_0(10)^0+K_{-1}(10)^{-1}+K_{-2}(10)^{-2}+\cdots+K_{-m}(10)^{-m}$$

其中:$k_j(j=-m,-m-1,\cdots,n-1)$是 0 至 9 中任意一个,由 S 决定,$k_j(j=-m,-m-1,\cdots,n-1)$ 为权系数,m、n 为正整数。

在十进制计数方法中,10 称为十进制的基数,$(10)^j$ 称为权值。

例如 123.45,小数点左边第一位代表个位,3 在小数点左边第一位上,它代表的数值是 3×10^0,1 在小数点左面第三位上,代表的是 1×10^2,5 在小数点右面第二位上,代表的是 5×10^{-2}。

$$123.45=1\times 10^2+2\times 10^1+3\times 10^0+4\times 10^{-1}+5\times 10^{-2}$$

4. 二进制数

二进制数的基本规则如下。

① 数值部分用两个不同的数字符号 0、1 来表示。

② 运算规则是逢二进一。

0 + 0=0

1 + 0=1

1 + 1=10

1 + 10=11

1 + 11=100

③ 任意二进制数 N 可表示为:

$$N=\pm(K_{n-1}\times 2^{n-1}+K_{n-2}\times 2^{n-2}+\cdots+K_0\times 2^0+K_{-1}\times 2^{-1}+K_{-2}\times 2^{-2}+\cdots+K_{-m}\times 2^{-m})$$

其中:$k_j(j=-m,-m-1,\cdots,n-1)$只能取 0、1;$m$、$n$ 为正整数。

在二进制计数方法中,2 是二进制的基数。

5. 二进制数转换为十进制数

要将二进制数转换为十进制数,可以采用按权展开相加法。例如将 10101.101B 转换为十进制数。

$$\begin{aligned}10101.101B&=1\times 2^4+0\times 2^3+1\times 2^2+0\times 2^1+1\times 2^0+1\times 2^{-1}+0\times 2^{-2}+1\times 2^{-3}\\&=16+0+4+0+1+0.5+0+0.125\\&=21.625\end{aligned}$$

6. 十进制数转换为二进制数

例如把十进制数 30.6875 转化为二进制数。可以将十进制数 30.6875 分成整数部分和小数部分来进行转换。将十进制数的整数部分转换为二进制数可以使用"除 2 取余"的方法，即把十进制数的整数部分除以 2，所得余数作为二进制数的最低位数，所得的商再除以 2，所得余数作为次低位数，如此反复，直到商为 0 为止。

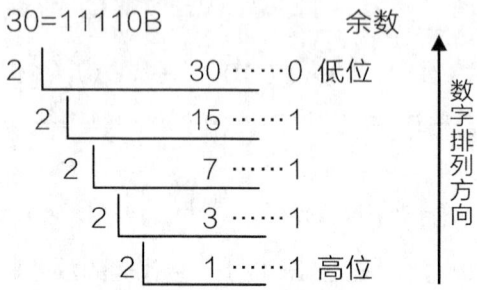

除到商为 0 时止 ——→ 0

将十进制数的小数部分转化为二进制数，用"乘 2 取整"的方法，即把十进制数的小数部分乘以 2，所得的乘积取其整数部分，作为二进制数的最高位，乘积余下小数部分再乘以 2，所得乘积的整数部分作为次高位，如此反复，直到乘积为一个整数为止。

 注意　如果乘积始终不为整数，则按要求精确到小数点后若干位即可。

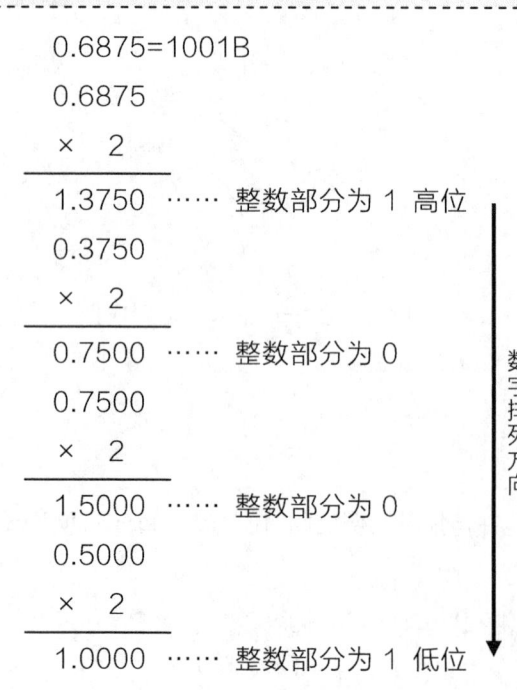

最后把整数部分与小数部分合并，得到：

30.6875=11110.1001B

说明 二进制数的优点如下。
① 数的状态简单,容易表示。
② 运算的规则简单。

7. 八进制数

八进制数的基本规则如下。

① 数值部分用 8 个不同的数字符号 0、1、2、3、4、5、6、7 来表示。

② 逢八进一。

③ 二进制数与八进制数间的转换,因 $8^1=2^3$,所以 1 位八制数相当于 3 位二进制数。根据这个对应关系,二进制数与八进制数间的转换方法为从小数点向左向右每 3 位分为一组,不足 3 位者添 0 补足 3 位。举例如下。

70=111B   1040=1000100B
0.40=0.100B   10.40=1000.1B
1101011.0011B=153.140
100001.01B=41.20

注意 补 0:最高位或小数点后最低位补 0 不会改变数值大小。

④ 任意八进制数 N 表示如下。

$N=\pm(K_{n-1}\times 8^{n-1}+K_{n-2}\times 8^{n-2}+\cdots+K_0\times 8^0+K_{-1}\times 8^{-1}+K_{-2}\times 8^{-2}+\cdots+K_{-m}\times 8^{-m})$

其中:k_i 只能取 0、1、2、3、4、5、6、7;m、n 为正整数。

八进制数中 8 是基数。

8. 十六进制数

十六进制数基本规则如下。

① 数值部分用 16 个不同的符号 0、1、2、3、4、5、6、7、8、9、A、B、C、D、E、F 来表示。

② 逢十六进一。

③ 二进制数与十六进制数间的转换,因 $16^1=2^4$,所以 1 位十六制数相当于 4 位二进制数。根据这个对应关系,二进制数与十六进制数间的转换方法为从小数点向左向右每 4 位分为一组,不足 4 位者添 0 补足。举例如下。

7H=0111B   104H=0001 0000 0100B

  0.4H=0.0100B 10.4H=0001 0000.0100B

  110 1011.0011B=6B.3H

④ 任意十六进制数 N 表示如下。

$N= \pm (K_{n-1} \times 16^{n-1}+K_{n-2} \times 16^{n-2}+\cdots+K_0 \times 16^0+K_{-1} \times 16^{-1}+K_{-2} \times 16^{-2}+\cdots+K_{-m} \times 16^{-m})$

其中：k_i 可以取 0、1、2、3、4、5、6、7、8、…、15 中的任意一个；m，n 为正整数。

十六进制数中 16 是基数。

十进制数与二进制数、八进制数和十六进制数的对照表，如表 1-5 所示。

表 1-5 各进制数的对照表

十进制数	二进制数	八进制数	十六进制数	十进制数	二进制数	八进制数	十六进制数
0	0000	0	0	8	1000	10	8
1	0001	1	1	9	1001	11	9
2	0010	2	2	10	1010	12	A
3	0011	3	3	11	1011	13	B
4	0100	4	4	12	1100	14	C
5	0101	5	5	13	1101	15	D
6	0110	6	6	14	1110	16	E
7	0111	7	7	15	1111	17	F

  由于人们习惯使用十进制数，因此在使用计算机时，仍然采用十进制数进行输入和输出，这些数在计算机内部由程序将其转换为二进制数。

1.2.3 编码

  日常生活中，我们经常用编码来管理一些事物，如身份证号、邮政编码、电话号码等，它们均由数字组成，用来区别各种事物。同样，在计算机内部，也有一些二进制编码用来表示字母、汉字、颜色、声音和其他符号等，它们均是由一组二进制数组成的信息。为了区别于同类型的信息，它们有各自的编码方案。

1. ASCII

  ASCII 是目前计算机中用得最广泛的字符集及字符集编码，是由美国国家标准学会（American National Standards Institute，ANSI）制定的，全称为美国标准信息交换码（American Standard Code for Information Interchange，ASCII），它已被国际标准化组织（International Organization for Standardization，ISO）定为国际标准，称为 ISO 646 标准。ASCII 适用于所有拉丁文字字母，有 7 位标准码和 8 位扩展码两种形式。7 位标准码是用 7 位二进制数进行编码的，可以表示 128 个字符，包括 4 类最常用的字符：数字（0~9）、字母（26 个大、小写英文字母）、通用字符（如 +、-、=、*等，共 32 个）、控制码（包括空格、回车换行等共 34 个）。

注意 在计算机的存储单元中，一个标准 ASCII 值占一个字节（8 个二进制位），其最高位（b7）用作奇偶校验位。所谓奇偶校验，是指在代码传送过程中用来检验代码是否出现错误的一种方法，一般分奇校验和偶校验两种。

8 位扩展码也称为扩展 ASCII（或"高"ASCII）。扩展 ASCII 允许将每个字符的第 8 位用于确定附加的 128 个特殊符号字符、外来语字母和图形符号。

ASCII 常用于输入、输出信息时的转换，例如从键盘输入字符时，编码电路将字符转换成 ASCII 输入计算机内部，经处理后再将 ASCII 表示的数据转换成对应字符，在显示器或打印机上输出。

2. 汉字编码

目前的汉字编码有国标码、机内码、外码、字形码和混合编码等。汉字也是字符，但是要进行编码后才能被计算机接受。由于汉字是非拼音字符，且字符量很大，每个汉字均需要一个唯一对应的编码才能将它们区别开来。汉字的编码方案很多，各有特色，我国根据国际标准颁布了《国家信息交换用汉字编码字符集》基本集（GB 2312—80），也称汉字交换码，简称国标码。

国标码收集了 7000 多个汉字，其中使用较多的 3755 个汉字被定为一级字符，使用稍少的 3008 个汉字被定为二级字符，再加上其他的符号，如拉丁字母、俄文字母、日文假名、希腊字母、汉语拼音字母、数字、常用符号等 682 个。GB 2312—80 规定每个汉字用 2 个字节的二进制数编码，每个字节的最高位为 0，其余的 7 位用于表示汉字信息。

随着计算机应用越来越广泛，GB 2312—80 中的 6763 个汉字和 682 个符号已经明显不能满足需要。2000 年 3 月，信息产业部和国家质量技术监督局联合发布了《信息技术信息交换用汉字编码字符集 基本集的扩充》（GB18030—2000）。新标准采用了单、双、四字节混合编码，收录了 27000 多个汉字和藏、蒙、维吾尔等少数民族文字。

3. 汉字输入法

现在流行的汉字输入法有五笔字型输入法、微软拼音输入法和搜狗输入法等。

五笔字型输入法是王永民在 1983 年 8 月发明的一种汉字输入法。汉字编码的方案很多，基本依据都是汉字的读音和字形两种属性。五笔字型输入法完全依据笔画和字形特征对汉字进行编码，是典型的形码输入法。在五笔字型中，字根多数是传统的汉字偏旁部首，同时还把一些笔画结构作为字根，也有硬造出的一些"字根"，五笔基本字根有 130 种，加上一些基本字根的变体，共有 200 个左右。这些字根分布在键盘的 25 个键上。

微软拼音输入法是一种基于语句的智能型的拼音输入法，采用拼音作为汉字的录入方式，用户不需要经过专门的学习和培训，就可以使用并熟练掌握这种汉字输入技术。微软拼音输入法是 Office 中文版的一个组件，安装 Office 中文版就会默认安装微软拼音输入法。

搜狗拼音输入法是搜狐公司推出的一款 Windows 平台下的汉字拼音输入法。搜狗拼音输入法是基于搜索引擎技术的、新一代的输入法产品，用户可以通过互联网备份自己的个性化词库和配置信息。搜狗拼音输入法是目前使用较多的汉字拼音输入法。

1.3 多媒体及其应用

"多媒体"一词来源于英文单词 Multimedia，其中，Multi 为"多"，media 为"媒体"。媒体也称介质或媒介，是指传播信息的载体，如数字、文字、声音、图形和图像。

多媒体技术是指把文字、音频、视频、图形、图像、动画等媒体信息，通过计算机进行数字化采集、获取、压缩/解压缩、编辑、存储等加工处理，再以单独或合成的形式表现出来的一体化技术。多媒体是当前计算机发展的一个热门方向。有了多媒体技术，人们能够以声音、文字、图形等方式与计算机进行信息交互，再配合网络的应用，计算机的用途更为广泛。例如教师利用多媒体计算机辅助教学，提高了教学效率，使课堂教学更加生动精彩；以光盘为载体的电子出版物和多媒体家庭教育软件，也受到人们的普遍欢迎。

1. 多媒体的特征

多媒体的特征包括以下几点。

① 集成性。多媒体采用数字信号，可以综合处理文字、声音、图形、动画、图像、视频等多种信息，并将这些不同类型的信息有机地结合在一起。

② 实时性。信息处理和传递具有很强的时效性。

③ 交互性。信息以超媒体结构进行组织，可以方便地实现人机交互。这是多媒体最重要的特征。

④ 智能性。提供了易于操作、十分友好的界面，使人机交互更直观、更方便、更亲切、更人性化。

2. 数码设备及数据采集

现在，数码设备日益普及，人们熟知的有数码摄像机（Digital Video，DV）、数码相机（Digital Camera，DC）、MP3/MP4、掌上电脑、平板计算机等。

人们通过 DV、DC 获取的多媒体文件，可以输入计算机中处理并播放。一般摄像机的视频信号都是模拟的连续信号，而计算机只认识数字信号（离散信号），因此需先将模拟的视频信号采集到计算机中，并将之转换成数字信号，而且在采集的时候还应考虑视频信号的采集速度和质量等问题，这时就需要视频采集卡来帮忙了。

视频采集卡又称视频捕捉卡，其功能是将视频信号采集到计算机中，以数据文件的形式保存在硬盘上。视频采集卡是进行视频处理时重要的硬件设备，通过它，我们就可以把摄像机采集的视频信号转存到计算机中，或者将 DV（摄像头）拍摄的视频采集到计算机中，利用相关的视频编辑软件，对数字化的视频信号进行后期编辑处理，如剪切画面、添加滤镜、添加字幕和音效、设置转场效果与加入各种视频特效等，最后将编辑完成的视频信号转换成标准的 VCD、DVD 及其他流媒体格式，方便传播。

3．多媒体工具软件

多媒体工具软件运行于多媒体操作系统上，提供了建立多媒体文件的构件和框架，也可以用来演示多媒体文件，或实现多种媒体文件之间的转换，帮助开发人员提高多媒体软件的开发效率。下面介绍几种常见的多媒体工具软件。

（1）音频编辑软件 GoldWave

GoldWave 是一款集声音编辑、播放、录制和转换于一体的音频编辑软件，体积小巧，功能齐全，可打开的音频文件相当多，包括 WAV、OGG、VOC、IFF、AIFF、AIFC、AU、SND、MP3、MAT、DWD、SMP、VOX、SDS、AVI、MOV、APE 等格式的音频文件，也可以从 CD、VCD、DVD 或其他视频文件中提取声音。它拥有丰富的音频处理特效，包括一般特效（如多普勒、回声、混响、降噪）和高级的公式计算。

（2）专业音频编辑软件 Adobe Audition

Adobe Audition 是 CoolEdit Pro 的升级，出品 CoolEdit 的公司被 Adobe 公司收购（大名鼎鼎的 Photoshop 就是出自 Adobe 公司），音频编辑软件 CoolEdit 也随之改名为 Adobe Audition。Adobe Audition 可以提供专业化音频编辑环境，为音频和视频专业人员设计，可提供先进的音频混音、编辑和效果处理功能，具有灵活的工作流程，使用非常简单并配有绝佳的工具，可以制作出音质饱满、细致入微的高品质音效。

（3）视频编辑软件 Premiere

Premiere 是一款常用的视频编辑软件，由 Adobe 公司推出，是一款编辑画面质量比较好的软件，有较好的兼容性，且可以与 Adobe 公司推出的其他软件相互协作。目前这款软件广泛应用于广告制作和电视节目制作中。

（4）特效制作软件 After Effects

After Effects 是 Adobe 公司推出的一款图形视频处理软件，主要用于影视后期制作。这款软件适用于设计和视频特技制作机构，包括电视台、动画制作公司、个人后期制作工作室及多媒体工作室等。如今，在新兴的用户群，如网页设计师和图形设计师中，也开始有越来越多的人在使用 After Effects。After Effects 提供了高级的运动控制、变形特效、粒子特效，是专业的影视后期处理工具。

（5）多媒体制作编辑软件数码大师

数码大师是国内发展最久、功能最强大的多媒体制作编辑软件之一。从诞生起，数码大师就面向国内用户量身定做，如今已经成为中国拥有最多正式用户的多媒体数码相册视频编辑软件。该软件使用独创的全新 DUI 界面设计技术，风格爽朗，操作和布局非常人性化、智能化，简单易用，模块化程度极高，易于掌握，能够制作出各种绚丽多姿的视频和相册。在视频编辑方面，此软件能够导入数码照片或图片、视频、音频，并为其叠加绚丽的特效，也能将各种素材重新编辑后再导出视频。

（6）动画制作软件 Flash

Flash 是一种动画制作软件，设计人员和开发人员可使用它来制作包含图片、声音、视频、动画等效果的多媒体文件。通常，使用 Flash 制作的各个内容单元称为应用程序。Flash 特别适用于创建为 Internet 提供的内容，因为它的文件非常小。Flash 是通过广泛使用矢量图形做到这一点的。与位图图形相比，矢量图形需要的内存和存储空间小很多，这是因为矢量图形是以数学公式而不是大型数据集来表示的。而位图图形需要的存储空间之所以更大，是因为图像中的每个像素都需要用一组单独的数据来表示。

（7）三维动画渲染和制作软件 3D Studio Max

3D Studio Max，简称 3ds Max，是 Autodesk 公司开发的基于 PC 系统的三维动画渲染和制作软件。它最初运用在计算机游戏的动画制作中，后来逐步开始参与影视片的特效制作。3ds Max 广泛应用于广告、影视、工业设计、建筑设计、多媒体制作、游戏、辅助教学及工程可视化等领域。3ds Max 在影视特效方面也有一定的应用。在国内发展的相对比较成熟的建筑效果图和建筑动画制作中，3ds Max 更是占据了绝对的优势。根据不同行业的应用特点，对 3ds Max 的掌握程度也有不同的要求。建筑方面的应用相对来说简单一些，只要求单帧的渲染效果和环境效果，只涉及比较简单的动画制作；片头动画和视频游戏应用中动画占的比例很大，特别是视频游戏对角色动画的要求较高，因此需要熟练掌握 3ds Max；在影视特效方面则需要把 3ds Max 的功能发挥到极致。

1.4 计算机病毒及预防

《中华人民共和国计算机信息系统安全保护条例》中对计算机病毒做了明确的定义：计算机病毒是编制或者在计算机程序中插入的破坏计算机功能或者破坏数据，影响计算机使用并且能够自我复制的一组计算机指令或者程序代码。计算机病毒是人为的特制程序，具有自我复制能力，通过授权入侵而隐藏在计算机系统的数据资源中，利用计算机系统的数据资源进行繁殖并生存，能影响计算机系统的正常运行，并通过计算机系统的数据资源共享途径进行传染。

1. 计算机病毒的特性

（1）传染性

传染性是计算机病毒的重要特征。传染是指计算机病毒从一个程序体复制到另一个程序体的过程。正常程序运行的途径和方法，就是计算机病毒传染的途径和方法。例如，计算机的引导、启动、功能调用，对程序的增、删、改等。它们之间的不同之处在于正常程序的复制是明确的、定向的，而计算机病毒的传染则是隐蔽的、泛滥的。

（2）隐蔽性

隐蔽性是指计算机病毒进入系统并开始破坏数据的过程不易被用户察觉，而且这种破坏性活动用户难以预料。计算机病毒一般依附在某种介质中，发作之前很难发现，一旦被发现，通常系统已被感染，数据已被破坏。

（3）破坏性

破坏性是指对正常程序和数据的增、删、改、移，能导致系统局部功能的残缺，或者系统的瘫痪、崩溃。有的计算机病毒的目的是破坏计算机系统，使系统资源受到损失，数据遭到破坏，严重时造成计算机系统全面的崩溃。

随着互联网的发展，计算机病毒、黑客、后门、漏洞和有害代码等相互结合起来，对信息社会造成极大的威胁。

2. 计算机病毒的分类

计算机病毒可以从不同的角度分类。

按病毒表现性质，计算机病毒可分为良性病毒和恶性病毒。良性病毒的危害性小，不破坏系统和数据，但大量占用系统内存，将使计算机因无法正常工作而陷入瘫痪，如圆点病毒就属于良性病毒。恶性病毒会毁坏数据文件，可能使计算机停止工作。

按病毒激活的时间，计算机病毒可分为定时病毒和随机病毒。定时病毒仅在某一特定时间才发作，而随机病毒一般不是由时间来激活。

按病毒入侵方式，计算机病毒可分为操作系统病毒（大麻病毒是典型的操作系统病毒）、原码病毒、外壳病毒、入侵病毒等。操作系统病毒具有很强的破坏力，它用自己的程序意图加入或取代部分操作系统进行工作，可以导致整个系统的瘫痪；原码病毒在程序被编译之前插入Fortran、C、或Pascal等语言编制的源程序里，完成这一工作的病毒程序一般在语言处理程序或连接程序中；外壳病毒常附在主程序的首尾，对源程序不做更改，这种计算机病毒较常见，易于编写也易于发现，一般测试可执行文件的大小即可发现；入侵病毒侵入主程序之中，并替代主程序中部分不常用到的功能模块或堆栈区，这种计算机病毒一般是针对某些特定程序而编写的。

按病毒存在的媒体分类，计算机病毒可以分为网络病毒、文件病毒、引导型病毒。网络病毒通过计算机网络传播并感染网络中的可执行文件；文件病毒感染计算机中的文件（如COM、EXE、DOC等格式的文件）；引导型病毒感染启动扇区（Boot）和硬盘的系统引导扇区（MBR）。还有这3种病毒的混合型，例如多型病毒（文件病毒和引导型病毒）感染文件和引导扇区两种目标，这样的计算机病毒通常都具有复杂的算法，它们使用非常规的办法侵入系统，同时使用了加密和变形算法。

按病毒破坏的能力，计算机病毒可以分为以下 4 类。

① 无害型病毒：这类计算机病毒除了传染时减少磁盘的可用空间外，对系统没有其他影响。

② 无危险型病毒：这类计算机病毒只减少内存、显示图像、发出声音，不会破坏系统。

③ 危险型病毒：这类计算机病毒在计算机系统操作中会造成严重的错误。

④ 非常危险型病毒：这类计算机病毒删除程序、破坏数据、清除系统内存区和操作系统中重要的信息。

这些计算机病毒对系统造成的危害，并不是本身的算法中存在危险的调用，而是当它们传染时会引起无法预料的、灾难性的破坏。由计算机病毒引起其他程序产生的错误也会破坏文件和扇区。这些计算机病毒也按照它们引起的破坏能力划分。值得注意的是，一些暂时无害的计算机病毒也可能会因为环境的改变而变得有害。

按照病毒传染的方法，计算机病毒可以分为驻留型病毒和非驻留型病毒两种。驻留型病毒感染计算机后，把自身的内存驻留部分放在内存中，这一部分程序挂接系统调用，从而合并到操作系统中去，从开机进入操作系统一直到关机都处于激活状态。非驻留型病毒在得到机会被激活时并不感染计算机内存，或者只在内存中留有小部分，但是并不通过这一部分进行传染。

按病毒的算法，计算机病毒可分为以下 3 类。

① 蠕虫型病毒。这类计算机病毒通过计算机网络传播，不改变文件和资料信息，利用网络从一台机器的内存传播到其他机器的内存中，计算网络地址，将自身的计算机病毒通过网络发送。它们存在于系统中，一般除了内存不占用其他资源。

② 伴随型病毒。这一类计算机病毒并不改变文件本身，它们根据算法产生 EXE 格式的伴随体文件，其自身和伴随体文件具有同样的名字和不同的扩展名（.com），例如：XCOPY.exe 的伴随体是 XCOPY.com。伴随型病毒把自身写入 COM 格式的文件并不改变 EXE 格式的文件，当系统加载文件时，伴随体文件优先被执行，再由伴随体文件加载执行原来的 EXE 格式文件。

③ 寄生型病毒。除了伴随型病毒和蠕虫型病毒，其他计算机病毒均可称为寄生型病毒，它们依附在系统的引导扇区或文件中，通过系统的功能进行传播。

3．杀毒软件

计算机病毒对计算机资源的损毁和破坏，不但会造成资源和财富的巨大浪费，而且有可能造成社会性的灾难。随着信息化社会的发展，计算机病毒的威胁日益严重，反病毒的任务也更加艰巨。目前很多杀毒软件对国内外已经出现的计算机病毒均有较好的查杀作用。

杀毒软件也称反病毒软件或防毒软件，是用于消除计算机病毒、特洛伊木马和恶意软件的一类软件。杀毒软件通常集成监控识别、病毒扫描、清除和自动升级等功能，有的杀毒软件还带有数据恢复等功能，是计算机防御系统（包含杀毒软件、防火墙、特洛伊木马，以及其他恶意软件的查杀程序与入侵预防系统）的重要组成部分。

杀毒软件的任务是实时监控和扫描磁盘。部分杀毒软件通过为系统添加驱动程序的方式进驻系统，并且随操作系统启动。大部分的杀毒软件还具有防火墙功能。

杀毒软件的实时监控方式因软件而异。有的杀毒软件是通过在内存里划分一部分空间，将计算机里经过内存的数据与杀毒软件自身所带的病毒库（包含计算机病毒的定义）的特征码相比较，以判断其是否为计算机病毒。另一些杀毒软件则在所划分到的内存空间里面虚拟执行系统或用户提交的程序，根据其行为或结果做出判断。

在使用杀毒软件的时候，应了解以下使用常识。

① 杀毒软件不可能查杀所有计算机病毒。

② 杀毒软件能查到的计算机病毒，不一定能杀掉。

杀毒软件有多种杀毒方式：清除、删除、禁止访问、隔离、不处理。

① 清除。清除被蠕虫感染的文件，清除后文件恢复正常。

② 删除。删除病毒文件。这类文件不是被感染的文件，其本身就含计算机病毒，无法清除，只能删除文件。

③ 禁止访问。禁止访问病毒文件。在发现计算机病毒后用户如选择不处理则杀毒软件可能将计算机病毒设置为禁止访问。用户打开该文件时会弹出警告对话框。

④ 隔离。计算机病毒删除后转移到隔离区。用户可以从隔离区找回删除的文件，隔离区的文件不能运行。

⑤ 不处理。不处理该计算机病毒。如果用户暂时不知道其是不是计算机病毒，可以暂时先不处理。

目前国内杀毒软件有 360 杀毒、金山毒霸等，国外的有 Kaspersky、Bitdefender 等。

大部分杀毒软件是滞后于计算机病毒的，所以除了及时更新升级软件版本和定期扫描，还要注意充实自己的计算机安全及网络安全知识，做到不随意打开陌生的文件和不安全的网页，不浏览不健康的站点，注意更新自己的隐私密码，配套使用安全助手与个人防火墙等，这样才能更好地维护自己的计算机及网络安全。

4. 计算机病毒的预防

在计算机的使用过程中，为保护好计算机不受计算机病毒侵袭，必须采取适当措施加以防范。

① 使用正版杀毒软件，并及时更新病毒库。了解所选杀毒软件的技术特点，正确配置、使用杀毒软件。

② 定时查毒。现在硬盘越来越大，杀毒的时间也较长，为此可采用定时查毒方式，即固定一个休息的时间查毒，这样就避免了长时间的等待。此外，杀毒软件的升级周期是一周一次，

软件一升级就进行查毒，可以更好地保证系统安全。

③ 使用正版软件。如果只能使用网上下载的软件，最好使用提供 MD5 认证码的软件。下载完成后使用 MD5 认证码核对，就可以确认下载的软件是否被恶意修改过。

④ 及时给操作系统和应用软件打补丁。包括操作系统在内的任何软件都有可能存在漏洞，这些漏洞如果被计算机病毒编写者或黑客利用就会导致系统被攻击。另外，补丁程序最好在官方网站下载。

⑤ 所有进入计算机的程序和文件都要经过杀毒。

⑥ 不随便下载和安装软件，不使用游戏外挂。官方网站能下载的软件程序就不要在其他网站下载。有些下载的软件程序中植入了木马或计算机病毒，一旦下载系统就会中毒。游戏外挂本身就是非正当程序，这些程序中有相当一部分被植入了木马或计算机病毒。

⑦ 不要轻易单击聊天窗口和网页上的链接，不要打开陌生人发来的电子邮件。一些计算机病毒就是利用了用户对好友的信任发送特定的链接，或利用用户的猎奇心理在网页上放置有吸引力的链接，诱使用户点击。一旦用户点击或下载，系统就会被感染。

⑧ 关闭 U 盘等外部设备的自动播放功能。杜绝使用来历不明的移动设备，也不要把移动设备随便借给他人使用。

⑨ 定期备份重要的数据。

⑩ 安装防火墙软件，提高系统的安全性。

1.5 操作系统

操作系统（Operating System，OS）是最基本、最重要的系统软件。它的任务是控制其他程序运行，管理系统资源，并为用户提供操作界面。操作系统管理着诸如管理与配置内存、决定系统资源供需的优先次序、控制输入与输出设备、操作网络与管理文件系统等基本事务。

1.5.1 操作系统的功能

操作系统的主要功能包括五大部分：CPU 管理、存储管理、文件管理、设备管理和作业管理（用户接口）。

1. CPU 管理

CPU 管理是对处理机分配调度策略、实施和回收资源等方面的管理。为每一道程序分配一个优先数，优先数大的程序总是优先占有 CPU。采用一定调度方法，使各个终端按时间片轮转方式轮流占用 CPU。

2. 存储管理

存储管理是指对内存进行分配、存储保护和内存扩充等操作，为每个程序分配足够的存储空间。

3. 文件管理

文件管理是对系统软件资源的管理。它包括对信息资源的管理、共享、保密和保护，向用户提供有关文件的建立、删除、读取或写入信息等方面的服务。

4. 设备管理

设备管理包括对通道、控制器、输入和输出设备的分配管理。例如控制外部设备的操作，以及在多个作业间分配设备。它保证了设备的使用效率。

5. 作业管理（用户接口）

用户接口即向用户提供一个友好的接口，为用户服务。操作系统提供给终端用户的接口为命令接口，用户可利用它使用系统功能。

1.5.2 操作系统的分类

根据使用环境的不同和功能特点的差别，操作系统一般可分为 3 种基本类型：批处理操作系统，分时操作系统和实时操作系统。近年来，随着计算机体系结构的发展，许多新的操作系统相继出现，例如嵌入式操作系统、个人计算机操作系统和网络操作系统等。

1. 批处理操作系统

批处理操作系统的工作方式是：用户将作业交给系统操作员，系统操作员将许多用户的作业组成一批作业输入计算机中，在系统中形成一个自动转接的连续作业流；然后启动操作系统，操作系统自动、依次执行每个作业；最后由操作员将作业结果交给用户。批处理操作系统的特点是多道和成批处理。

2. 分时操作系统

分时操作系统的工作方式是：一台主机连接若干个终端，每个终端有一个用户在使用；用户交互式地向操作系统提出命令请求，操作系统接收每个用户的命令，采用时间片轮转的方式处理服务请求，并通过交互方式在终端上向用户显示结果；用户根据上一步的结果发出下一道命令。

分时操作系统将 CPU 的时间划分成若干个片段，称为时间片。操作系统以时间片为单位，轮流为每个终端用户服务。每个用户轮流使用一个时间片而使每个用户感觉不到有别的用户存在。分时操作系统具有多路性、交互性、独占性和及时性的特征。多路性指同时有多个用户使用同一台计算机，整体上看是多个人同时使用一个 CPU，实际上是多个人在不同时刻轮流使用 CPU。交互性是指用户根据操作系统响应结果进一步提出新请求。独占性是指用户感觉不到有其他人也在使用计算机，就像整个操作系统为自己所独占。及时性指操作系统对用户提出的请求及时响应。

3. 实时操作系统

实时操作系统是指使计算机能及时响应外部事件的请求，并严格在规定的时间内完成对该事件的处理。它的主要特点是控制所有实时设备和实时任务协调一致地工作。实时操作系统要追求的目标是对外部请求在严格时间范围内做出反应，具有高可靠性和完整性。

4. 嵌入式操作系统

嵌入式操作系统是运行在嵌入式系统环境中，对整个嵌入式系统及它所操作、控制的各种部件装置等资源统一进行协调、调度、指挥和控制的系统软件。

5. 个人计算机操作系统

个人计算机操作系统是一种单用户、多任务的操作系统。个人计算机操作系统主要供个人使用。它的特点是功能强、价格便宜，几乎可以在任何地方安装使用。它能满足一般人工作、学习、游戏等方面的需求。个人计算机操作系统在某一时间内为单个用户服务；采用图形界面人机交互的工作方式，界面友好；使用方便。

6. 网络操作系统

网络操作系统是基于计算机网络环境的操作系统，是在各种计算机操作系统上按网络体系结构协议标准开发的系统软件，包括网络管理、通信、安全、资源共享和各种网络应用，其目标是相互通信及资源共享。

1.6 任务：购买和组装计算机

【任务描述】

小明是一名刚进入校门的大学生，平时喜爱 IT 和数码知识。新学期开始了，他想购买一台计算机，学好计算机方面的基础知识，为以后专业课程的学习打下坚实的基础。

【任务分析】

随着计算机的广泛应用与普及，计算机已经逐渐成为人们学习、工作、生活中不可缺少的工具。同时，计算机的价格也在下降，很多学生用户准备购买自己的计算机。选购计算机要做好相关的调查、分析和准备工作，才能买到一台让自己满意的计算机。

【购机流程】

① 购机用途和预算分析。
② 确定机型。
③ 确定购买品牌机还是组装机。
④ 确定配置及购买。
⑤ 验机。
⑥ 安装系统软件。
⑦ 安装应用软件。

【详细步骤】

1. 购机用途和预算分析

购买计算机之前，首先要确定用户购买计算机的用途，需要计算机做哪些工作。只有明确了用途，才能确定正确的选购方案。一般根据用户购机的用途计算机分为下面几种。

（1）学习办公类型

学习办公类型计算机的主要用途为处理文档、收发 E-mail 及制表等，选购此类需要计算机性能稳定，在使用过程中，计算机是否能够长时间地稳定运行非常重要。除此之外，计算机的配件中可考虑配置一款 LCD，减小长时间使用计算机对眼睛的伤害。

（2）家庭上网类型

一般的家庭使用计算机进行上网的主要用途是浏览新闻、处理简单的文字、玩一些简单的小游戏、看看网络视频等，这样的用户不必配置高性能的计算机，选择一台中低端配置的计算机就可以满足用户需求。

（3）图形设计类型

选购图形设计类型计算机的用户，因为需要处理图形的色彩、亮度，图像处理工作量大，所以要配置运算速度快、整体配置高的计算机，尤其在 CPU、内存、显卡上要求配置较高，同时应该配置大尺寸显示器，以达到更好的显示效果。

（4）娱乐游戏类型

当前开发的游戏大多采用三维动画效果，所以选购娱乐游戏类型计算机的用户对计算机的整体性能要求更高，尤其在内存容量、CPU 处理能力、显卡技术、显示器、声卡等方面都有一定的要求。

预算分析的依据除了要看用户购买计算机的主要目的是什么外，还要看用户的经济承受能力有多强。经济承受能力强的用户即使买计算机的主要目的是用来打字和上网，也应尽量购买配置高一点的计算机，因为计算机配置越高，用途就越广，也越好用。预算低一点的用户，则需要多比较一下，配置够用就好。

2. 确定机型

随着微型计算机技术的迅速发展，笔记本计算机的价格不断下降，一些计划购买计算机的用户都在考虑是购买台式计算机还是笔记本计算机。对于购买台式计算机还是笔记本计算机，可从以下几点考虑。

（1）应用环境

台式计算机移动不太方便，普通用户或者固定办公学习的用户，可以选择台式计算机。笔记本计算机的优点是体积小，携带方便；经常出差或移动办公学习的用户应该选购笔记本计算机。

（2）性能需求

同一档次的笔记本计算机和台式计算机在性能上有一定的差距，并且笔记本计算机的可升级性较差。对有更高性能需求的用户来说，台式计算机是更好的选择。

（3）价格方面

相同配置的笔记本计算机比台式计算机的价格要高一些，在性价比上，笔记本计算机比不上台式计算机。所以，在价格方面，台式计算机相对较便宜。

（4）个人喜好

在选购笔记本计算机时，是追求轻薄、时尚的外形，还是追求较高的性能是需要用户按个人喜好来定的。

3. 确定购买品牌机还是组装机

目前，市场上台式计算机主要有两大类：一种是品牌机，另一种就是组装机（也称兼容机）。

（1）品牌机

品牌机指由具有一定规模和技术实力的计算机厂商生产的有注册商标和独立品牌的计算机，如联想、戴尔、惠普等都是目前知名的计算机品牌。品牌机出厂前经过了严格的性能测试，其特点是性能稳定，品质有保证，购买方便。

（2）组装机

组装机是计算机配件销售商根据用户的实际需求，将各种计算机配件组合在一起组装而成的计算机。组装机的特点是配置较为灵活、升级方便、性价比高于品牌机。也可以说，在性能相同的情况下，品牌机的价格要高于组装机。

是选择品牌机还是组装机，主要看用户需求。如果用户是一个计算机初学者，对计算机知识掌握不够深,购买品牌机是很好的选择。如果用户对计算机知识很熟悉,并且打算随时升级自己的计算机,追求较高的性价比,则可以选择组装机。

4. 确定配置及购买

小明根据自己 4000～5000 元的预算资金范围确定了笔记本计算机购买计划,制定了选购原则:明确需求,够用就好,适当优化。小明通过太平洋电脑网、中关村在线这些资讯网站查询了计算机配件的参数和测评结果,确定了自己需要的配置。

① CPU:Intel 酷睿 64 位处理器 i5 11 代产品。该 CPU 内置四核心,八线程,时钟频率的基准频率 2.4GHz,加速频率 4.2GHz,三级缓存 8MB。内存控制器为双通道 DDR4 2133MHz 或 3000MHz。Intel 清晰视频高清晰度技术,可以满足播放高清电影的需求。

说明　CPU 的选购不应只看 CPU 的时钟频率,应先考虑 CPU 架构,先进的架构的 CPU 在同核心数、同频率下,实际处理效能远高于旧架构的 CPU。此外,核心数、缓存大小、价格都是需要考虑的因素。

② 内存:16G DDR4-2。

说明　挑选内存首先看内存接口,不同技术的内存接口不能通用。其次看内存容量和内存频率,内存频率与内存控制器匹配时效率最高,所以选定 CPU 时实际已经决定了内存的最高运行频率。

③ 硬盘:512G 固态硬盘。

说明　选择硬盘主要看其容量和缓存大小。有特殊要求的用户可以选择价格和性能都较高的全固态硬盘。

④ 显示器:24 英寸。

说明　对于目前流行的 LCD 主要考虑显示器尺寸、固有分辨率(也称最佳分辨率)、高宽比。用计算机玩游戏的用户,可以优先考虑响应时间较短的显示器,不用盲目追求亮度和对比度,挑选时可以比较观察不同型号显示器的实际显示效果。

5. 验机

验机步骤如下。

① 外观检查。检查整机外壳有无划伤、掉漆,确保外壳完好无损。检查完毕如果没有问题,那么可以进行下面的各项检测。

② 接口检测。把 U 盘逐一插在每个 USB 接口上,看系统是否能读出里面的数据,确认每个 USB 接口工作是否正常。音频输出接口的检测,只需要带上耳机,听有没有声音就可以了。话筒接口插上一个外置话筒就可以检测。S 端子、1394 接口、VGA 接口、读卡器等,有条件

的话可以带上相应的连接线和存储卡进行检测。

③ LCD 检测。LCD 的专项检测主要集中在有无坏点上。可以使用 DisplayX 进行检测。这个软件还可以进行呼吸效应、256 级灰度（LCD 显示效果越好，则 256 级灰度越明显）等检测。除了这些检测之外，还可以利用 DisplayX 间接检测延迟时间。

④ CPU 检测。在 CPU 检测工具中，最常见的是 CPU-Z 和英特尔处理器标识实用程序。其中，英特尔处理器标识实用程序可以测试出 CPU 的频率、系统总线、缓存大小、支持的技术、CPUID 数据等，是 CPU 检测的常用工具。

⑤ 芯片组检测。Intel Chipset Identification Utility，这款软件是 Intel 芯片组检测的常用软件。

⑥ 内存检测。CPU-Z 除了能检测 CPU 之外，还可以对内存的容量、频率、时序进行检测。

⑦ 显卡检测。对显卡的检测可以通过 Everestpro 来实现，Everestpro 可以检测显卡的显示频率、显存频率、显存位宽等数据，十分全面。

显卡的检测除了对硬件规格进行检测以外，还要看其实际应用效果，这个可以通过 3Dmark2001 来进行测试，通过这个测试还能检测整个系统的稳定性。如果计算机不能跑完整个测试，则说明计算机在兼容性或稳定性上存在一些问题。3Dmark2001 需要安装，整个安装程序比较大，有近 40MB。

⑧ 硬盘检测。对于硬盘的检测，可以使用比较专业的软件——HD Tune 来实现，这款软件能检测的信息十分全面，包括硬盘的型号、序列号、容量、传输模式、缓存大小、硬盘温度等，还可以进行"基准检查"，检测出硬盘的实际性能。

⑨ 光驱检测。光驱的检测也有一个专门的软件——Nero InfoTool。Nero InfoTool 不仅能检测出光驱的型号、缓存大小、读取和写入速度，还能检测出光驱读取或写入内容时所支持的格式。

⑩ 系统检测。各单项检测完之后，最后一步就是对整个系统进行检测，可以使用 PCMark07。该软件能对 CPU、内存、图形、硬盘、系统进行检测，最后给出一个得分，分数越高则表明系统性能越好。这个测试也可以检测整台机器的稳定性，以及各配件的综合表现。

6. 安装系统软件

有些品牌机购买时已经安装好操作系统了，对于组装的兼容机，则需要自己安装操作系统。将安装光盘放入光驱中，根据提示步骤完成安装。安装过程中，需要设置硬盘的分区、系统的管理员密码等重要信息。

7. 安装应用软件

根据用户购买计算机的用途安装所需的应用软件，一般常见的应用软件有 WPS 办公套件、压缩软件、杀毒软件等。

360安全卫士是当前功能较强、效果较好、较受用户欢迎的一款安全软件，使用方便。

360安全卫士拥有查杀木马、清理插件、修复漏洞、计算机体检、木马防火墙等多种功能。依靠抢先侦测和云端鉴别，360安全卫士可全面、智能地拦截各类木马，保护用户的账号、隐私等重要信息。360安全卫士自身非常轻巧，同时还具备开机加速、垃圾清理等多种系统优化功能，可大大加快计算机运行速度。

拓展阅读

计算机使用常识

计算机的使用环境和用户的使用习惯对计算机寿命的影响是不可忽视的。计算机理想的工作温度是10℃～35℃，太高或太低都会影响计算机配件的寿命。其工作湿度是30%～75%，太高会影响CPU、显卡等配件的性能发挥，甚至引起一些配件短路；太低易产生静电，同样对配件的使用不利。另外，空气中灰尘含量对计算机影响也较大。灰尘太多，天长日久就会腐蚀各个配件、芯片的电路板。计算机的使用环境最好保持干净整洁。

有人认为使用计算机的次数少或使用的时间短就能延长计算机的寿命，这是片面的观点。相反，计算机长时间不用，由于潮湿或灰尘等原因，会引起计算机配件的损坏。当然，如果天气潮湿到一定程度，如显示器或机箱表面有水气，此时绝不能给计算机通电，以免引起短路，造成不必要的损失。

使用习惯对计算机的影响也很大，用户需要养成以下一些良好的使用习惯。

① 开机顺序。先打开外部设备，再打开计算机主机的电源。关机顺序：先关掉主机的电源，再关闭各种外部设备的电源。关机后再开机应等待一段时间，不要频繁地开关机，至少应间隔10s以上。

② 硬盘正在读写时不能关掉电源。硬盘进行读写时正处于高速旋转状态，此时忽然关掉电源，将导致磁头与盘片猛烈摩擦，从而损坏硬盘。所以在关机时，一定要注意面板上的硬盘指示灯，确保硬盘完成读写之后再关机。

③ 系统非正常退出或意外断电后，应尽量进行硬盘扫描及时修复错误。因为在这种情况下，硬盘的某些簇链接会丢失，给系统造成潜在的危险，若不及时修复，会导致某些程序紊乱，甚至危及系统的稳定运行。

④ 为了能让计算机长期正常工作，用户最好学习一些计算机维护知识。当然，如果没有把握，这项工作还是交给专业人员进行。对于部分品牌机，如果说明书中声明保修期内不得随意拆封机箱，就不要打开机箱，否则品牌将不提供保修服务。

⑤ 避免光盘久置光驱内。只要光盘置于光驱内，光驱就会使其高速旋转，即使不读盘也不会将光盘停下来，这样一方面光驱的机械磨损加大，另一方面高速旋转的光盘受到任何冲击都可能导致数据的永久性损坏乃至整个盘片的变形，所以危害甚大。其解决方法就是在不使用光盘时尽量不要将光盘置于光驱内。现在大容量硬盘已逐渐普及，对于经常使用的光盘，可将其内容复制到硬盘上。

⑥ 光驱的正确使用。光驱磁头在读取视频文件（如看电影）时，会很"淘神费力"。若情况允许，建议用户把文件复制到计算机中，保护光驱的同时更可流畅地观看电影，一举两得。

⑦ 定期清理计算机中的垃圾文件，计算机运行速度会更快。

⑧ 定期对重要数据进行备份，以免系统损坏时，丢失重要数据。

⑨ 定期检查电源连接情况，以免静电对计算机带来不必要的损害。

笔记本计算机使用常识

1. 机器进水如何处理

处理此问题应以预防为主，让笔记本计算机和水杯保持安全距离。键盘只在一定程度上有防水措施，如不小心液体还是会进入笔记本计算机。若笔记本计算机进水须立即关机，主机正在运行可强行断电。在未确认笔记本计算机内液体完全清洁干净、干燥前，千万不要再开机或启动电源，尽最大努力避免主板因短路而损毁，毕竟主板作为笔记本计算机的核心的部件，其价值也最高。

2. 电池的正确使用与保养

原装电池在出厂时已进行激活，用户可直接使用。使用过程中，一个星期可进行两次满充满放操作。若在固定地点长时间地使用外置电源，可把电池卸下，以减少不必要的充电损耗。若有长期不使用的备用电池，建议将电池充电到 50% 左右即把电池取下保存，并存放两个月左右充放一次电。满充是指持续不开机充电 8 小时左右，满放是指持续使用电池直到计算机无法开机为止。

3. 笔记本计算机内灰尘的清理

笔记本计算机的散热设计一般都比较先进和精妙，可以保持散热口畅通，且机内不容易积灰尘，一般一年清理一次即可。需要说明的是，从爱护机器的角度出发，应尽可能避免在湿度大，烟尘大，电磁干扰厉害的地方使用笔记本计算机。

4. 笔记本计算机 LED 屏的维护

笔记本计算机要避免意外的挤压，LED 屏一旦开裂、漏液，将很难维修，大多只能更换，且更换费用较高，所以使用过程中一定要注意。请使用专业的除污剂和织物对 LED 屏进行表面清洁，避免酸性物质和油脂类物质接触 LED 屏。

5. 保护硬盘和重要数据

应避免在硬盘高速工作时，剧烈晃动笔记本计算机。因为笔记本计算机的硬盘有机械部件，笔记本计算机开机时硬盘会高速运转，在使用中尽量不要移动笔记本计算机以减少对硬盘的损害。

6. 避免碰撞

长时间较频繁移动使用的笔记本计算机时，要避免碰撞，要使用合适的外壳对笔记本计算机进行保护，例如使用合适的笔记本计算机包或者是内胆包，有时间检查下螺丝，确保笔记本计算机严丝合缝。

课后练习

1. 选择题

（1）十进制数 101 转换成的二进制数是_____。
　　A. 01101001　　B. 01100101　　C. 01100111　　D. 01100110

（2）目前微型计算机中广泛采用的电子器件是_____。
　　A. 电子管　　　　　　　　　　　　B. 晶体管
　　C. 小规模集成电路　　　　　　　　D. 大规模和超大规模集成电路

（3）下列关于世界上第一台电子计算机 ENIAC 的叙述中不正确的是_____。
　　A. ENIAC 是 1946 年在美国诞生的
　　B. 它主要采用电子管和继电器
　　C. 它首次采用存储程序和程序控制使计算机自动工作
　　D. 它主要用于弹道计算

（4）下列存储器中，属于外存的是_____。
　　A. ROM　　　　B. RAM　　　　C. Cache　　　　D. 硬盘

（5）对计算机软件正确的态度是_____。
　　A. 计算机软件不需要保护　　　　　B. 计算机软件只要能得到就不必购买
　　C. 计算机软件可以随便复制　　　　D. 软件受法律保护，不能随意盗版

（6）微型计算机的主机由 CPU、_____构成。
　　A. RAM　　　　　　　　　　　　　B. RAM、ROM 和硬盘
　　C. RAM 和 ROM　　　　　　　　　D. 硬盘和显示器

（7）下列存储器中，属于内存的是_____。

    A. CD-ROM   B. ROM   C. 软盘   D. 硬盘

（8）1MB 的准确数量是_____。

    A. 1024×1024 Words   B. 1024×1024 Bytes

    C. 1000×1000 Bytes   D. 1000×1000 Words

（9）在计算机内部用来传输、存储、加工处理的数据或指令都是以_____形式进行的。

    A. 十进制码   B. 二进制码   C. 八进制码   D. 十六进制码

（10）已知字符 A 的 ASCII 是 01000001B，字符 D 的 ASCII 是_____。

    A. 01000011B   B. 01000100B   C. 01000010B   D. 01000111B

（11）编译程序的最终目标是_____。

    A. 发现源程序中的语法错误   B. 改正源程序中的语法错误

    C. 将源程序编译成目标程序   D. 将某一高级语言程序翻译成另一高级语言

（12）下列各个存储器中，存取速度最快的是_____。

    A. 固定硬盘   B. 移动硬盘   C. 光盘   D. 内存

（13）组成计算机系统的两大部分是_____。

    A. 主机和外部设备   B. 硬件系统和软件系统

    C. 系统软件和应用软件   D. 内存和外存

（14）以.rmvb 为扩展名的文件通常是_____。

    A. 音频文件   B. 视频文件   C. 图像文件   D. 文本文件

（15）与高级语言相比，汇编语言编写的程序通常_____。

    A. 更容易读懂   B. 更容易编写   C. 移植性更好   D. 执行效率更高

2. 数制转换练习题

（1）将下列二进制数转换为十进制数，要求写出步骤。

    ① 10111B   ② 10001B   ③ 1110B

（2）将下列十进制数转换为二进制数，要求写出步骤。

    ① 56   ② 109   ③ 45

3. 问答题

（1）描述计算机的主要组成部分，并说出它们内部的逻辑关系。

（2）试说出控制器在计算机中所起的作用。

（3）计算机系统的软件系统分为哪两种，它们各自的功能是什么？

（4）多媒体技术包括的主要设备有哪些？

（5）试说出计算机病毒的特点。

第 2 章
WPS文字

　　WPS Office 2019（简称 WPS）是由金山公司研发的一款办公软件，包含了办公软件中常用的文字、表格、演示等组件，具有体积小、占用内存少、运行速度快、支持多种平台、支持"云"存储、提供海量在线模板等特点。WPS中的文字、表格和演示组件，全面兼容微软中 Office 套装软件的 Word、Excel 和 PowerPoint 组件。本章主要讲解 WPS 中文字组件（简称 WPS 文字）的使用方法，主要包括文档基本操作技能、协作和共享、文档编辑、文档排版、制作表格、图文混排、审阅文档和打印文档等。

学习内容：

- 通过完成一系列文档编辑的制作任务，深入了解 WPS Office 2019 中文字组件的主要功能及该软件的使用方法。

学习目标：

- 掌握 WPS 文档的创建、打开和基本编辑，文本的查找与替换，多窗口和多文档的编辑。
- 掌握文档的保存、保护、复制、删除、插入和打印。
- 掌握字体格式、段落格式和页面格式等文档编排的基本操作，以页面设置和打印预览。
- 掌握 WPS 文字的对象操作，包括对象的概念及种类，图形、图像对象的编辑，文本框的使用。
- 掌握 WPS 文字中表格的创建与格式化，表格中数据的输入、编辑和分析。

2.1　基本操作技能

　　在 WPS Office 2019 中，文字、表格和演示等组件的新建、打开和保存等基本操作类似，本节主要讲解 WPS 文字的基本操作。

2.1.1 新建 WPS 文字文档

WPS 启动后进入首页，如图 2-1 所示。

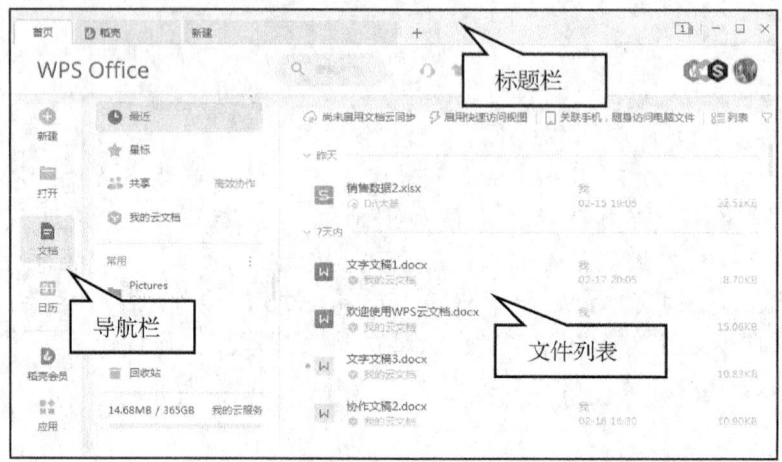

图 2-1 WPS 首页

WPS 首页默认显示"文档"内容，在文件列表中可查看用户文件。标题栏显示各个选项卡标题，如"首页""稻壳""新建"等。单击选项卡标题可打开相应的选项卡。WPS 通过选项卡显示被打开文档的编辑窗口，并在标题栏中显示该文档名称。

1. 新建 WPS 文字文档

新建 WPS 文字文档的操作步骤如下。

① 在系统"开始"菜单中选择"所有程序\WPS Office\WPS Office"命令启动 WPS。

② 在 WPS 首页的左侧导航栏中选择"新建"按钮，或单击标题栏中的"+"图标，打开"新建"选项卡。在 WPS 首页按"Ctrl+N"组合键也可打开"新建"选项卡。

③ 在"新建"选项卡中单击工具栏中的"W 文字"按钮，显示 WPS 文字模板列表，如图 2-2 所示。

④ 选择模板列表中的"新建空白文档"选项，创建一个空白文档。

2. 其他创建 WPS 文字文档的方法

其他创建 WPS 文字文档的操作步骤如下。

① 在系统桌面或文件夹中空白位置单击鼠标右键，在弹出的快捷菜单中选择"新建\DOC 文档"或"新建\DOCX 文档"命令。

② 打开文档后，在文档编辑窗口中按"Ctrl+N"组合键。

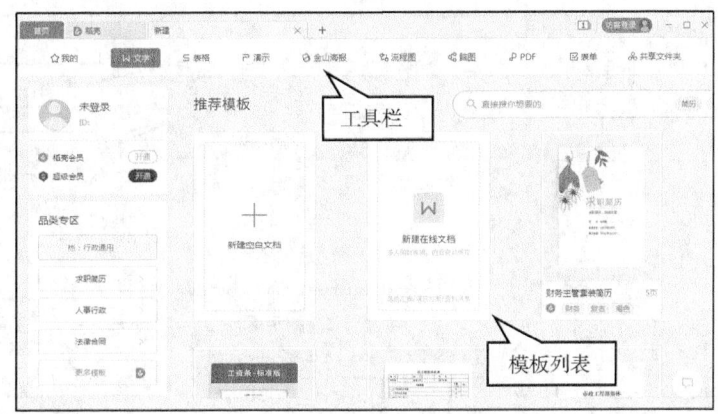

图 2-2　选择创建文档的模板

2.1.2　使用模板创建文档

模板包含预定义的格式和内容（空白文档除外）。使用模板创建文档时，用户只需根据提示填写、修改相应的内容，即可快速创建文档。

WPS 提供了海量的在线模板，并免费提供给会员使用。在启动时，WPS 会提示登录会员账号。未登录时，可在新建标签中单击左侧的"未登录"按钮，或者单击标题栏右侧的"访客登录"按钮，打开对话框登录 WPS。用户注册成为会员并登录后即可免费使用模板。

在"新建"选项卡的模板列表中单击要使用的模板，可打开模板的预览窗口，如图 2-3 所示。单击预览窗口右上角的"关闭"按钮可关闭预览窗口。

图 2-3　模板的预览窗口

单击预览窗口右侧的"立即下载"按钮，可立即下载模板，并用其创建新文档。图 2-4 所示为使用模板创建的新文档，用户根据需求修改相应的内容，即可完成文档的创建。

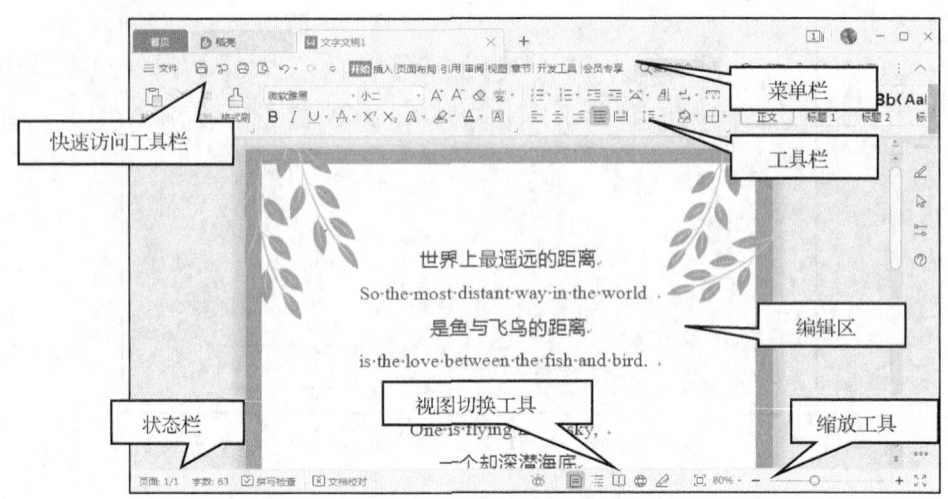

图 2-4　使用模板创建的新文档

WPS 文字文档窗口主要由菜单栏、快速访问工具栏、工具栏、编辑区、状态栏等组成，对应位置如图 2-4 所示。

① 菜单栏：单击菜单栏中的按钮可显示对应的工具栏。早期的 WPS 文字菜单栏在单击按钮时会显示下拉菜单。

② 快速访问工具栏：包含"保存""输出为 PDF""打印""打印预览""撤销"和"恢复"等常用按钮。单击其中的"自定义快速访问工具栏"按钮 ，可通过选择在快速访问工具栏中显示的按钮，或打开自定义对话框来添加命令。

③ 工具栏：提供操作按钮，单击按钮执行相应的操作。

④ 编辑区：显示和编辑当前文档。

⑤ 状态栏：显示文档的页面、字数等信息，包含视图切换和缩放等工具。

2.1.3　保存文档

单击快速访问工具栏中的"保存"按钮 ，或在"文件"选项卡中选择"保存"命令，或按"Ctrl+S"组合键，执行保存操作，可保存当前正在编辑的文档。

在"文件"选项卡中选择"另存为"命令，执行另存为操作，可将正在编辑的文档保存为指定名称的新文档。保存新建文档或选择"另存为"命令时，会打开"另存文件"对话框，如图 2-5 所示。

在"另存文件"对话框的左侧窗格中列出了常用的保存位置，包括"我的云文档""共享文件夹""我的电脑""我的桌面"和"我的文档"等。

"位置"下拉列表框中显示了当前保存位置，用户也可从下拉列表框中选择其他的位置保存文档。选择保存位置后，可进一步在文件夹列表中选择保存文档的子文件夹。

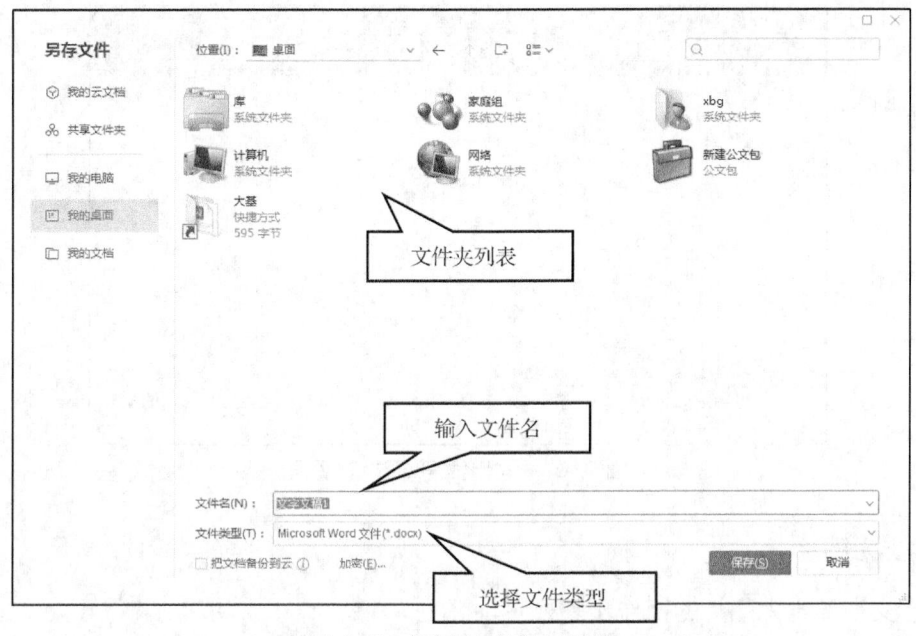

图 2-5 "另存文件"对话框

在"文件名"文本框中可输入文档名称。在"文件类型"下拉列表框中可选择想要保存的文件类型。WPS 文字文档的默认保存文件类型为"Microsoft Word 文件（*.docx）"，文件扩展名为.docx，这是为了与微软的 Word 组件兼容。用户还可将文档保存为 WPS 文字文档、WPS 文字模板文档、PDF 文档等 10 多种文件类型。完成设置后，单击"保存"按钮完成保存操作。

2.1.4　输出文档

WPS 文字可将文字文档输出为 PDF、图片和演示文稿。

1. 输出为 PDF

将文字文档输出为 PDF 的操作步骤如下。

① 单击工具栏中的"文件"选项卡，打开文件菜单。

② 在菜单中选择"输出为 PDF"命令，打开"输出为 PDF"对话框，如图 2-6 所示。

③ 在文件列表中选择要输出的文档，当前文档默认被选中。用户可在"输出范围"列中设置输出 PDF 的页面范围。

④ 在"保存目录"下拉列表框中选择保存位置。

⑤ 单击"开始输出"按钮，执行输出操作。成功完成输出后，文档状态变为"输出成功"，此时可关闭对话框。

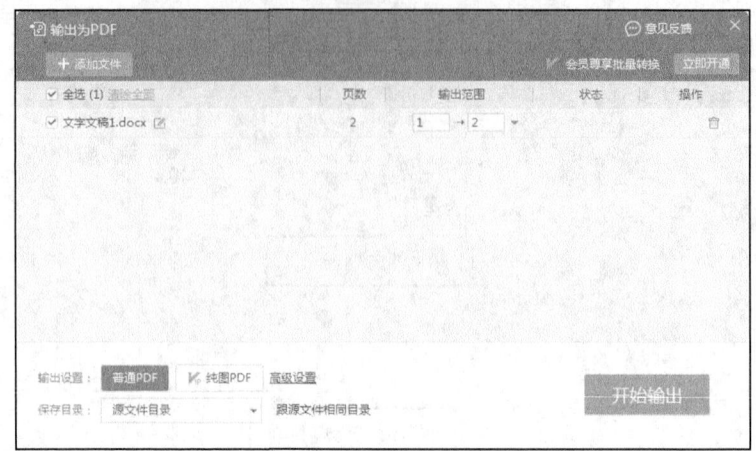

图 2-6 "输出为 PDF"对话框

2. 输出为图片

将文字文档输出为图片的操作步骤如下。

① 单击工具栏中的"文件"选项卡,打开文件菜单。

② 在菜单中选择"输出为图片"命令,打开"输出为图片"对话框,如图 2-7 所示。

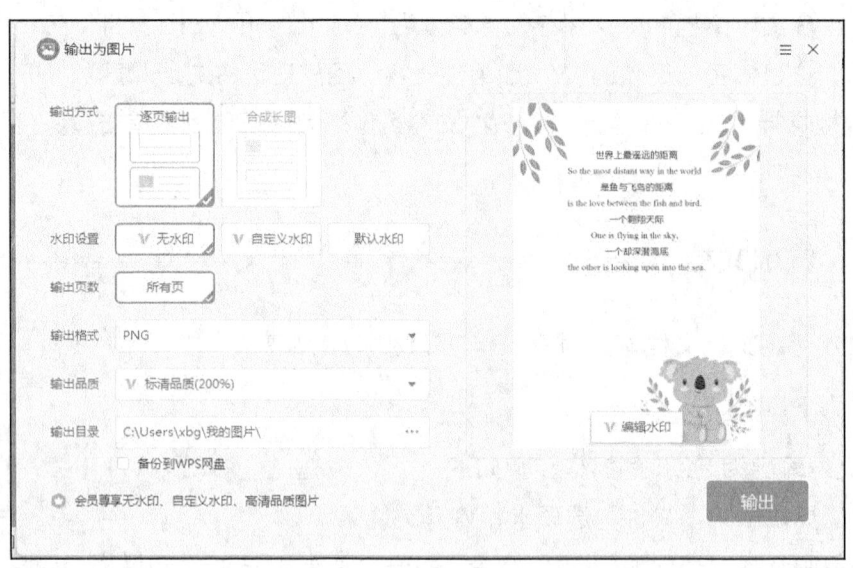

图 2-7 "输出为图片"对话框

③ 在"输出方式"区域中选择"逐页输出"或"合成长图"选项。

④ 在"水印设置"区域中选择"无水印""自定义水印"或"默认水印"选项。(注意:带 "V"的选项需要开通 VIP 会员才能使用。)

⑤ 在"输出页数"区域中选择"所有页"或"页码选择"(按指定页码输出)选项。

⑥ 在"输出格式"下拉列表框中选择输出图片的文件格式。

⑦ 在"输出品质"下拉列表框中选择输出图片的品质。

⑧ 在"输出目录"文本框中输入图片的保存位置。用户可单击右侧的"…"按钮打开对话框选择保存位置。

⑨ 单击"输出"按钮，执行输出操作。

3. 输出为演示文稿

将文字文档输出为演示文稿的操作步骤如下。

① 单击工具栏中的"文件"选项卡，打开文件菜单。

② 在菜单中选择"输出为 pptx"命令，打开"输出为 pptx"对话框，如图 2-8 所示。

图 2-8 "输出为 pptx"对话框

③ 在"输出至"文本框中输入演示文稿的保存位置。用户可单击右侧的"…"按钮打开对话框选择保存位置。

④ 单击"开始转换"按钮，执行转换操作。转换完成后，WPS 文字会自动打开演示文稿。

2.2 协作和共享

WPS 文字可以通过网盘实现文档的协作和共享。要使用协作和共享功能，需要作者和协作者（或分享人）注册 WPS 会员，并将文档保存到 WPS 网盘。WPS 网盘中的文档称为云文档。

2.2.1 协作编辑

协作编辑指多人同时在线编辑一个文档。在 WPS 文字中切换到协作模式，然后分享文档，即可邀请他人参与编辑文档。

1. 发起协作

发起协作的操作步骤如下。

① 打开文档。

② 单击右上角的"协作"按钮，打开协作菜单。在菜单中选择"进入多人编辑"命令，可

切换到协作模式。图 2-9 所示为文档的协作模式窗口。

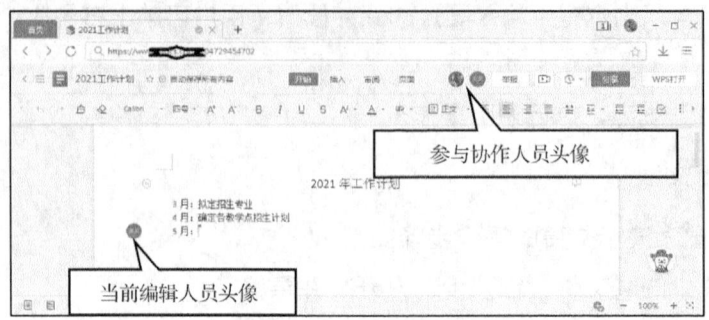

图 2-9　协作模式窗口

③ 单击右上角的"分享"按钮,打开"分享"对话框。首次分享文件时,可选择分享方式,如图 2-10 所示。在对话框中可选择"公开分享"(其他人通过分享链接即可查看或编辑文档)或"指定范围分享"(指定联系人加入分享)选项。选择分享方式后,单击"创建并分享"按钮,打开"邀请他人加入分享"界面,如图 2-11 所示。

④ 在"邀请他人加入分享"界面中可修改分享方式和分享期限。公开分享时,可单击"获取免登录链接"链接,获取免登录链接,其他人不需要登录 WPS 账号即可参与分享。单击"复制链接"按钮,可将分享链接复制到剪贴板,以便通过 QQ、微信或其他方式发送给其他人。其他人可在浏览器中访问链接,参与文档编辑。单击"从通讯录选择"链接,可打开通讯录选择分享人员,如图 2-12 所示。在通讯录中单击"添加联系人"按钮,可添加联系人。在联系人列表中单击联系人,可将其加入右侧的已选择列表中。最后单击"确定"按钮,完成邀请他人加入分享的操作。

在分享文档时,如果包含了"可编辑"权限,其他人即可进入文档的协作模式。

在协作模式窗口中单击右上角的"WPS 打开"按钮,可退出协作模式。

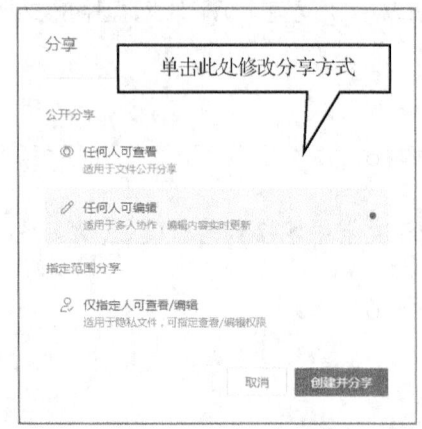

图 2-10　选择分享方式

图 2-11　"邀请他人加入分享"界面

2. 管理参与者及其权限

在协作模式窗口中，单击"分享"按钮，打开"分享"对话框，可管理参与者极其权限，如图 2-13 所示。

在对话框的"已加入分享的人"列表中显示了已加入分享的人及其权限。图中显示了参与者"关关"的权限为"可编辑"。单击权限，可打开权限菜单，在其中可选择"可查看""可编辑"和"移除"命令。"关关"的现有权限为"可编辑"，从权限菜单中选择"可查看"命令，即可将其权限更改为只能查看文档。选择"移除"命令，可取消其参与权限。

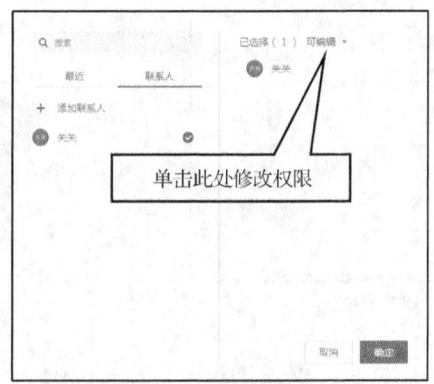
图 2-12　从通讯录选择分享人员

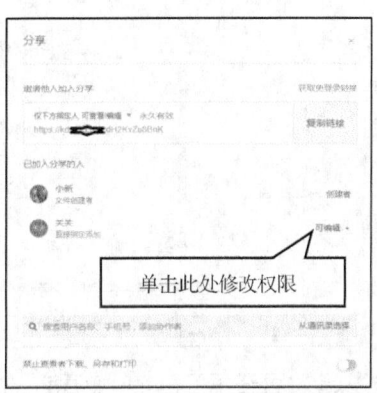
图 2-13　管理参与者及其权限

3. 申请编辑权限

具有查看权限的参与者打开文档时，工具栏中会显示"只读"，如图 2-14 所示。

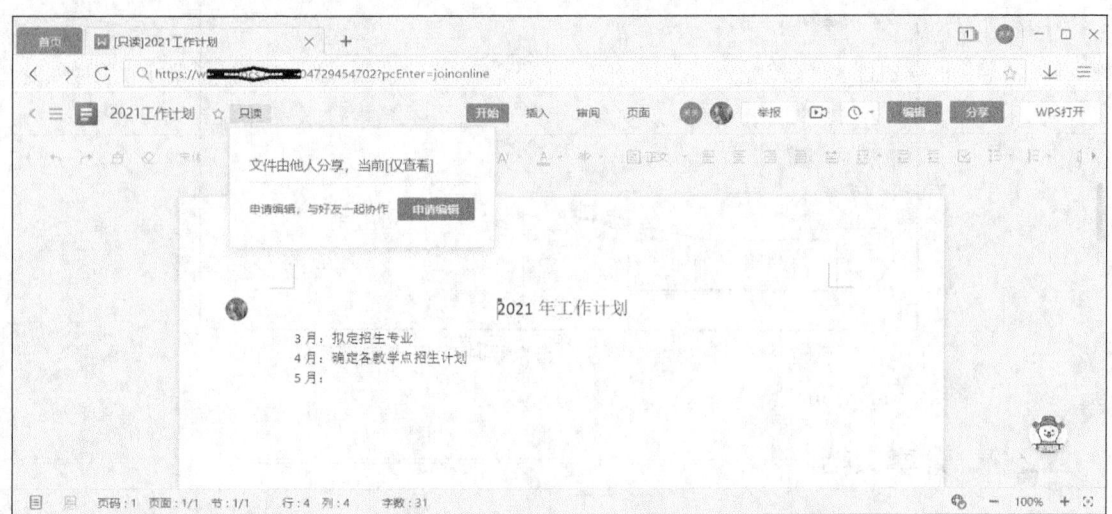
图 2-14　参与者只能查看文档

将鼠标指针指向"只读"按钮，WPS 文字会打开提示框，提示用户文档由他人分享，当前只能查看。在提示框中单击"申请编辑"按钮，可打开"编辑文件"对话框，如图 2-15 所示。

"编辑文件"对话框提供了两种权限申请方式:"申请权限后编辑"和"另存文件并编辑"。选择"申请权限后编辑"方式,申请通过后可加入在线多人协作,实时查看文档更新情况。选择"另存文件并编辑"方式,可以将文件保存到本地,完成修改后返回给对方。选择了权限申请方式后,单击"确定"按钮完成权限申请。

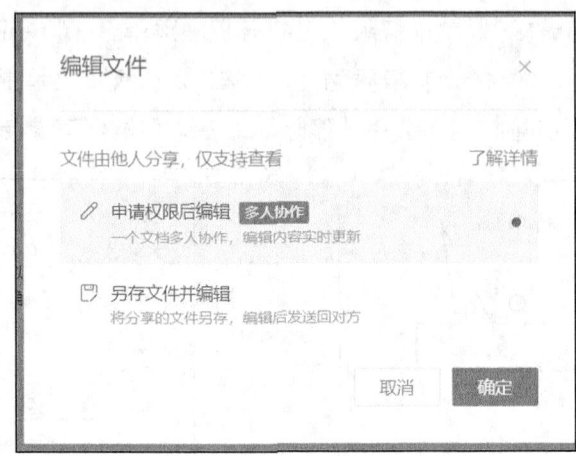

图 2-15 "编辑文件"对话框

协作发起人可在 PC 端或微信的 WPS 办公助手中处理权限申请。图 2-16 所示为 PC 端 WPS 办公助手中的权限申请通知。单击"同意"按钮,即可同意权限申请。

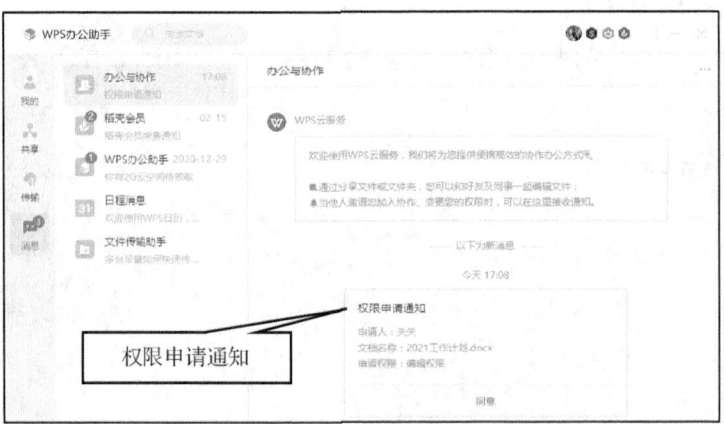

图 2-16 PC 端 WPS 办公助手中的权限申请通知

2.2.2 分享文档

分享文档指将文档分享给其他人或者其他设备,协作编辑也属于分享文档。

在 WPS 首页单击左侧导航栏中的"文档"按钮,显示文档管理界面。在文档管理界面左侧单击"我的云文档"按钮,查看存储于 WPS 网盘中的文档,如图 2-17 所示。

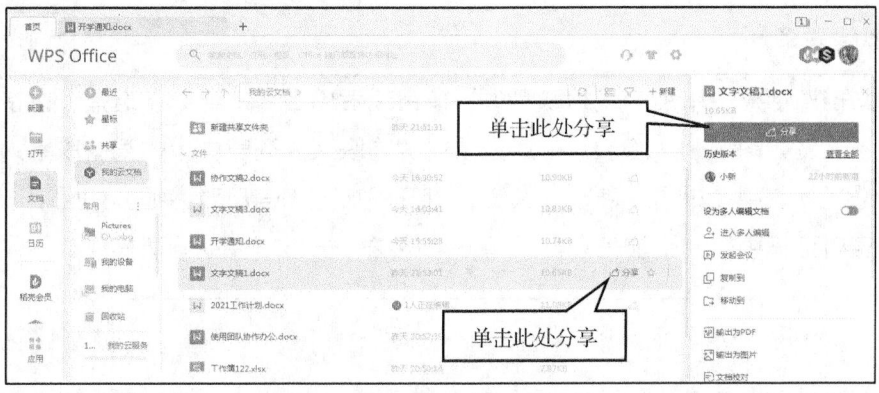

图 2-17　查看"我的云文档"

可使用下列方法分享文档。
- 选择文档时，界面右侧会显示文件操作窗格，在窗格中单击"分享"按钮分享文档。
- 鼠标指针指向文件列表中的文档时，WPS 文字会在文档所在行的右端显示"分享"链接，单击链接分享文档。
- 在文件列表中的文档上单击鼠标右键，在弹出的快捷菜单中选择"分享"命令分享文档。
- 若已打开文档，可在文档编辑窗口的右上角单击"分享"按钮来分享文档。

1. 以复制链接方式分享

选择分享文档时，WPS 文字会显示图 2-18 所示的分享文档对话框。

（a）

（b）

图 2-18　分享文档对话框

首次分享时会显示图 2-18（a）所示的选择权限界面（再次分享时会跳过该界面），选择权限后，单击"创建并分享"按钮，进入图 2-18（b）所示的邀请他人加入分享界面。单击"复制链接"按钮复制分享链接，可将链接发给他人。

2. 分享给联系人

在分享文档对话框中单击"发给联系人"按钮或者单击"从通讯录选择"链接，可打开通讯录选择联系人，如图 2-19 所示。在通讯录左侧的联系人列表中单击某个联系人，将其添加到右侧的已选择列表中。单击"确定"按钮，打开添加附加信息对话框，如图 2-20 所示。在添加附加信息对话框中输入附加信息后，单击"发送"按钮，完成分享操作。

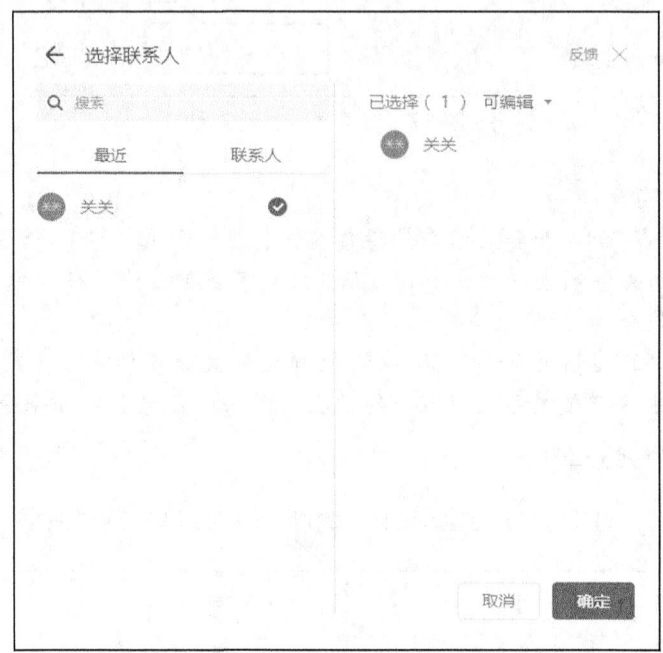

图 2-19　打开通讯录选择联系人

图 2-20　添加附加信息对话框

3. 将文档发送到手机

WPS 文字可将文档分享到当前账号所属用户的手机、PAD 等移动设备，这样用户可在PC、手机或 PAD 等多个设备中编辑文档。在多个设备中分享文档时，每次只能在一个设备中编辑文档，在其他设备上只能查看文档。如果在另一台设备中选择以编辑方式打开文档，编辑结果只能以副本方式保存。

在分享文档对话框中单击"发至手机"按钮，若未在手机、PAD 等移动设备的 WPS 文字中登录当前账号，会显示图 2-21（a）所示的分享界面（已在设备中登录过当前账号时会跳过该界面）。此时需要在手机或 PAD 中启动 WPS 文字，登录当前账号，然后扫描图中的二维码，将手机或 PAD 添加到 WPS 文字的可分享设备中。图 2-21（b）所示的分享界面显示了已有的分享设备，在设备列表中选择要分享的设备，单击"发送"按钮，即可将文档分享到对应设备。在分享设备上启动 WPS 文字，可在个人消息中看到文件传输助手的提示信息，在提示信息中单击文档名称，可将文档下载到设备进行查看或编辑。

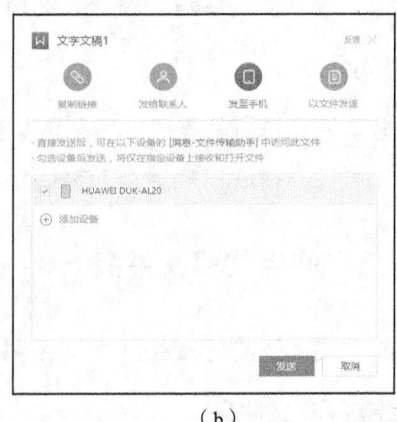

（a）　　　　　　　　　　　　（b）

图 2-21　将文档分享到设备

4. 直接分享文档

在分享文档对话框中单击"以文件发送"按钮，可打开图 2-22 所示的直接分享文档界面。在界面中单击"打开文件位置，拖曳发送到 QQ、微信"按钮，可在系统的资源管理器窗口中打开当前文档所在的文件夹，从文件夹中可将文档发送给 QQ 或微信好友。

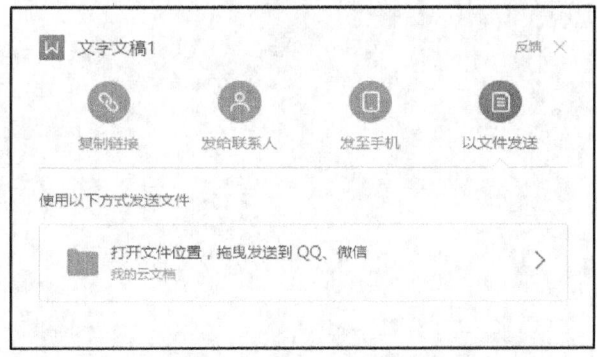

图 2-22　直接分享文档界面

5. 设置或取消多人编辑

WPS 文字允许将文档设置为多人编辑文档，打开文档时可自动进入多人编辑的协作模式。

在 WPS 首页单击左侧导航栏中的"文档"按钮,显示文档管理界面。在文档管理界面左侧单击"我的云文档"按钮,查看存储于 WPS 网盘中的文档。

在文件列表中选择文档后,在右侧的文档操作窗格中单击"设为多人编辑文档"右侧的⬤按钮,可将文档设置为多人编辑文档。设置为多人编辑文档后,⬤按钮变为⬤按钮,单击⬤按钮可取消多人编辑。

也可在文档列表中单击鼠标右键,在弹出的快捷菜单中选择"设为多人编辑文档"命令,将文档设置为多人编辑文档。设置为多人编辑文档后,在该文档单击鼠标右键,在弹出的快捷菜单中选择"取消多人编辑"命令,即可取消多人编辑。

6. 取消分享

取消分享的方法:首先在 WPS 首页查看"我的云文档",然后在文档列表中选择要取消分享的文档,再在右侧的文档操作窗格中单击"取消分享"链接即可取消分享。

2.2.3 使用共享文件夹

共享文件夹用于与好友共同管理和编辑文档。

1. 创建共享文件夹

创建共享文件夹的方法如下。

① 单击 WPS 首页标题栏中的"新建"选项卡,打开新建界面。单击工具栏中的"共享文件夹"图标,打开"新建共享文件夹"界面,如图 2-23 所示。在界面中单击"共享文件夹"按钮,或者单击 WPS 提供的模板来新建共享文件夹。在"创建共享文件夹"对话框中输入共享文件夹的名称,单击"立即创建"按钮完成新建共享文件夹的操作。

图 2-23 "新建共享文件夹"界面

② 也可在 WPS 首页单击"文档"按钮，进入文档管理界面。然后单击"共享"按钮显示个人共享项目，再单击界面右上角的"新建共享文件夹"按钮创建共享文件夹。

2. 邀请成员

在 WPS 首页单击"文档"按钮，进入文档管理界面。单击"共享"按钮，显示个人共享项目。在文件列表中双击共享文件夹名称，进入共享文件夹。空的共享文件夹界面如图 2-24 所示。可以单击"上传文件"按钮将文档上传到共享文件夹与好友共享，也可以单击"上传文件夹"按钮，上传并共享文件夹。

图 2-24 空的共享文件夹界面

在共享文件夹中单击"邀请成员"按钮，或者在右侧的操作窗格中单击"邀请成员"按钮，打开"邀请成员"对话框，如图 2-25 所示。单击"复制链接"按钮，可以复制共享文件夹链接，然后将其分享给微信或 QQ 好友。也可以单击"联系人"按钮，打开联系人对话框选择共享文件夹的联系人。

图 2-25 "邀请成员"对话框

在"邀请成员"对话框中，单击"设置"链接，打开"设置"对话框，如图 2-26 所示。默认情况下，加入共享成员不需要管理员审核，共享成员可编辑文档，邀请链接有效期为 3 天。可以在"设置"对话框中启用"加入时需要管理员审核"和"加入成员后仅允许查看"选项，并修改邀请链接有效期。在"设置"对话框中单击"取消共享"链接，可取消共享，将共享文件夹转换为普通文件夹。

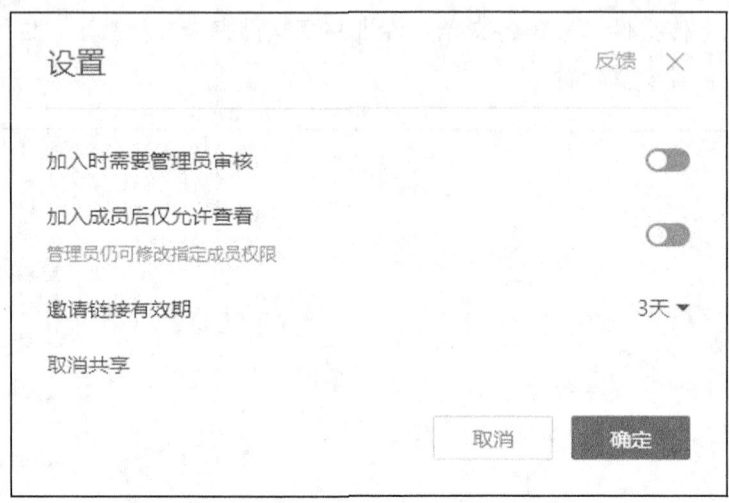

图 2-26 "设置"对话框

3. 取消共享

除了可以在"设置"对话框中取消文件夹共享，还可以在 WPS 文字的文档管理界面单击"共享"按钮查看个人共享项目。在共享文件夹中单击鼠标右键，在弹出的快捷菜单中选择"取消共享"命令，可以取消共享。

2.3 任务一：制作讲座邀请函

【任务描述】

小明同学是学生会的宣传委员，现在学校准备举行一场音乐欣赏的知识讲座，小明需要帮忙制作一份讲座邀请函张贴在学校的宣传栏中，邀请广大同学积极参加。要求利用"音乐欣赏讲座邀请函（素材）.docx"素材文档，使用 WPS 文字制作一个音乐欣赏讲座邀请函，设置文字和段落格式，添加艺术化的页面边框，效果如图 2-27 所示。

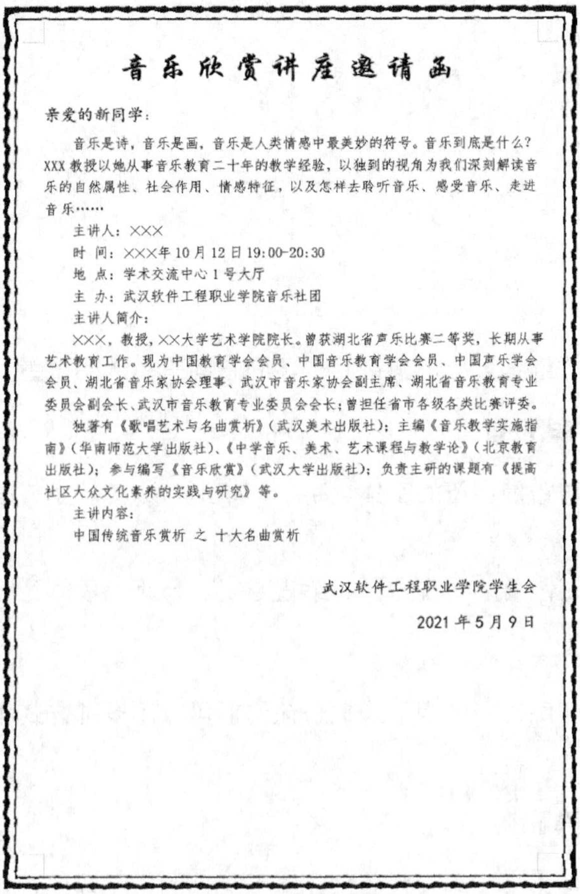

音乐欣赏讲座邀请函

亲爱的新同学：

音乐是诗，音乐是画，音乐是人类情感中最美妙的符号。音乐到底是什么？XXX 教授以她从事音乐教育二十年的教学经验，以独到的视角为我们深刻解读音乐的自然属性、社会作用、情感特征，以及怎样去聆听音乐、感受音乐、走进音乐……

主讲人：×××

时 间：×××年 10 月 12 日 19:00-20:30

地 点：学术交流中心 1 号大厅

主 办：武汉软件工程职业学院音乐社团

主讲人简介：

×××，教授，××大学艺术学院院长。曾获湖北省声乐比赛二等奖，长期从事艺术教育工作。现为中国教育学会会员、中国音乐教育学会会员、中国声乐学会会员、湖北省音乐家协会理事、武汉市音乐家协会副主席、湖北省音乐教育专业委员会副会长、武汉市音乐教育专业委员会会长；曾担任省市各级各类比赛评委。

独著有《歌唱艺术与名曲赏析》（武汉美术出版社）；主编《音乐教学实施指南》（华南师范大学出版社）、《中学音乐、美术、艺术课程与教学论》（北京教育出版社）；参与编写《音乐欣赏》（武汉大学出版社）；负责主研的课题有《提高社区大众文化素养的实践与研究》等。

主讲内容：

中国传统音乐赏析 之 十大名曲赏析

武汉软件工程职业学院学生会

2021 年 5 月 9 日

图 2-27　音乐欣赏讲座邀请函

【任务分析】

小明要想完成这个任务需要具备两方面的技能：第一是撰写出符合邀请函格式要求的文字稿，第二是使用 WPS 文字完成文字录入、字符及段落格式化和打印输出等操作。

讲座邀请函的内容应包括活动的背景、目的、名称、主办者、主讲人介绍等内容，并在 WPS 文字里完成对文档的编辑和排版。完成的文字稿详见“音乐欣赏讲座邀请函（素材）.docx”文件。最终效果如图 2-27 所示。

【工作流程】

① 页面设置。

② 导入邀请函内容。

③ 字符格式的设置。

④ 段落格式的设置。

⑤ 添加艺术化边框。

⑥ 打印邀请函。

【基本概念】

1. 页面设置

页面设置指对版面的纸张大小、页边距、页面方向等参数的设置。

2. 字符及段落的格式设置

字符格式设置包括对各种字符的字体、字号、字形、颜色、字符间距、文字效果及字符之间上下位置等进行设置。

段落格式设置包括对段落的对齐方式、缩进方式、行距、段间距等进行设置。

3. 页面边框

页面边框是在页面四周的一个矩形边框，该边框可以用多种样式和颜色的线条，或者特定的图形组合而成。

4. 打印预览和打印输出

打印预览是指对文档进行打印设置后预先查看文档的打印效果，如果符合设计要求便可进行打印。打印输出是进行文档处理工作的最终目的。

【详细步骤】

1. 页面设置

新建 WPS 文档"音乐欣赏讲座邀请函.docx"，并保存在 D 盘的个人文件夹下。根据邀请函的版面要求进行页面设置，操作步骤如下。

① 进入 WPS 文字，新建一个空白文档，并另存为"音乐欣赏讲座邀请函.docx"。

② 在"页面布局"选项卡中单击"页面设置"对话框启动按钮 ，打开"页面设置"对话框。

③ 单击"页边距"选项卡，设置"页边距"为上、下边距"3 厘米"，左、右边距"3 厘米"，如图 2-28 所示。

④ 单击"纸张"选项卡，设置"纸张大小"为"16 开"，如图 2-29 所示。

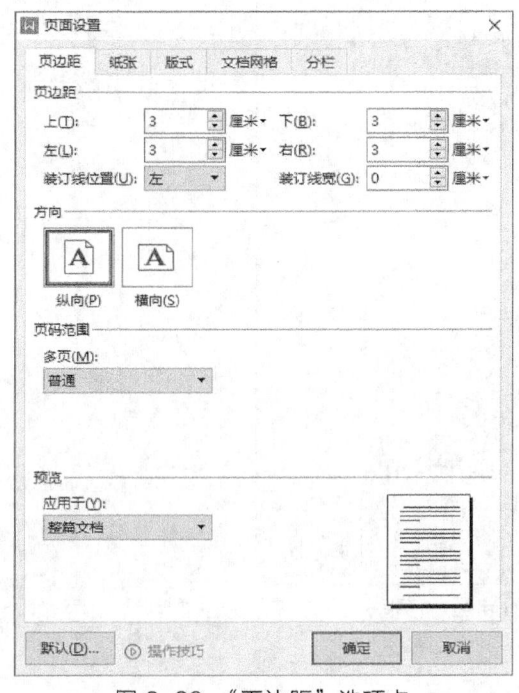
图 2-28 "页边距"选项卡

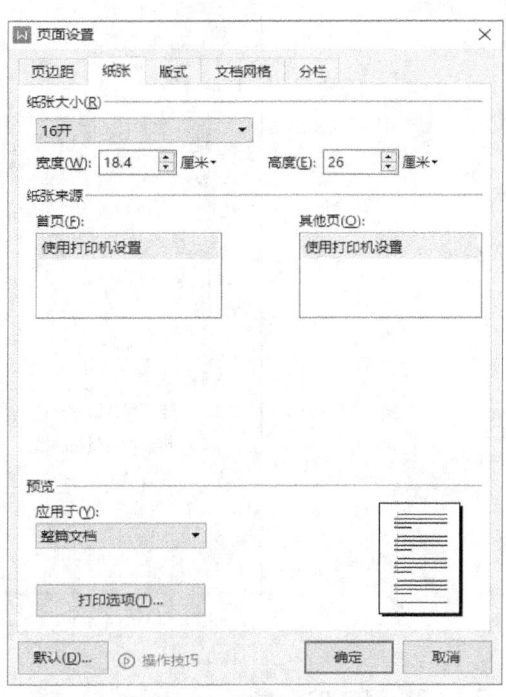
图 2-29 "纸张"选项卡

2. 导入邀请函内容

页面设置完毕后,插入点在工作区的左上角,表示可以在文档窗口中输入文本。

将"音乐欣赏讲座邀请函(素材).docx"的文字内容导入新建的空白文档中,并在落款处添加当前日期,操作步骤如下。

① 在"插入"选项卡的"对象"下拉菜单中选择"文件中的文字"命令,如图 2-30 所示,打开"插入文件"对话框。

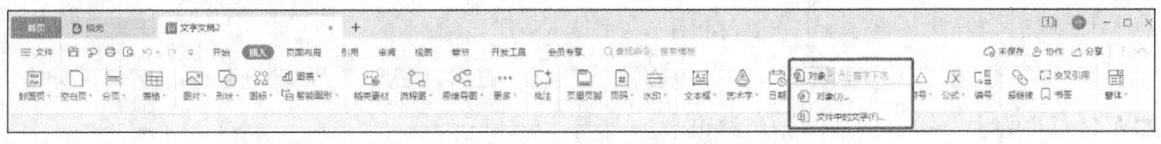
图 2-30 选择"文件中的文字"命令

② 在"插入文件"对话框中选择"音乐欣赏讲座邀请函(素材).docx"所在的目录。

③ 选择"音乐欣赏讲座邀请函(素材).docx"文档,单击"插入"按钮。

④ 完成邀请函文本的插入后,将插入点置于文档结束的位置,即"武汉软件工程职业学院学生会"的下一段。

⑤ 在"插入"选项卡中单击"日期"按钮,打开"日期和时间"对话框。在"可用格式"列表框中选择所需的日期格式,单击"确定"按钮,如图 2-31 所示。

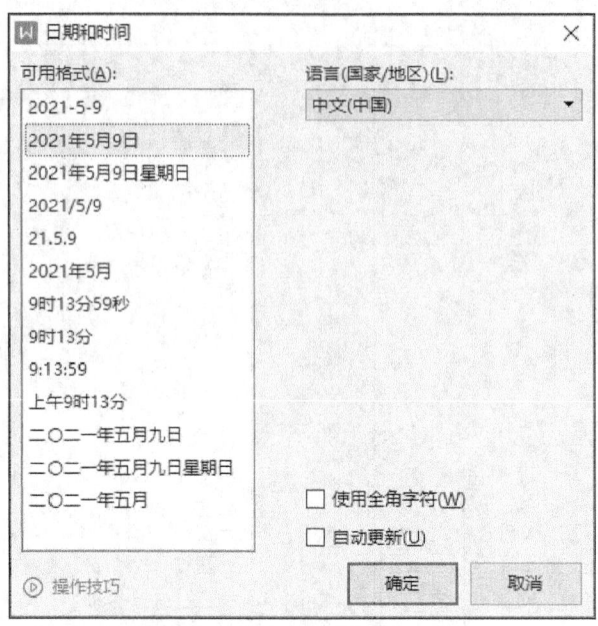

图 2-31 "日期和时间"对话框

3. 字符格式的设置

字符格式设置包括对各种字符的字体、字号、字形、颜色、字符间距、文字效果及字符之间上下位置等进行设置。在进行字符格式设置之前，必须选择要设置的文本。

将标题"音乐欣赏讲座邀请函"设置为"华文行楷、一号、加粗，字符间距加宽 3 磅"，操作步骤如下。

① 选择要设置的标题文本"音乐欣赏讲座邀请函"。

② 在"开始"选项卡的"字体"下拉列表框中选择"华文行楷"选项，如图 2-32 所示。

③ 在"开始"选项卡的"字号"下拉列表框中选择"一号"选项，如图 2-33 所示。

④ 单击"开始"选项卡中的"加粗"按钮 B 。

⑤ 保持标题文本的被选中状态并单击鼠标右键，在弹出的快捷菜单中选择"字体"命令，如图 2-34 所示，弹出"字体"对话框。

⑥ 单击"字符间距"选项卡，在"间距"下拉列表框中选择"加宽"选项，在对应的"值"数值框内输入"3"，如图 2-35 所示，单击"确定"按钮。

将"亲爱的新同学:""武汉软件工程职业学院学生会"和落款日期设置为"楷体、四号"，将正文文字（从"音乐是诗"到"中国传统音乐赏析之十大名曲赏析"）设置为"仿宋、小四"，操作步骤如下。

① 选择要设置的文本"亲爱的新同学:"。

② 在"开始"选项卡的"字体"下拉列表框中选择"楷体"选项。

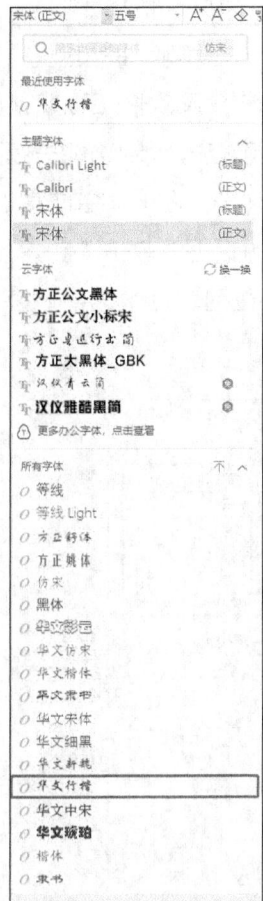

图 2-32 "字体"下拉列表框

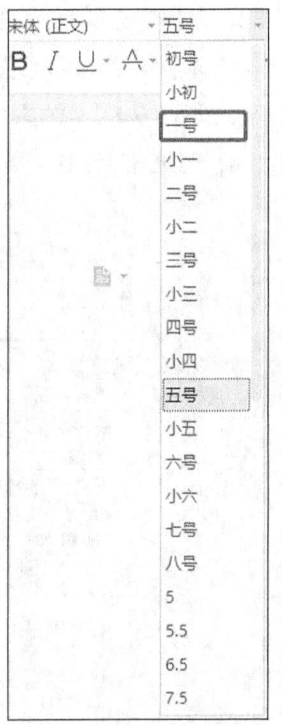

图 2-33 "字号"下拉列表框

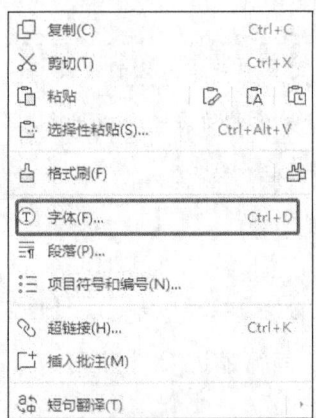

图 2-34 在弹出的快捷菜单中选择"字体"命令

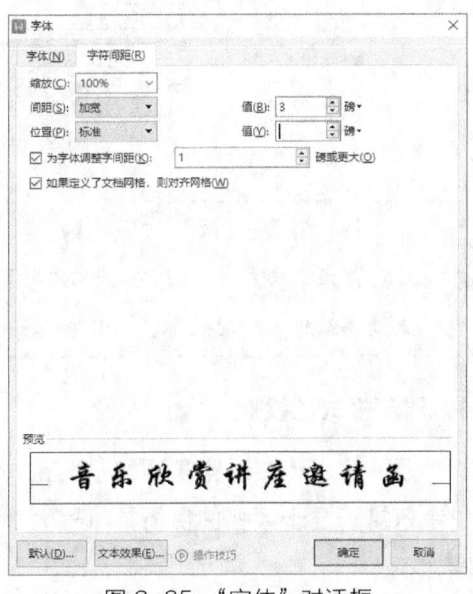

图 2-35 "字体"对话框

③ 在"开始"选项卡的"字号"下拉列表框中选择"四号"选项。

④ 保持文本的选中状态,在"开始"选项卡中单击"格式刷"按钮。

⑤ 当鼠标指针变成格式刷形状时,选择目标文本"武汉软件工程职业学院学生会"和落款日期,同时"格式刷"按钮的激活状态自动取消,表示格式复制功能关闭。

⑥ 选择正文文本(从"音乐是诗"到"中国传统音乐赏析之十大名曲赏析"),在"开始"选项卡中单击"字体"对话框启动按钮,打开"字体"对话框。单击"字体"选项卡,在"中文字体"下拉列表框中选择"仿宋"选项,在"字号"下拉列表框中选择"小四"选项,如图2-36所示。单击"确定"按钮。

图 2-36 "字体"选项卡

 说明

格式刷是一个非常方便的编辑工具,它可以将文章中一个地方的格式(不仅是字符格式,还包括段落格式、图形格式等)"刷"到(复制到)其他的地方去。使用格式刷,不仅可以大大提高编辑工作的效率,而且能很容易让文章格式前后一致。

4. 段落格式的设置

将标题"音乐欣赏讲座邀请函"设置为"居中对齐";将正文段落(从"音乐是诗"到"中国传统音乐赏析之十大名曲赏析")设置为"两端对齐、首行缩进 2 个字符、1.2 倍行距",操作步骤如下。

① 将插入点置于标题"音乐欣赏讲座邀请函"段落中,并选择标题段落。

② 在"开始"选项卡中单击"居中对齐"按钮。

③ 选择正文段落,(从"音乐是诗"到"中国传统音乐赏析之十大名曲赏析"),在"开始"选项卡中单击"段落"对话框启动按钮,打开"段落"对话框,单击"缩进和间距"选项卡,如图 2-37 所示。

图 2-37 "段落"对话框

④ 在"常规"区域的"对齐方式"下拉列表框中选择"两端对齐"选项。

⑤ 在"缩进"区域的"特殊格式"下拉列表框中选择"首行缩进"选项,将"度量值"设置为"2 字符"。

⑥ 在"间距"区域中的"行距"下拉列表框中选择"多倍行距"选项,在"设置值"数值框中输入"1.2"。

⑦ 单击"确定"按钮。

将最后两段文本("武汉软件工程职业学院学生会""××××年××月××日")所在段落设置为"右对齐",将"武汉软件工程职业学院学生会"所在的段落设置为"段前间距 20 磅",操作步骤如下。

① 选择最后两段文本。

② 在"开始"选项卡中单击"右对齐"按钮。

③ 将插入点置于"武汉软件工程职业学院学生会"所在的段落中的任意位置并单击鼠标右键。

④ 在弹出的快捷菜单中选择"段落"命令,打开"段落"对话框。

⑤ 在"段落"对话框中单击"缩进和间距"选项卡,在"间距"区域内的"段前"数值框内输入"20 磅"。

⑥ 单击"确定"按钮。

说明

在 WPS 文档中,段落为排版的基本单位,段落就是指相邻两个"段落标记符"之间的内容。段落标记符包含了这个段落的所有格式设置,所以对两个段落标记符之间的内容进行排版也可以说是对段落的排版。段落的排版主要包括设置缩进量、行距、段间距和对齐方式等。

对段落进行格式设置,必须先选择段落。若只选择一段,将插入点定位到该段落中的任意位置即可。若要选择两个及以上的段落,则应选择这些段落及段落标记符。

5. 添加艺术型页面边框

用户可以在 WPS 文档中设置普通的线型页面边框和各种样式的艺术型页面边框,使 WPS 文档更富有表现力。在 WPS 中,既可以为文档中每一页的所有边或任意一边添加边框,也可以只为某节中的页面、首页或者除首页外的所有页添加边框。

为邀请函添加艺术型页面边框,操作步骤如下。

① 将插入点置于邀请函中的任意位置。

② 在"页面布局"选项卡中单击"页面边框"选项卡,打开"边框和底纹"对话框,单击"页面边框"选项卡。

③ 在"艺术型"下拉列表框中选择所需的边框。在"应用于"下拉列表框中选择"整篇文档"选项,单击"确定"按钮,如图 2-38 所示。

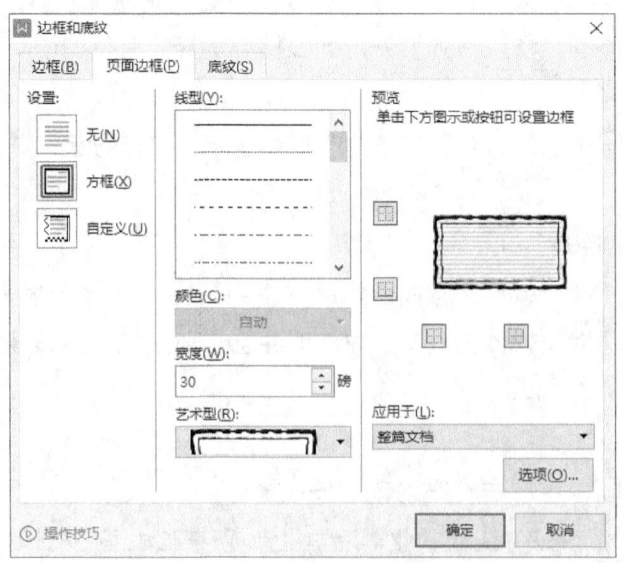

图 2-38 "边框和底纹"对话框

④ 单击快速访问工具栏中的"保存"按钮，保存"音乐欣赏讲座邀请函.docx"文档。

至此，"音乐欣赏讲座邀请函.docx"文档的排版工作全部完成，最终排版效果如图 2-27 所示。

6．打印邀请函

（1）打印预览

在对排版后的文档进行打印之前，为确保打印质量，应先对其打印效果进行预览，以决定是否还需要对版式进行修改。

进行打印预览的操作步骤如下。

① 在"文件"选项卡的"打印"中选择"打印预览"命令，如图 2-39 所示。

图 2-39　打印预览

② 拖曳右下角"显示比例"滚动条上的滑块，调整文档的显示大小。

③ 单击"关闭"按钮，关闭"打印预览"窗口，回到文档的正常编辑状态。

文档处理工作的最终目的是将文档打印输出。在完成文档的编辑后，使用打印预览功能查看文档的内容和版式，符合编辑要求后，就可以单击"直接打印"按钮进行文档的打印。

（2）打印邀请函，操作步骤如下。

① 在"文件"选项卡的"打印"中选择"打印"命令，打开"打印"对话框，如图 2-40 所示。

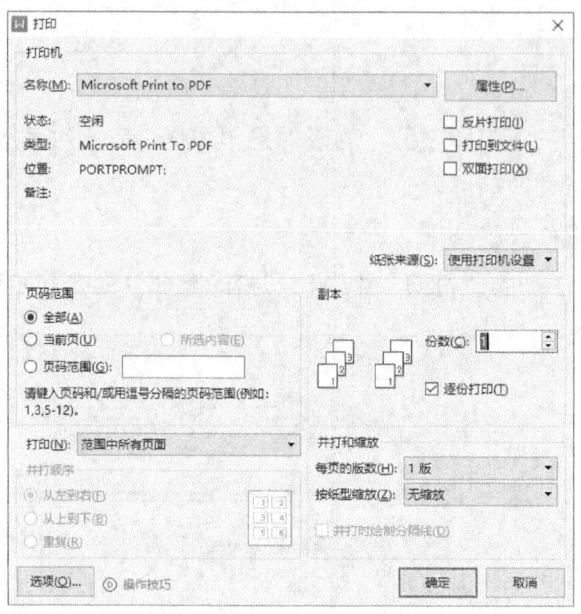

图 2-40 "打印"对话框

② 在"名称"下拉列表框中选择要使用的打印机。

③ 在"页码范围"区域中选择打印范围。

- 选择"全部"单选按钮，则打印当前文档的全部页面。
- 选择"当前页"单选按钮，则只打印当前插入点所在的页面。
- 选择"页码范围"单选按钮，在后面的文本框中输入页码或页码范围，则打印指定页码或页码范围的页面。

④ 在"份数"文本框中可以指定打印的份数。

⑤ 完成所有设置后，单击"确定"按钮，开始打印文档。

2.4 任务二：制作精美的宣传单页

【任务描述】

学生会干部小明喜爱音乐，想为自己喜欢的中国古典音乐制作一张宣传单，将自己喜欢的好音乐与同学们分享。要求利用"中国传统音乐（素材）.docx"素材文档，使用 WPS 文字制作一张宣传单，并进行版面设置，添加艺术字、图片、艺术横线等对象，使用文本框实现分栏，效果如图 2-41 所示。

图 2-41 宣传单整体效果

【任务分析】

宣传单的制作往往会使用 WPS 文字的图文混排、文本框、艺术字、分栏等功能，合理地运用这些功能，可以制作出图文并茂的宣传单。

通过学习本项任务，掌握 WPS 文字的对象操作，包括对象的概念及种类，图形、图像对象的编辑，文本框的使用方法等。

【工作流程】

① 制作艺术字标题。

② 首字下沉。

③ 查找文本。

④ 替换文本。

⑤ 分栏排版。

⑥ 图文混排。

⑦ 用文本框实现分栏效果。

【基本概念】

1. 对象

在 WPS 文字中所有能移动的独立元素都称为对象。对象主要包括图形、图像、文本框和表格等。作为 WPS 文字中独立的实体，可以对对象进行选择、对齐、改变前后次序、拼接和图文混排等操作。

2. 艺术字

艺术字是一种具有美术效果的特殊字体，以图形的方式展示文字。

3. 分栏

分栏就是将一段文本分成并排的几栏。分栏排版经常用于论文、报纸和杂志的排版之中，可以将一段文字分成几栏打印。这种分栏方法使页面排版灵活，阅读方便。

【详细步骤】

1. 制作艺术字标题

① 新建"中国传统音乐.docx"文档，并将素材"中国传统音乐（素材）.docx"的标题和正文文本复制到新建的文档中。

② 添加艺术字，操作步骤如下。

- 选择文本"中国古典十大名曲"，在"插入"选项卡中单击"艺术字"按钮，打开艺术字库。选择第 2 行第 4 列艺术字效果（填充-白色，轮廓-着色 1），如图 2-42 所示。
- 选择艺术字"中国古典十大名曲"，在"开始"选项卡中设置艺术字格式为"宋体、加粗"，如图 2-43 所示。

图 2-42 艺术字库

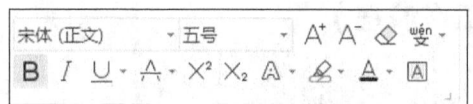

图 2-43 设置艺术字格式

- 选择艺术字后会出现"文本工具"选项卡，在"文本工具"选项卡中可以对艺术字进行各种设置，如图 2-44 所示。

图 2-44 "文本工具"选项卡

- 在"文本工具"选项卡中单击"文本效果"按钮右下角的"设置文本效果格式:文本框"对话框启动按钮，右侧将显示"属性"面板，如图 2-45 所示。
- 在"文本选项"选项卡中单击"填充与轮廓"按钮，在"文本填充"下拉菜单中选择"渐变填充"单选按钮，在"文本填充"右侧颜色的下拉列表框中选择"浅绿-暗橄榄绿渐变"选项，在"渐变样式"区域中选择"线性渐变"中的向下效果，单击"关闭"按钮。
- 在"文本工具"选项卡的"文本效果"下拉菜单中选择"转换"命令，在展开的列表中选择"弯曲"项目下第 5 行第 2 列的效果，更改艺术字形状为"波形 2"，调整大小，艺术字效果如图 2-46 所示。

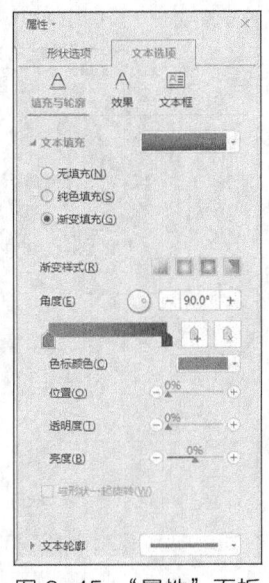

图 2-45 "属性"面板

图 2-46 艺术字效果

③ 设置正文文本(从"音乐是人类不能缺少的语言"到"中国古典音乐特有之美。")为"楷体、小四"。

2. 首字下沉

首字下沉的作用是使段落的第一个字突出显示，能起到一定的版面美化作用。

将正文的第一段的首字"音"设置为"华文行楷、首字下沉 3 行"，操作步骤如下。

① 选择需要设置首字下沉的段落(即正文的第一段)。

② 在"插入"选项卡中单击"首字下沉"按钮，打开"首字下沉"对话框。

③ 在"位置"区域中选择"下沉"选项，在"选项"区域中设置首字下沉的"字体"为"华文行楷"，"下沉行数"为"3"，如图 2-47 所示。

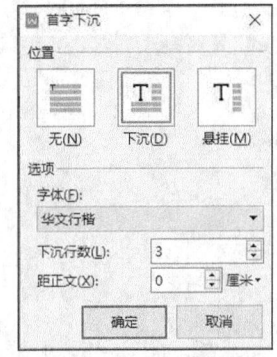

图 2-47 "首字下沉"对话框

④ 单击"确定"按钮，保存文档。首字下沉效果如图 2-48 所示。

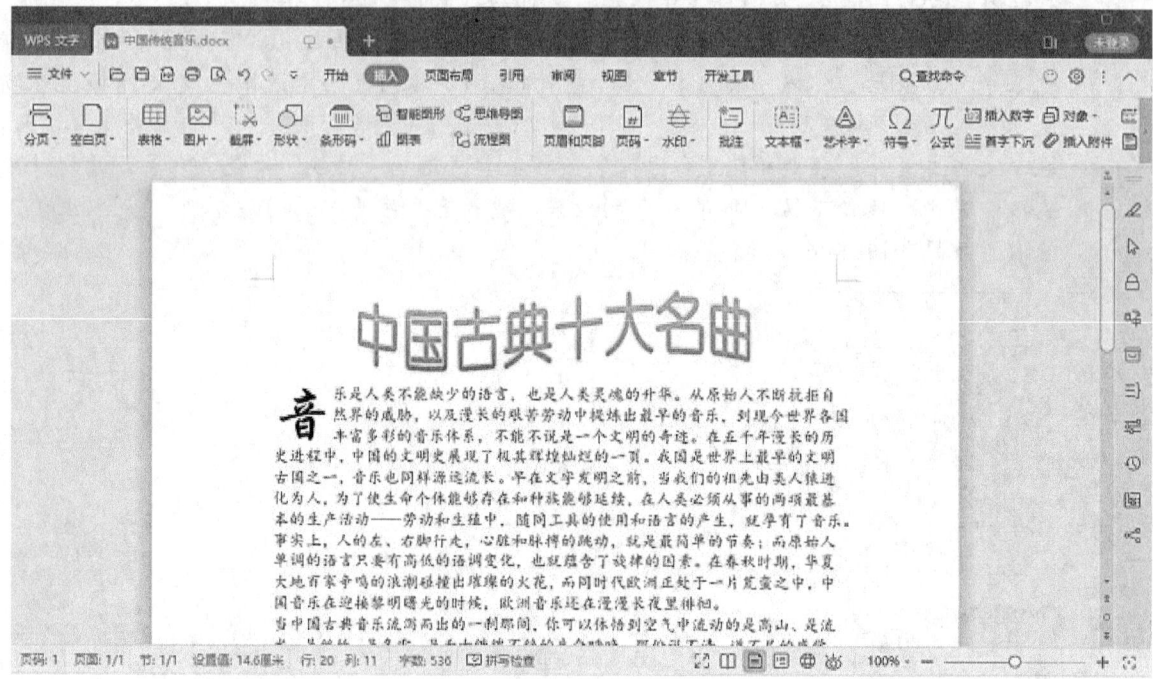

图 2-48　首字下沉效果

⑤ 设置正文第 2 段和第 3 段首行缩进 2 字符，操作步骤略。

3. 查找文本

在文档中手动查找一个字或者一个词是非常困难的，而手动将一篇文档中的某个字或词替换为另一个字或词更是无比烦琐。使用 WPS 文字的查找和替换功能，可以方便、高效、快速地完成上述工作。查找文档中的文本"闻名"，操作步骤如下。

查找文本具体步骤如下。

① 在"开始"选项卡中选择"查找替换"下拉菜单中的"查找"命令，如图 2-49 所示，或按"Ctrl+F"组合键，打开"查找和替换"对话框。

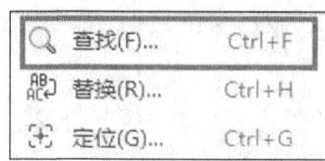

图 2-49　选择"查找"命令

② 在"查找和替换"对话框"查找"选项卡中的"查找内容"文本框中输入需要查找的文本"闻名"，如图 2-50 所示，该文本框最多可以输入 255 个字符。

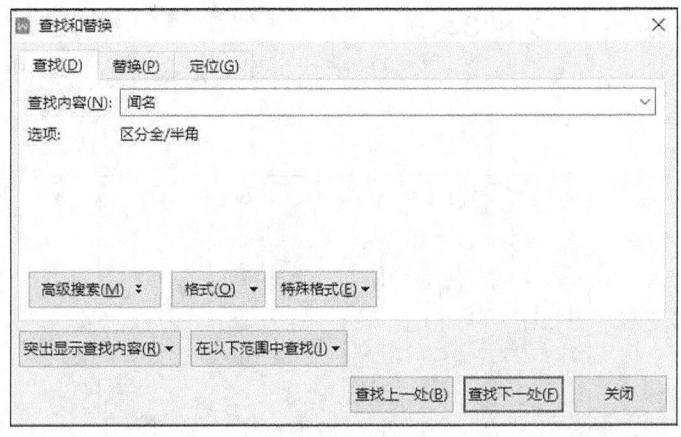

图 2-50　查找文本

4．替换文本

将上文查找到的文本"闻名"替换为"文明",操作步骤如下。

① 在"开始"选项卡中选择"查找替换"下拉菜单中的"替换"命令,或按"Ctrl+H"组合键,打开"查找和替换"对话框。

② 在"替换"选项卡的"查找内容"文本框中输入要被替换的文本"闻名",在"替换为"文本框中输入要替换的文本"文明",如图 2-51 所示。

③ 单击"查找下一处"按钮找到需要替换的位置,单击"替换"按钮进行替换。也可以单击"全部替换"按钮,一次性将所有符合查找条件的文本全部替换。

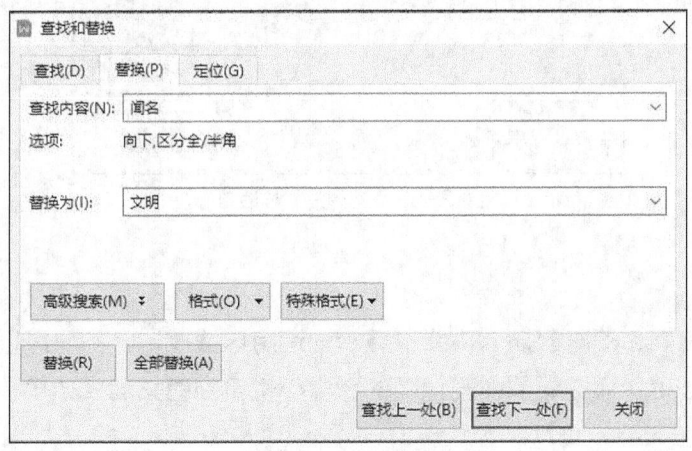

图 2-51　替换文本

5．分栏排版

分栏就是将一段文本分成并排的几栏,方格中的文字不能分栏。将正文第 3 段分为 2 栏,栏距"1 厘米",栏间加"分隔线",操作步骤如下。

① 选择要分栏的文本（正文第 3 段）。

② 在"页面布局"选项卡中单击"分栏"按钮，在下拉菜单中选择"更多分栏"命令，如图 2-52 所示，打开"分栏"对话框。

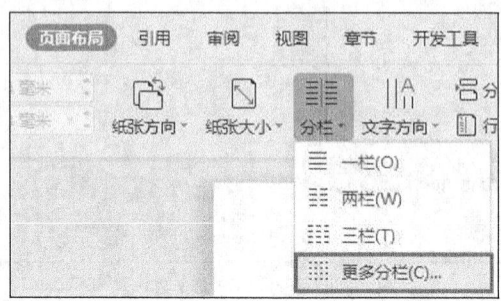

图 2-52　选择"更多分栏"命令

③ 在"预设"区域中选择"两栏"选项，选中"分隔线"复选框，在"宽度和间距"区域的"间距"数值框中输入"1"，单位选择"厘米"，如图 2-53 所示，单击"确定"按钮。

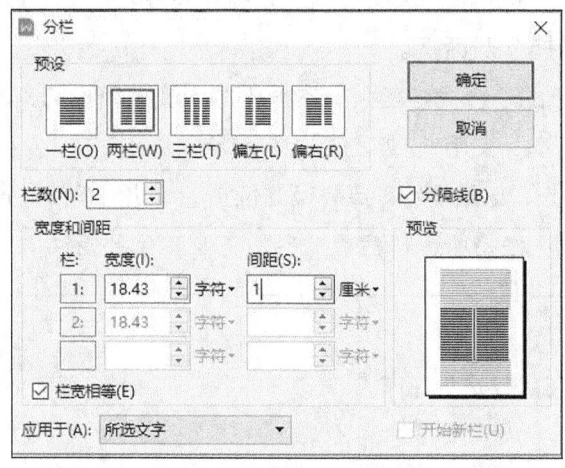

图 2-53　"分栏"对话框

6．图文混排

WPS 文字具有强大的对象插入功能，巧妙地运用这些技术，不仅可以实现许多需求，而且可以使用户的文档锦上添花，制作出精美的、赏心悦目的图文混排效果。

（1）插入图片

将"专辑封面.jpg"图片插入正文中，并设置图片的环绕方式，操作步骤如下。

① 在文档中将插入点定位到要插入图片的位置。

② 在"插入"选项卡中单击"图片"按钮，打开"插入图片"对话框。

③ 在"插入图片"对话框中找到图片存放的位置，单击要插入的图片，如图 2-54 所示。

图 2-54 "插入图片"对话框

④ 单击"打开"按钮,将所选图片插入文档中,效果如图 2-55 所示,同时打开了"图片工具"选项卡。

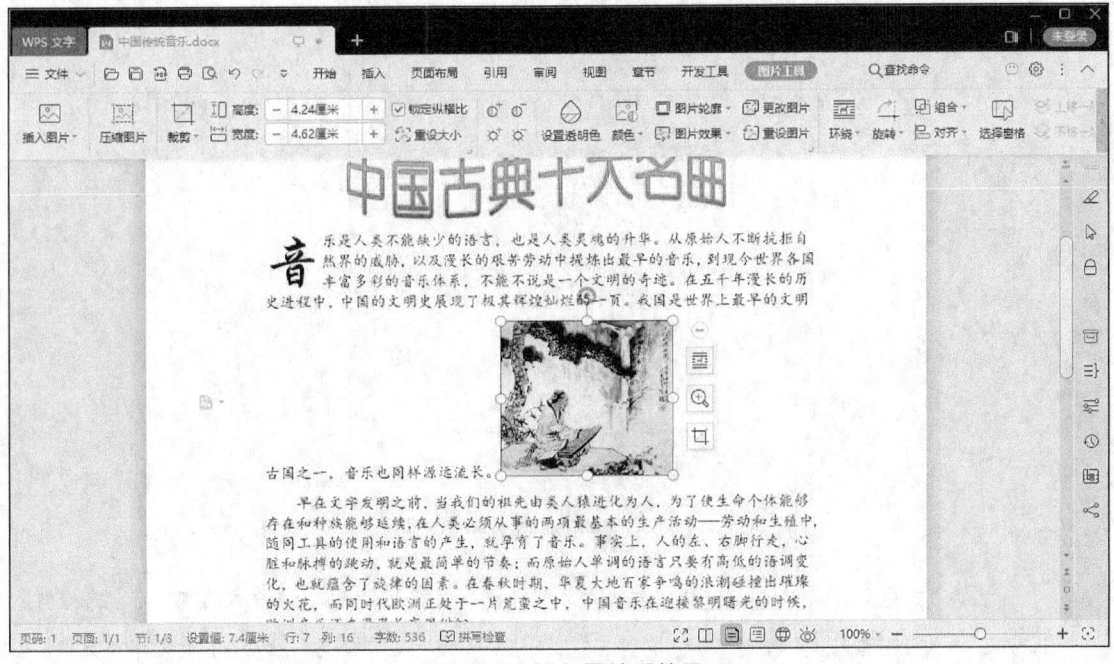

图 2-55 插入图片后效果

⑤ 选择文档中的"专辑封面.jpg"图片,在"图片工具"选项卡中单击"环绕"按钮。

⑥ 在打开的下拉菜单中选择"四周型环绕"命令，如图 2-56 所示。

⑦ 适当调整图片位置，效果如图 2-57 所示。

图 2-56 "环绕"下拉菜单　　　　　　图 2-57 "四周型环绕"效果

> **说明** 选择图片后单击鼠标右键，在弹出的快捷菜单中选择"其他布局选项"命令，如图 2-58 所示，打开"布局"对话框，同样可以对图片进行编辑。

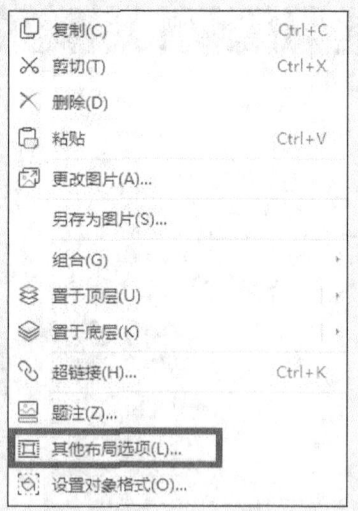

图 2-58 选择"其他布局选项"命令

打开"布局"对话框，单击"文字环绕"选项卡，可见图片的环绕方式有 7 种："嵌入型（默认方式）""四周型""紧密型""穿越型""上下型""衬于文字下方"和"浮于文字上方"，如图 2-59 所示。

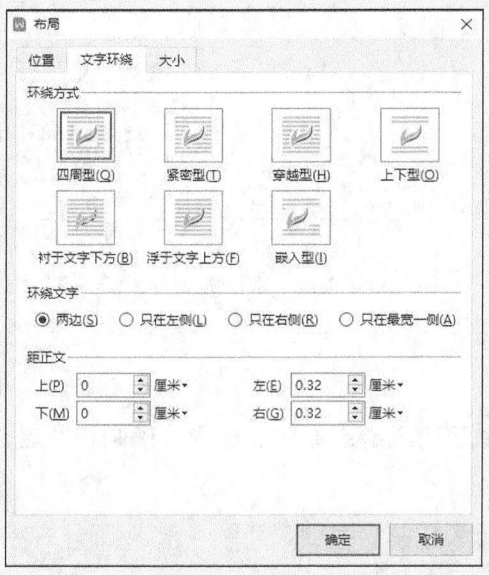

图 2-59 "布局"对话框

① 嵌入型：排版时图片被当成一个特殊字符对待，随着文字的移动而移动，可以像对待文字那样对嵌入型图片进行各种排版操作。

② 四周型："四周型"环绕方式，无论图片是否为矩形图片，文字都以矩形方式环绕在图片四周。

③ 紧密型：如果图片是矩形，则文字以矩形方式环绕在图片周围；如果图片是不规则图形，则文字将紧密环绕在图片四周。

④ 穿越型：类似于"紧密型"环绕方式，但文字可进入图片空白处。

⑤ 上下型：图片位于两行文字中间，图片两侧无文字。

⑥ 衬于文字下方：图片在下、文字在上，文字会覆盖图片。

⑦ 浮于文字上方：图片在上、文字在下，图片会覆盖文字，与"衬于文字下方"环绕方式相反。

7 种图片环绕方式的效果如图 2-60 所示。

（a）嵌入型　　　　　　　　（b）四周型　　　　　　　　（c）紧密型

图 2-60　7 种图片环绕方式效果

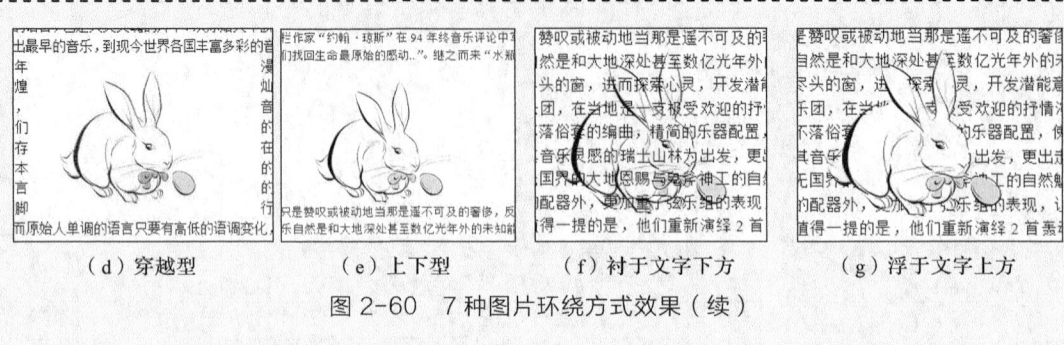

图 2-60　7 种图片环绕方式效果（续）

（2）绘制自选图形

在 WPS 文字中，除了可以绘制直线、矩形、椭圆和圆这些基本图形外，还可以绘制许多自选图形。

在标题"中国古典十大名曲"旁绘制 4 颗"十字星"，并将其颜色设置为"金色"，操作步骤如下。

① 将插入点定位到要绘制"十字星"的位置。

② 单击"插入"选项卡中的"形状"按钮，在下拉菜单中选择"星与旗帜"下的"十字星"命令。

③ 鼠标指针变成"十"形状后，在文档空白处拖曳鼠标指针，绘制自选图形。

④ 选择"十字星"，在"绘图工具"选项卡中单击"填充"和"轮廓"按钮，将"十字星"的形状填充色和线条颜色均设置为标准色"黄色"，如图 2-61 所示。

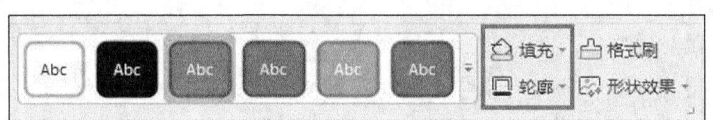

图 2-61　设置填充和轮廓

⑤ 复制"十字星"并粘贴到标题的周围。选择图形后，图形周围会出现 8 个尺寸控制点和一个"自由旋转"控制点，如图 2-62 所示，拖曳控制点调整"十字星"尺寸大小和旋转角度，直到满意为止，效果如图 2-63 所示。

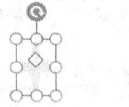

图 2-62　图像控制点

图 2-63　添加自选图形效果

7. 用文本框实现分栏效果

（1）绘制文本框

① 在"插入"选项卡中单击"形状"按钮，在下拉菜单中选择"新建绘图画布"命令，系

统将自动创建绘图画布。

② 在"插入"选项卡中单击"形状"按钮，在下拉菜单中选择"基本形状"下的"文本框"命令，在画布中插入两个横排文本框，如图 2-64 所示。

图 2-64　在画布上插入两个横排文本框

（2）设置文本框的链接

① 设置文本"曲目介绍"和曲目列表文本为"幼圆、五号"。

② 将曲目介绍的所有文本内容复制到第一个文本框中，如图 2-65 所示。

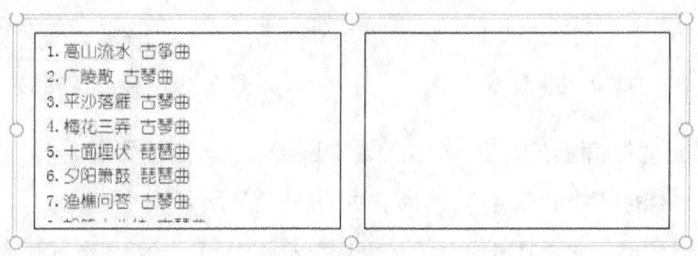

图 2-65　复制文本到第一个文本框中

③ 选择第一个文本框，在"文本工具"选项卡中单击"创建文本框链接"按钮，将鼠标指针移至第二个文本框中，当鼠标指针形状变成时单击，此时第一个文本框中显示不下的内容就会转移到第二个文本框中，实现了左右两个文本框的链接。适当调整绘图画布和文本框大小，如图 2-66 所示。

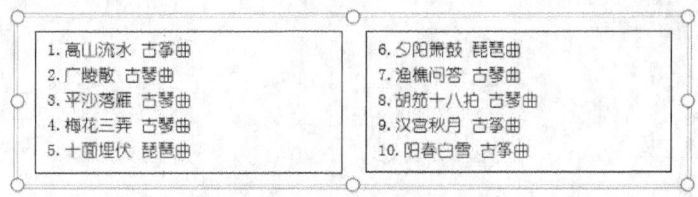

图 2-66　两个文本框的链接

（3）设置文本框和绘图画布的边框格式

为曲目列表设置渐变线边框，操作步骤如下。

① 按住"Shift"键依次双击两个文本框的边框，在"绘图工具"选项卡中单击"形状效果"按钮右下角的"设置形状格式"对话框启动按钮，打开"属性"面板。在"形状选项"

选项卡中选择"填充与线条"选项,将文本框的"填充"设为"无填充","线条"设置为"无线条",去掉两个文本框的外框线,如图 2-67 所示。

② 单击绘图画布边框,在"绘图工具"选项卡中单击"形状效果"按钮右下角的"设置形状格式"对话框启动按钮 ,打开"属性"面板。将绘图画布的"填充"设置为"亮天蓝色,着色 5,浅色 60%",如图 2-68 所示。

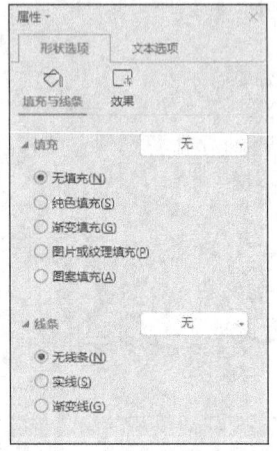

图 2-67　文本框的"属性"面板

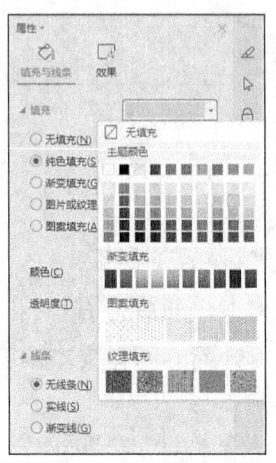

图 2-68　绘图画布的"属性"面板

③ 在打开的"属性"面板的"线条"区域中选择"渐变线"单选按钮,在"渐变样式"中选择"射线渐变"中的"中心辐射"选项,如图 2-69 所示。

④ 设置线条的"宽度"为"10.00 磅"。单击"关闭"按钮,文本框线的最终效果如图 2-70 所示。

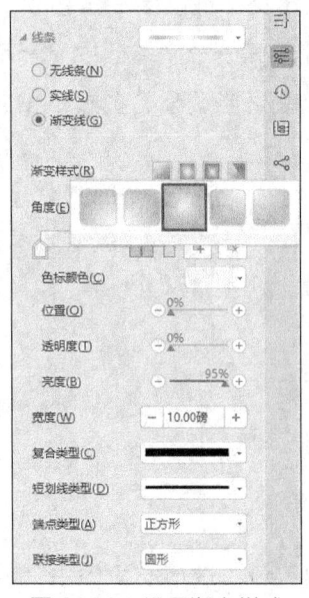

图 2-69　设置渐变样式

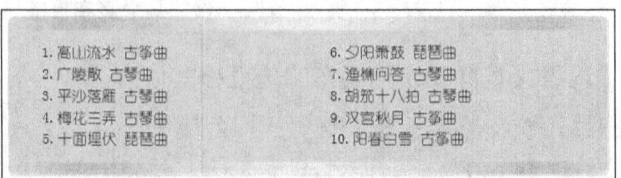

图 2-70　文本框线的最终效果

2.5 任务三：设计学习备忘录

【任务描述】

进入大学的小明同学学习非常刻苦，他计划在校期间通过全国大学生英语四级考试。为此，一踏进校园，他就制订了学习计划。小明准备制作一个学习备忘录，对每周记单词的数量做出计划，并在一周结束时进行统计。要求通过使用 WPS 文字绘制一个表格，设置表格的边框底纹，对单元格进行适当的拆分与合并，完成一个学习备忘录的制作，效果如图 2-71 所示。

第 X 周学习备忘录

制定人：xxx		科目：英语	日期：
本周重点		本周主要对英语四级单词进行记忆	
时间		学习计划	实际学习量
周一		8	5
周二		8	3
周三		8	7
周四		8	8
周五		8	6
记忆总量		29	

图 2-71 第 X 周学习备忘录

【任务分析】

学习有计划是一个很好的习惯，一份成功的学习计划不应过简，也不必过繁，更不必为制订这份计划而耗费过多时间。书面计划的优点，在于其"白纸黑字"的监督作用。表格形式的学习计划看起来一目了然，便于实施。但并不是每个人每天都能够按照计划来学习，因此，也必然存在着计划与实际之间的偏差。设计学习备忘录需分两种情况：一种是一周的学习计划，另一种是一周中每天的实际完成情况。

使用表格可以使文档看起来更简洁，是对文字进行排版的有效方式之一。使用表格制作个人学习备忘录，会使人感觉整洁、清晰、有条理，能够有效提高学习效率。本任务将设计图 2-71 所示的学习备忘录。

本任务要求使用 WPS 文字完成表格的创建与修饰，单元格的拆分与合并，表格中数据的输入与编辑，数据的排序和计算。

【工作流程】

① 制作表格标题。
② 绘制表格。
③ 在表格中输入文本。
④ 调整单元格的高度或宽度。
⑤ 插入新行。
⑥ 合并单元格。
⑦ 数据的计算。
⑧ 美化表格。
⑨ 设置保护密码。

【基本概念】

1. 表格和单元格

表格由垂直列和水平行组成，行和列交叉而成的矩形部分称为单元格。

2. 表格的编辑

以表格为对象的编辑操作包括表格的移动、缩放等。

3. 单元格的编辑

以单元格为对象的编辑操作包括单元格的插入、删除、移动和复制，单元格的高度和宽度设置，单元格中对象的对齐方式设置等。

【详细步骤】

1. 制作表格标题

新建"第 X 周学习备忘录.docx"文档，在新建的文档中输入表格标题"第 X 周学习备忘录"，并设置其格式为"华文新魏、一号、加粗、居中、字符间距加宽 3 磅"。

2. 绘制表格

WPS 文字整合了表格功能，可以完成数据的录入、归类并进行简单的数据统计，利用 WPS 文字可以快速建立一个表格。

建立一个 7 行 3 列的表格，绘制表格的操作步骤如下。

① 在"插入"选项卡中单击"表格"按钮,在下拉菜单中选择"插入表格"命令,如图 2-72 所示,打开"插入表格"对话框,如图 2-73 所示。

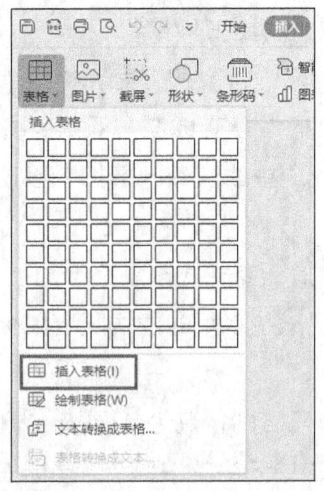

图 2-72 "表格"下拉菜单

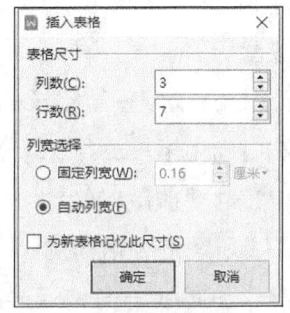

图 2-73 "插入表格"对话框

② 在"表格尺寸"区域中,将"列数"设置为"3","行数"设置为"7",单击"确定"按钮,生成一个 7 行 3 列的表格,如图 2-74 所示。

3. 在表格中输入文本

确定学习备忘录要表达的主题内容,在表格中输入图 2-71 所示的内容,操作步骤如下。

① 单击表格的第一行第一列,将插入点定位在该单元格中,输入文本"时间"。

② 按"Tab"键或"→"键将插入点向右移动,分别输入文本"学习计划"和"实际学习量"。

图 2-74 插入 7 行 3 列的表格

③ 按"↓"键将插入点向下移动,也可以直接将插入点定位到需要输入文字的空白单元格中,分别在各单元格中输入相应的内容。

4. 调整单元格的高度或宽度

通常情况下，单元格会根据输入的文字自动调整高度和宽度，而不需要专门进行设置，但在实际应用中，为了使表格的整体效果美观，需要对它进行适当的调整。

参考图 2-71 所示的表格样例，利用标尺调整各单元格的行高和列宽，操作步骤如下。

① 将鼠标指针停留在表格第二列的右框线上，当鼠标指针变成左右双箭头 ↔ 时，按住鼠标左键向左右拖动边框，同时文档窗口中会出现一条垂直的虚线随着鼠标指针移动，调整到适当的位置时释放鼠标。

② 将鼠标指针移动到垂直标尺的行标记上，当鼠标指针变成调整表格行的上下双箭头 ↕ 时，按住鼠标左键向上下拖动行标记，文档窗口中会出现一条水平的虚线随着鼠标指针移动，调整到适当的位置时释放鼠标。

参考图 2-71 所示的表格样例，调整表格第 1 行的单元格的行高为 1 厘米，操作步骤如下。

① 选择第一行的任意一个单元格，将鼠标指针放到该单元格的左侧，当鼠标指针变成指向右的黑色箭头 ➤ 时，单击即可选择此单元格，被选中的单元格会全黑显示。

② 选择表格，出现"表格工具"选项卡，如图 2-75 所示，在"高度"对话框中输入"1.00 厘米"。

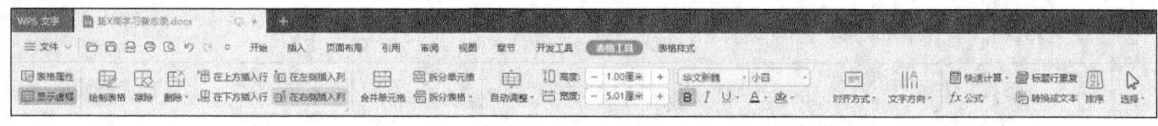

图 2-75 "表格工具"选项卡

③ 单击"表格工具"选项卡中的"表格属性"对话框启动按钮 ，打开"表格属性"对话框。

④ 单击"行"选项卡，选中"指定高度"复选框，在其后面的数值框中输入"1"，单位选择"厘米"，如图 2-76 所示，单击"确定"按钮。

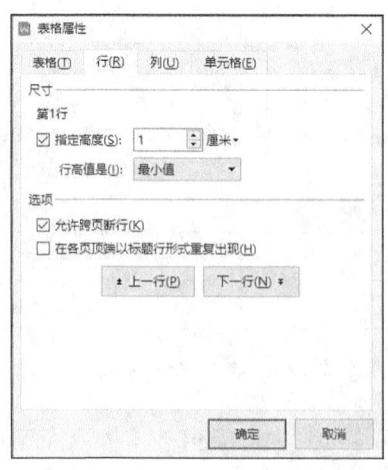

图 2-76 "表格属性"对话框

5. 插入新行

为了强调一周学习的重点内容，可以在表格的开头位置输入相应内容。这时发现没有相应的空行段落标识，从而无法在表格之外输入文本，需要在表头中新建单元格以完成输入。

将表格整体下移，并在表格顶端新增两行单元格，操作步骤如下。

① 将插入点置于第一行表格的任意一个单元格中。

② 在"表格工具"选项卡中单击"在上方插入行"按钮，在表头增加一行空白单元格，如图 2-77 所示。

③ 将鼠标指针移动到表格第一行的最左侧，当鼠标指针变成倾斜向右的白色箭头 ⁄ 时，单击选择整行。

④ 在"表格工具"选项卡中单击"拆分单元格"按钮，打开"拆分单元格"对话框。

⑤ 在"拆分单元格"对话框中，将"列数"设置为"3"，"行数"设置为"2"，如图 2-78 所示，单击"确定"按钮，将新增行拆分为两行。

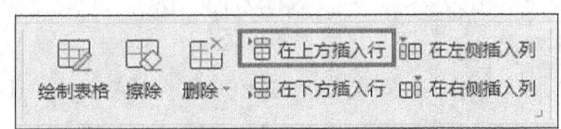

图 2-77　单击"在上方插入行"按钮

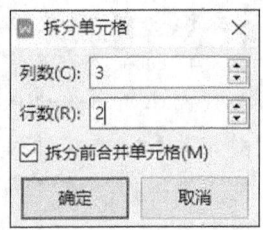

图 2-78　"拆分单元格"对话框

⑥ 在表头新增的两行空白单元格中输入图 2-71 所示的文本。

6. 合并单元格

在设计复杂表格的过程中，当需要把表格中的若干个单元格合并成一个单元格时，可以利用 WPS 文字提供的合并单元格功能。在第 2 行"本周重点"左侧有两个单元格，需要将其合并成一个单元格，这样可以使表格更美观，也便于填写内容。

将表格第 2 行中的第 2 个和第 3 个单元格合并成一个单元格，将最后一行的第 2 个和第 3 个单元格合并成一个单元格，操作步骤如下。

① 选择第 2 行中的第 2 个和第 3 个单元格。

② 在"表格工具"选项卡中单击"合并单元格"按钮，两个单元格即合并为一个单元格，第 2 行的单元格合并完成。

③ 在"表格样式"选项卡中单击"擦除"按钮 ，鼠标指针变成橡皮擦形状 ，将其移动到最后一行需要擦除的框线上。按住鼠标左键不放，当单元格框线的线条变成粗线后释放鼠标，完成线条的擦除工作，使两个单元格合并成一个单元格。

7. 数据的计算

一般情况下，需要计算的表格数据都是在 WPS 表格中算出结果，再把处理后的表格复制到 WPS 文字中进行排版。其实 WPS 文字中的表格也具有很强的计算能力，完全可以实现一般的计算。

参照图 2-71 所示输入每日单词的实际记忆量。使用 WPS 文字的计算功能，完成对本周单词记忆总量的计算，操作步骤如下。

① 将插入点置于要放置求和结果的单元格中。

② 在"表格工具"选项卡中单击"公式"按钮 fx，打开"公式"对话框。

③ 在"公式"框中输入计算公式。

- 如果选择的单元格位于一列数值的底端，默认公式为"=SUM（ABOVE）"，即求上方所有数值的和，并将结果存放在选择的单元格中。
- 如果选择的单元格位于一列数值的顶端，默认公式为"=SUM（BELOW）"，即求下方所有数值的和，并将结果存放在选择的单元格中。
- 如果选择的单元格位于一列数值的左端，默认公式为"=SUM（RIGHT）"，即求右方所有数值的和，并将结果存放在选择的单元格中。
- 如果选择的单元格位于一列数值的右端，默认公式为"=SUM(LEFT)"，即求左方所有数值的和，并将结果存放在选择的单元格中。
- 计算平均值、最大值、最小值时，把 SUM()函数换成 AVERAGE()、MAX()、MIN()函数即可。

④ 在"数字格式"下拉列表框中选择不同选项，可以确定小数点的位置。

⑤ 单击"确定"按钮，即可计算单词记忆总量，如图 2-79 所示。

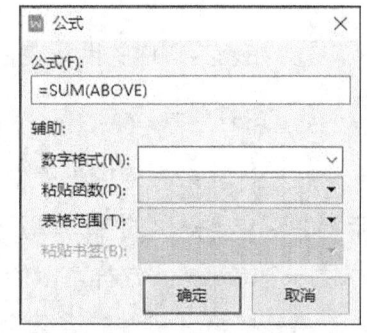

图 2-79 "公式"对话框

8. 美化表格

在表格中，可以在水平和垂直两个方向对单元格中的对象进行调整，对表格边框和底纹进行设置，这些操作都可以美化表格的版面效果。

参照图 2-71，将表格中第 3 行的文字设置为"水平居中"，第 2 行第 2 列的文字设置为"垂直居中"，段落对齐方式设置为"两端对齐"，操作步骤如下。

① 选择表格的第 3 行。

② 在"表格工具"选项卡中单击"对齐方式"按钮，共有 9 种单元格对齐方式，每种单元格对齐方式同时包含了水平和垂直两个方向的对齐方式，选择"水平居中"对齐方式，如图 2-80 所示。

③ 选择表格的第 2 行第 2 列的单元格，在"表格工具"选项卡中单击右下角的"表格属性"对话框启动图标，打开"表格属性"对话框。

④ 单击"单元格"选项卡，在"垂直对齐方式"区域中选择"居中"选项，如图 2-81 所示，单击"确定"按钮，设置选择文字的垂直对齐方式。

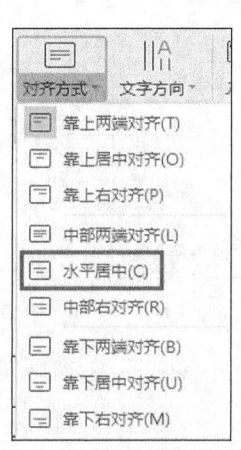

图 2-80　选择"水平居中"对齐方式

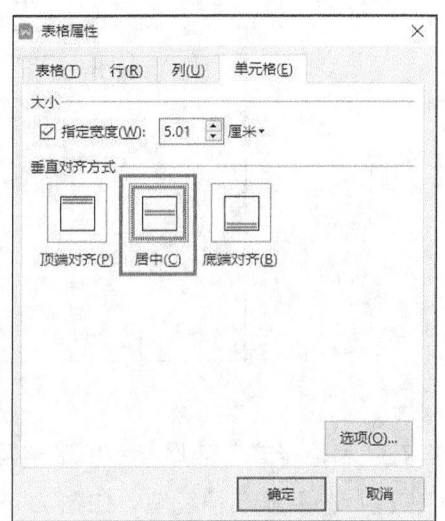

图 2-81　"单元格"选项卡

⑤ 在"开始"选项卡中单击"两端对齐"按钮，设置文字的对齐方式。

参照图 2-71，将表格中相应单元格的底纹设置为"白色，背景 1，深色 25%"，并将这些单元格中的文字设置为"华文行楷、四号、加粗"，操作步骤如下。

① 按住"Ctrl"键，分别单击选择所有需要设置底纹的单元格。

② 在"表格样式"选项卡上单击"底纹"按钮旁的下拉按钮，在弹出的下拉列表框中选择主题颜色"白色，背景 1，深色 25%"。

③ 在"开始"选项卡的"字体"下拉列表框中选择"华文行楷"选项，在"字号"下拉列表框中选择"四号"选项，单击"加粗"按钮 B 。

参照图 2-71，将表格的内框线设置为"虚线"，外侧框线设置为"双细线"，操作步骤如下。

① 将鼠标指针停留在表格上，直到表格的左上角出现"表格移动控制点"，右下角出现"表格尺寸控制点"，单击或选择整个表格。

② 在"表格样式"选项卡中单击"边框"按钮，在下拉菜单中选择"边框和底纹"命令，打开"边框和底纹"对话框。

③ 单击"边框"选项卡，在"设置"区域中选择"方框"选项，在"线型"列表框中选择"双细线"选项，单击"确定"按钮，如图 2-82 所示。

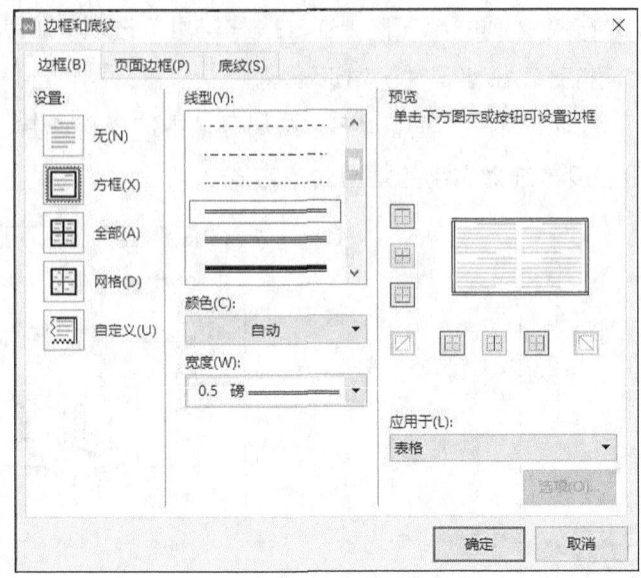

图 2-82 "边框和底纹"对话框

④ 在"表格样式"选项卡中单击"笔样式"按钮 ———— 旁的下拉按钮,在弹出的"线型"列表框中选择第 5 种线型,如图 2-83 所示。

在"表格样式"选项卡中单击"边框"按钮 边框 旁的下拉按钮,在弹出的"边框类型"列表框中选择"内部框线"选项,如图 2-84 所示,完成对表格框线的设置。

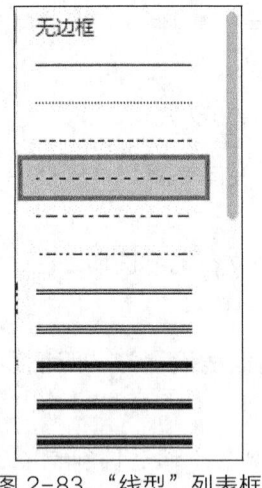

图 2-83 "线型"列表框

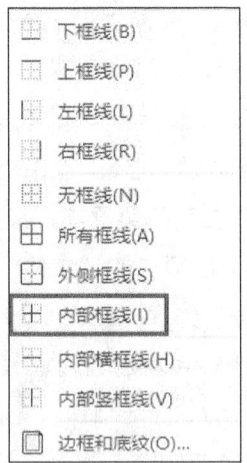

图 2-84 "边框类型"列表框

9. 设置保护密码

设置保护密码的操作步骤如下。

① 在"文件"选项卡中选择"另存为"命令,打开"另存为"对话框。

② 单击"加密"按钮,如图 2-85 所示。

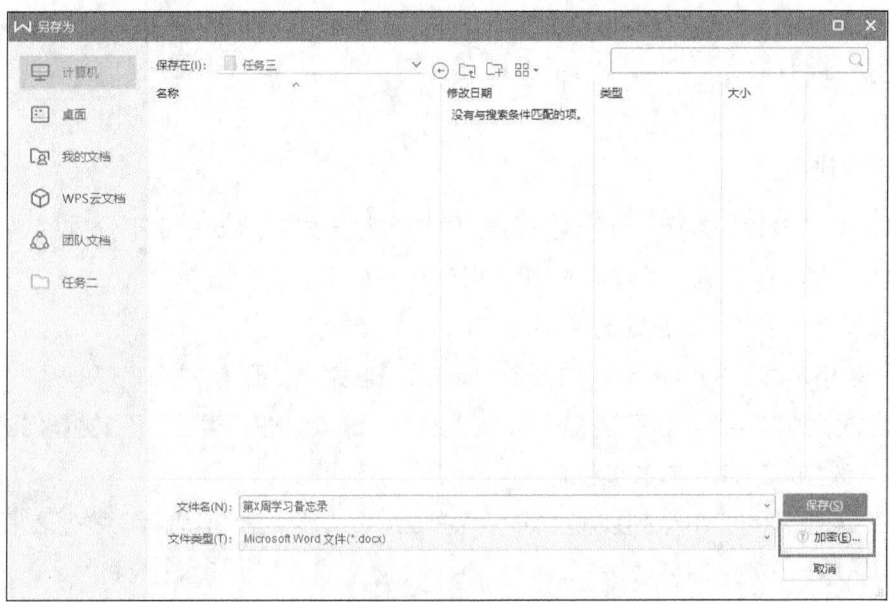

图 2-85 "另存为"对话框

③ 打开"选项"对话框,在"打开权限"区域的"打开文件密码"文本框中输入自定义密码,在"再次键入密码"文本框中再次输入密码,单击"确定"按钮,如图 2-86 所示。

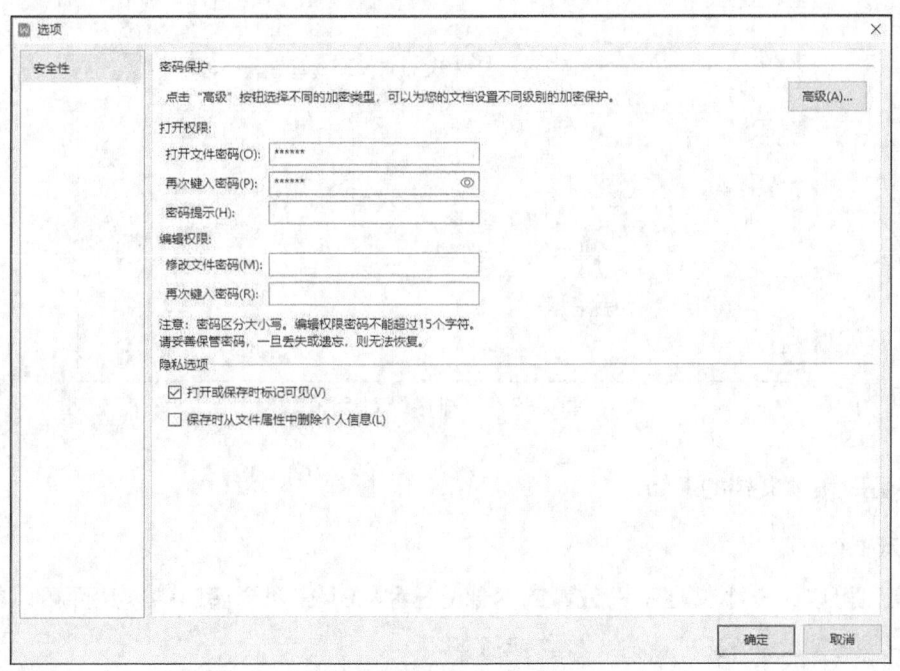

图 2-86 "选项"对话框

④ 返回"另存为"对话框,单击"保存"按钮完成设置。

至此,"第 X 周学习备忘录.docx"文档的排版工作全部完成,最终效果如图 2-71 所示。

【技能提高】

1. 数据的排序

将素材文档"数据排序.docx"里的学生成绩按数学成绩从低分到高分排序，当两个学生的数学成绩相同时，再按总成绩递增排序，操作步骤如下。

① 将插入点置于要排序的表格中。

② 在"表格工具"的"布局"选项卡中单击"排序"按钮 ，打开"排序"对话框。

③ 在"主要关键字"下拉列表框中选择"数学"选项，在"类型"下拉列表框中选择"数字"选项，再选择"升序"单选按钮。

④ 在"次要关键字"下拉列表框中选择"总成绩"选项，在"类型"下拉列表框中选择"数字"选项，再选择"升序"单选按钮。

⑤ 在"列表"区域中选择"有标题行"单选按钮，单击"确定"按钮完成设置，如图2-87所示。

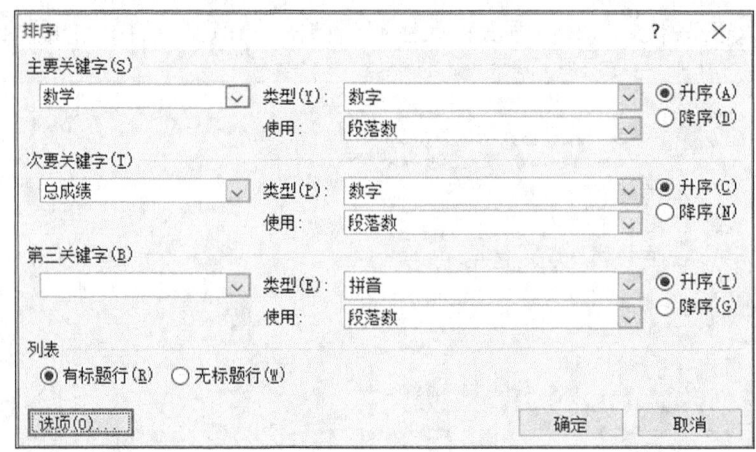

图2-87 "排序"对话框

2. 多窗口和多文档的编辑

（1）拆分窗口

拆分窗口可以将一个文档不同位置的两部分分别显示在两个窗口中，从而可以很方便地编辑文档。将"春.docx"文档拆分，操作步骤如下。

① 在"视图"选项卡中单击"拆分窗口"按钮 ，窗口中出现一条可移动的灰色的水平横线（拆分线），如图2-88所示。

② 移动鼠标指针调整拆分线位置，单击即可设置拆分点，确定拆分的两个窗口大小。

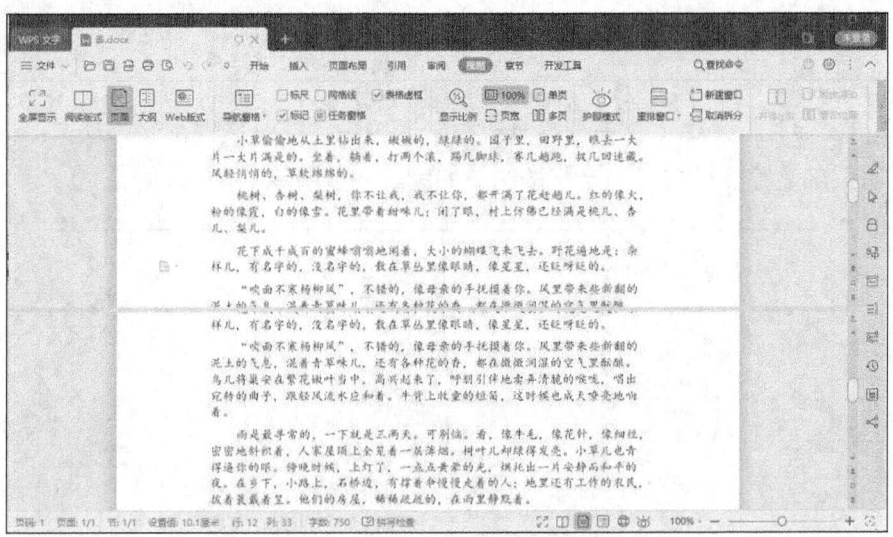

图 2-88　拆分线

③ 如果要调整窗口大小，只需将鼠标指针移动到上下两个窗口的分界线上，当鼠标指针变成上下双箭头 ÷ 时按住鼠标左键，拖动鼠标指针即可调整窗口大小，如图 2-89 所示。

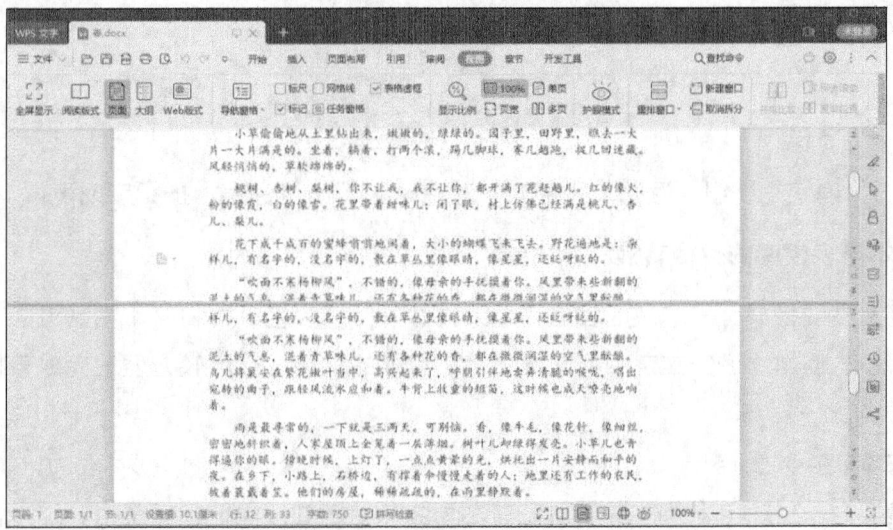

图 2-89　调整拆分窗口大小

（2）并排比较

如果需要对两个文档进行比较，可以单击"视图"选项卡中的"并排查看"按钮，使两个窗口并列显示在屏幕上，每个窗口均可独立操作。

3．取消保护密码

取消为素材文档"密码保护.docx"设置的密码保护，操作步骤如下。

① 使用正确的密码打开文档（预设密码为 123456）。

② 在"文件"选项卡中选择"另存为"命令,打开"另存为"对话框。

③ 单击"加密"按钮 。

④ 打开"安全性"对话框,将"打开权限"区域中"打开文件密码"及"再次键入密码"文本框的密码全部删除,单击"确定"按钮,如图 2-90 所示。

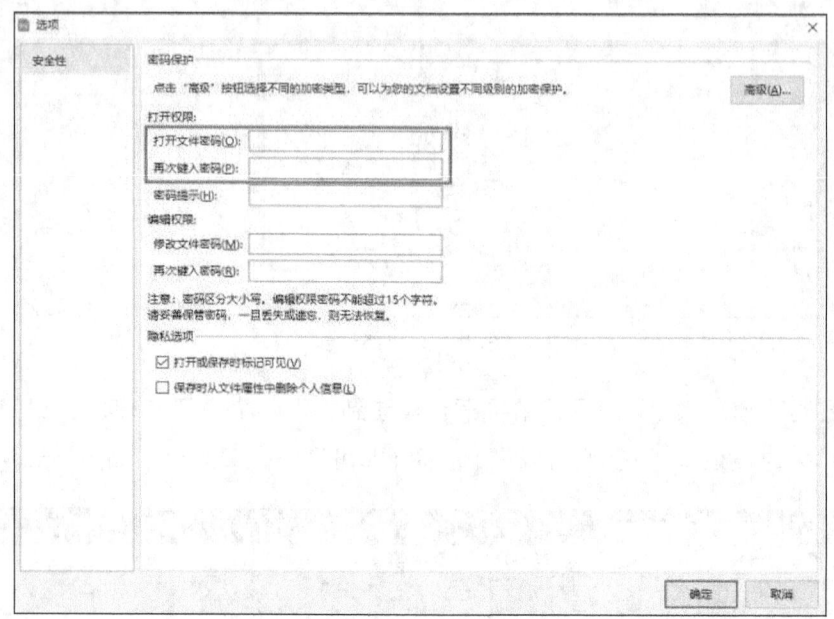

图 2-90　删除密码

⑤ 单击"确定"按钮,返回"另存为"对话框,单击"保存"按钮完成设置。

4. 文本与表格间的互相转换

我们经常需要将一些文本做成表格,如果先做好一个表格,再将文本粘贴进去,非常耗时而且十分烦琐。使用 WPS 文字中的文本和表格互换的功能,能比较方便地完成表格和文本之间的互相转换。

（1）文本转换为表格

文本转换为表格的前提条件是每列文本之间要有相应的分隔符,如空格、逗号、制表符、分号等,个数不限,但是分隔符要统一。将文档"文本转换表格.docx"中的文本转换为表格,操作步骤如下。

① 插入分隔符。在文本"文本转表格"间添加空格,如图 2-91 所示。

② 选择需要转换的文本,如图 2-92 所示。

图 2-91　在文本间添加空格　　　　　　　　图 2-92　选择文本

③ 在"插入"选项卡中单击"表格"按钮，在下拉菜单中选择"文本转换成表格"命令，如图 2-93 所示，打开"将文字转换成表格"对话框。

④ 在"将文字转换成表格"对话框中，将"表格尺寸"区域的"列数"设置为"4"，"行数"由系统根据"段落标记符"↵的个数自动设置为"2"。在"文字分隔位置"区域中选择"空格"单选按钮，如图 2-94 所示，单击"确定"按钮。

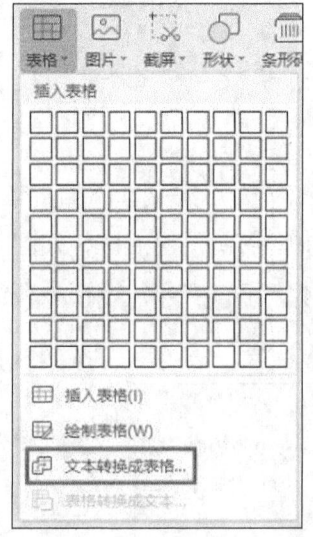
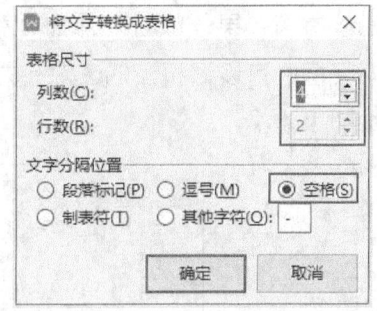

图 2-93　选择"文本转换成表格"命令　　　　图 2-94　"将文字转换成表格"对话框

⑤ 文本被转换成一个 2 行 4 列的表格，如图 2-95 所示。

文本转表格	文本转表格	文本转表格	文本转表格
文本转表格	文本转表格	文本转表格	文本转表格

图 2-95　转换生成表格

（2）表格转换为文本

将文档"表格转换文本.docx"中的表格转换为文本，操作步骤如下。

① 选择需要被转换的表格，如图 2-96 所示。

图 2-96　选择表格

② 在"表格工具"选项卡中单击"转换为文本"按钮，打开"表格转换成文本"对话框。

③ 在"表格转换成文本"对话框中的"文字分隔符"区域中选择"其他字符"单选按钮，在文本框中输入逗号","作为文本间的分隔符，如图 2-97 所示，单击"确定"按钮。

④ 原表格被转换为用逗号作为分隔符的两行文本，如图 2-98 所示。

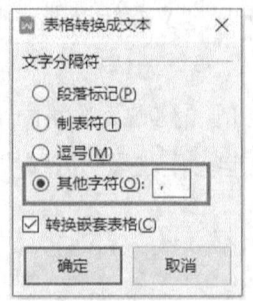

图 2-97 "表格转换成文本"对话框　　　　图 2-98 转换为文本

5．为文本添加拼音

选择文本，在"开始"选项卡中单击"拼音指南"按钮，可为文本添加拼音，图 2-99 展示了汉字拼音效果。单击"拼音指南"按钮，会打开"拼音指南"对话框，如图 2-100 所示。在对话框中可设置拼音的"对齐方式""偏移量""字体"和"字号"等相关属性，或者删除已添加的拼音。

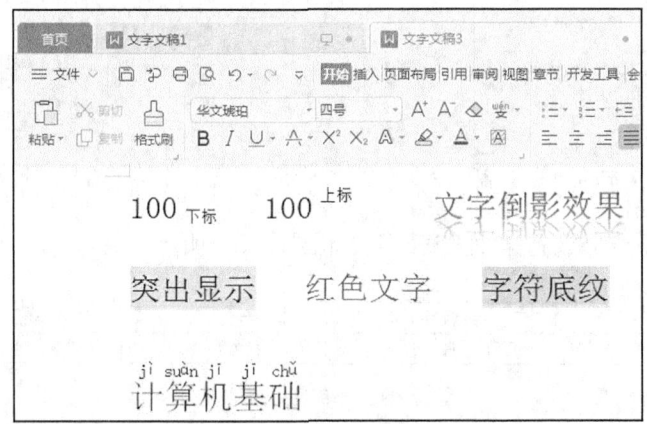

图 2-99 汉字拼音效果

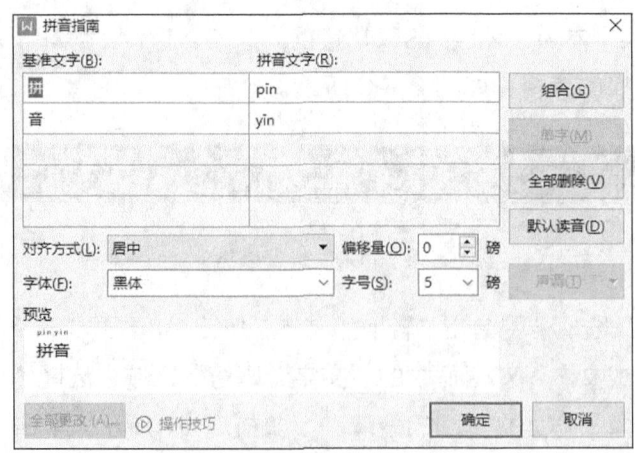

图 2-100 "拼音指南"对话框

6. 插入特殊符号

特殊符号不能通过键盘直接输入。要插入特殊符号，可在"插入"选项卡中单击"符号"按钮旁的下拉按钮 符号▼，打开"符号"下拉菜单，如图 2-101 所示。在"符号"下拉菜单中单击需要的符号，可将其插入文档中。

图 2-101 "符号"下拉菜单

在"插入"选项卡中单击"符号"按钮Ω，可打开"符号"对话框，如图 2-102 所示。在对话框中双击需要的符号，或者在单击符号后单击"插入"按钮，可将符号插入文档中。

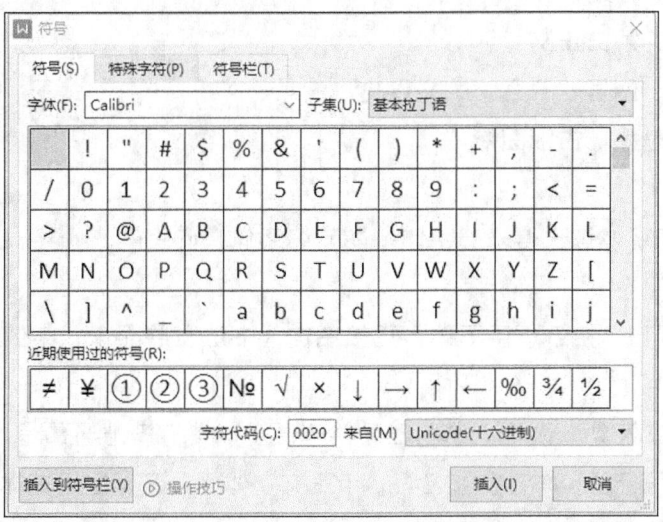

图 2-102 "符号"对话框

通过"符号"下拉菜单一次只能插入一个符号，完成插入后下拉菜单自动关闭。通过"符号"对话框可一次性插入多个符号，直到手动关闭对话框为止。

拓展阅读

排版时常用的汉字字体、字号和规格选用原则及正文的基本排列形式

1．字体

字体是指同一种文字的各种不同形体，也指书法的派别。常见基本汉字字体有宋体、仿宋、楷体和黑体。除这 4 种基本汉字字体外，WPS 还提供了许多种印刷字体供用户选择，如书宋、报宋、隶书、美黑、广告体、行草等。

（1）宋体

宋体也称老宋体，横的笔画细，竖的笔画粗，整体笔画粗细适中，疏密布局合理，看起来清晰，久读不易疲劳且阅读速度快，一般书刊的正文都用宋体。

宋体的另一优点是印刷适应性好。一般书刊正文都用宋体五号字，因为宋体的笔画粗细适中，印出的笔道完整、清晰。若用仿宋五号字，会因笔画太细，导致印出的字易残缺不全。若用楷体五号字，则会因笔画较粗，导致多笔画字易糊。

（2）仿宋

仿宋由古代的仿宋刻本发展而来，是古代的印刷体，笔画粗细一致，起落锋芒突出。仿宋阅读效果不如宋体，因此一般书刊正文不用仿宋，它的一般用途如下。

① 书写中、小号标题。

② 书写报刊中的短文正文。

③ 书写小四号、四号、三号字的文件。

④ 书写古典文献和仿古版面。

（3）长仿宋

长仿宋是将仿宋字体拉长得来的字体，能节约字体横向空间。

（4）楷体

楷体笔画横平竖直，接近于手写体，直接由古代书法发展而来，字体端正、匀称，一般用途如下。

① 书写小学课本及幼教读物。选用四号楷体便于孩子们模仿与摹写。

② 书写中、小号标题，作者的署名等，与正文字体区分开。但用楷体文字作标题时，至少要比正文大一个字号，否则标题会显得比正文还小。

③ 书写报刊中的短文正文。

（5）黑体

黑体又称等线体、平体、方体，字体方正饱满，横竖笔画粗细相同，平直粗黑，是受西文等线黑体的影响而设计的，一般用途如下。

① 书写各级大小标题字，封面字。

② 书写正文中要突出的部分。

（6）魏碑

魏碑最露锋芒，可用于书写标题。

（7）隶书

隶书字体扁，较适合书写文章标题。

2. 字号规格

印刷文字有大、小变化，文字处理软件中汉字字体大小的计量目前主要采用印刷业专用的号数制、点数制和级数制。尺寸规格以正方形的汉字为准，对于长或扁的变形字，则要用字的双向尺寸参数进行调整。

（1）号数制

我国传统计算汉字活字大小的标准规定汉字大小分为 7 个等级，按一、二、三、四、五、六、七排列，在字号等级之间又增加一些字号，并取名为小几号字，如小四号、小五号等。号数越大，字越小。

（2）点数制

点数制是国际上通行的印刷字形的一种计量方法。这里的"点"不是计算机字形的点阵，"点"是传统计量活字大小的单位，是由英文 Point 音译来的，一般用 p 表示，俗称"磅"。其换算关系为：

1p=0.35146mm≈0.35mm　1 英寸=72p

（3）级数制

级数制实际上是手动照排机实行的一种字形计量制式。它是根据这种机器上控制字形大小的镜头的齿轮，每移动一个齿为一级，并规定 1 级=0.25mm，1mm=4 级。有不少的电子排版系统在字形大小上也支持级数制。我国对于级数制有国家标准 GB3959—83。

（4）制式换算

字号、磅数和级数的换算关系如表 2-1 所示。

表 2-1　印刷字号、磅数和级数的换算关系

字号	磅数	级数	（近似）毫米	主要用途
七号	5.25	8	1.84	排角标

续表

字号	磅数	级数	（近似）毫米	主要用途
小六号	7.78	10	2.46	排角标、注文
六号	7.87	11	2.8	脚注、版权注文
小五号	9	13	3.15	注文、报刊正文
五号	10.5	15	3.67	书刊报纸正文
小四号	12	18	4.2	标题、正文
四号	13.75	20	4.81	标题、公文正文
三号	15.75	22	5.62	标题、公文正文
小二号	18	24	6.36	标题
二号	21	28	7.35	标题
小一号	24	34	8.5	标题
一号	27.5	38	9.63	标题
小初号	36	50	12.6	标题
初号	42	59	14.7	标题

3．字体、字号及行距的选择

（1）排版用字的基本原则

① 开本幅面大小——用字大小与出版物幅面成正比。

② 排版内容——重要的内容用字大一些。

③ 篇幅长短——用字大小与篇幅长短成反比。

（2）标题排版中常用的字号与字体

版面标题字大小选择的主要依据是标题的级别层次、版面开本的大小、文章篇幅长短和出版物的类型及风格4个方面。

① 图书标题的字体与字号。图书标题的字号主要根据标题级别来选择，16开版面的大字标题可选用小初号（36p）、一号（27.5p）和二号字（211p）；32开版面的大字标题可选用二号字（21p）和三号字（15.8p）；64开版面的大字标题可选用三号字（15.8p）和四号字（14p）。

图书排版中，标题往往要分级处理，因此标题字一般要根据级别的划分来选择字号和字体。一级标题选用字号最大，而后依次递减，由大到小。

图书标题的字体一般不追求太多变化，多采用黑体、标题宋体、仿宋和楷体等基本字体，不同级数用不同字号。

② 期刊标题的字体与字号。期刊非常重视标题的处理，把标题排版作为版面修饰的主要手段，标题的字体变化更为讲究。用于期刊排版的系统一般要配十几到几十种字体，才能满足标题用字的需要。

期刊的标题无分级要求，字号普遍要比图书标题大，字体的选择多样，字形的变化修饰更为丰富。期刊标题的排法要能够体现出版物特色，与文章内容、栏目的风格相符。

③ 报纸标题的字体与字号。报纸标题的用字非常讲究，标题字号要根据文章内容、版面位置、篇幅长短进行安排，字体上尽量追求多样化。编排报纸时，非常注重字体的品种数量，字体要配置齐全，否则不能满足报纸编排的需要。

④ 公文的标题与字号。公文的标题用字主要有两部分，一是文头，二是正文标题。文头就是文件的名称，多用较大的标题字体，如标题宋体、大黑体、隶书、美黑体或者专门的手写体字；正文大标题多采用二号标题宋体或黑体，小标题采用三号黑体或标题宋体。公文用字比较严谨，字体变化不多，但需要注意的是，公文中的标题字不要用一般宋体，而应当使用标题宋体，如小标宋体，否则排出的版面不美观，标题不突出，显得"题压不住文"。

（3）正文排版中的行距

文字的行与行之间必须留出一定的间隔才方便阅读，这种行与行之间的空白间隔就叫"行距"。版面与正文之间的行距应当选择适当。行距过大显得版面稀疏，行距过小则阅读困难。行距一般根据正文字号来选择，可以得出如下的经验数据。

① 公文行距：正文字的 2/3—1。
② 图书行距：正文字的 1/2—2/3。
③ 工具书、辞书行距：正文字的 1/4—1/2。
④ 报纸行距：正文字的 1/4—1/3。

一般排版的行距参数都在此范围之内选择。

4．正文的基本排列形式

（1）文字的密排、疏排与紧排

在传统排版中，正文有密排（正常排）和疏排之分。在电子排版中，还增加了一种特殊的排法——紧排。3 种排法有不同的排版效果。

① 密排是正常的排法，就是字与字之间无间隔挨着排列。在一些系统中，字与字之间的距离可以通过字间距参数设定，密排时字间距为零。

② 疏排就是字与字之间有均匀的间隔。疏排常用于儿童读物、小学课本等特殊内容的排版。在电子排版中，只要指定字间距参数，就可方便地实现文字的疏排。

③ 紧排就是让字与字之间的排列有一点重叠，是电子排版的特殊功能。紧排可能造成字与字之间笔画相连。一般很少使用这种排法，只用于报刊排版中正文剩下少量文字排不下时的"挤版"，或者按正常排显得过于稀疏的外文字符的特殊处理。

（2）横排与竖排

印刷品排版中有横排和竖排之分。竖排也叫直排，我国古代的出版物都是采用竖排方式，横排则是后来从国外引进的。在字处理中，横排、竖排只是排列方式不同，横排与竖排之间的转换非常方便，往往一个操作或一个命令就可以实现全部或局部的转换。就版面而言，竖排与横排之间相当于在坐标系中顺时针旋转 90°，再交换行距与字间距之间的间距参数。

竖排时，许多排版规则和标点符号的使用与横排不同。如文章竖排时标题一般不居中，标点符号应自动换成竖排使用的符号。横排转竖排的这种转换一般由文字处理软件自动进行，无需用户考虑，但用户也要注意检查转换是否正确。一些由国外引进的文字处理软件或者排版软件往往不支持竖排，或者排出来的效果不符合要求，使用中要注意。竖排中如果有中西文混排，要注意西文字母和阿拉伯数字的排法。

（3）字行左齐、居中、右齐与撑满

横排文字都是左边对齐，文字转到下一行（也叫回行）有换行与换段之分。换行则文字回行后靠左边顶头排；换段则文字回行后左边空两个字排，也叫"缩头排"。西文排版的换段形式比较多样，有些缩进一个或两个字符排版，也有换段后空一行顶格排版。除此之外，字行的排列还有居中、右齐和撑满的形式。

① 字行居中。字行排在一行的中央位置叫"居中"。排版中的标题、表格中的数据一般都居中排。在科技公式排版时，居中排也是一项基本原则。居中有左右居中和上下居中两种形式。

② 字行右齐。有时文字内容需要靠右边对齐，叫"右齐"，如目录的页码等内容。

③ 字行撑满。撑满也叫"匀空排"，就是字与字之间均匀拉开距离，字行占满指定的宽度，如 4 个字占 8 个字的宽度。数量不相等的两行字，当需要左右对齐排列时，往往就需要撑满。

（4）基线对齐与中线对齐

在电子排版中，大小不同的字排列在一行时，有下线对齐排列（基线对齐）和中线对齐排列两种方法。

① 基线对齐排列。"基线"是指一行字横排时下沿的基础线。大多数情况下，文字都是沿基线对齐排列，竖排时，基线在字行的右侧。

② 中线对齐排列。排数学公式、化学公式时，各种符号应当采用沿中线对齐排列，整体结构上也应当沿中线对齐排列。

（5）通栏与分栏

① 排版时正文文字的行长与版心的宽度相等，称为"通栏"。

② 分栏就是将版面分割成两部分（双栏）或多部分（多栏）。分栏的目的是方便阅读、丰富版面的变化或节省版面，分栏是报纸、期刊及工具书中常见的文字排列形式。分栏时，栏与栏之间要空几个字，叫"栏空"。栏空处加一分隔线，叫"栏线"。分栏的形式大多为等距分栏（栏与栏之间宽度一致），也有少量不等距分栏。分栏排版时，应力求各栏最后"拉平"，防止结束时各栏行数不一致。

课后练习

利用提供的素材制作一份求职简历，效果如图 2-103 所示。

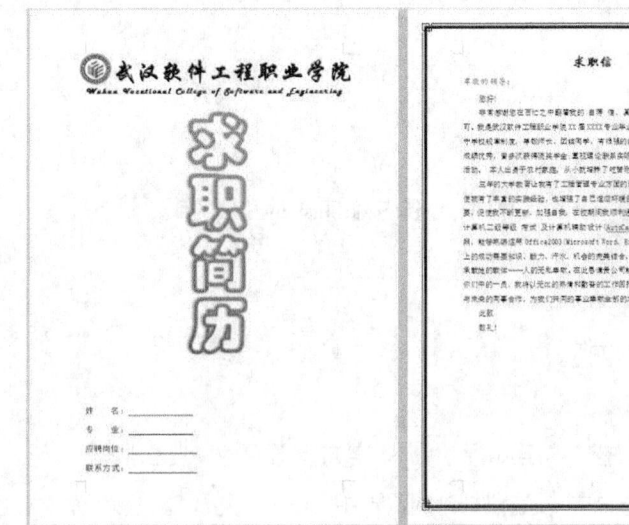
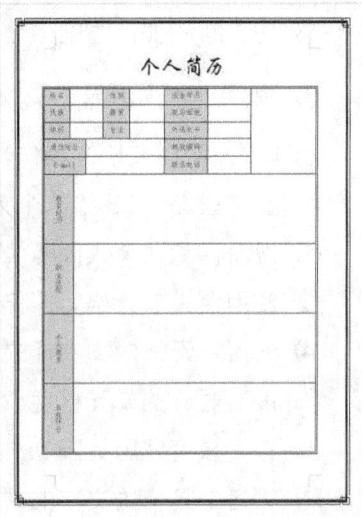

图 2-103　求职简历

1. 制作封面

制作封面的步骤如下。

① 插入图片"校徽.jpg"和"校名.emf"，适当调整图片大小和图片位置。

② 输入英文校名"Wuhan Vocational College of Software and Engineering"，并设置文本格式为"Harlow Solid Italic、四号"。单击"开始"选项卡中的"字体"按钮，打开"字体"对话框，在"字符间距"选项卡中设置"位置"为"上升、18 磅"。

③ 插入艺术字"求职简历"，设置样式为"艺术字库"第 1 行第 4 个样式，文本格式为"华文彩云、加粗、100、竖排文字、居中"，艺术字填充颜色为渐变颜色"中海洋绿-水鸭色渐变"。

④ 输入"姓名""专业""应聘岗位"和"联系方式"等文本，设置文本格式为"黑体、四号"，段落设置为"2 倍行距"。

2. 求职信排版

求职信排版的操作步骤如下。

① 复制"求职信（素材）.docx"文档内容。

② 在落款处插入当前日期。

③ 将标题"求职信"设置为"华文新魏、二号、加粗"，并设为"居中"。

④ 使用格式刷将称谓"尊敬的领导:"和落款（"自荐人"和日期）文本格式设置为"楷体、

四号"。

⑤ 将正文文本(从"您好!"到"此致敬礼")设置为"宋体、小四",段落设置为"首行缩进 2 字符、1.5 倍行距"。

⑥ 将落款("自荐人"和日期)设置为"右对齐、段前间距 2 行"。

⑦ 为页面添加合适的边框。

3. 制作个人简历表格

制作个人简历表格的操作步骤如下。

① 参照图 2-103 绘制个人简历表格,并在对应的单元格内添加对应的文字。

② 设置标题"个人简历"文本格式为"华文行楷、小初"。

③ 使用合并单元格等操作设置贴照片区域。

④ 设置单元格内文本格式为"仿宋、小四"。

⑤ 设置对应的单元格底纹为"20%"。

⑥ 将"教育经历""职业技能""个人荣誉""自我评价"文字方向设置为"竖排"。

⑦ 将各单元格内文字的"单元格对齐方式"设置为"中部居中"。

第 3 章
WPS表格

WPS 表格是金山公司推出的图表处理软件,是办公自动化集成软件 WPS 的重要组成部分。WPS 表格具有友好的操作界面,功能强大,不仅能制表绘图,能进行数据处理,而且还提供丰富的智能化数据管理和数据计算,被广泛应用于统计分析、财务管理等各个方面,成为当今流行的图表处理软件,深受广大用户青睐。

学习内容:

- WPS 表格的工作簿及工作表的相关概念与基本操作。
- 运用 WPS 表格,根据实际问题制作出对应的电子表格。
- 运用 WPS 表格中提供的常用函数及公式完成实际问题中的计算。
- 能根据工作表所提供的数据绘制相应的图表并对图表加以修饰。

学习目标:

- 掌握工作簿和工作表的创建、保存及关闭。
- 掌握工作表的数据输入、编辑和自动填充。
- 掌握工作表的单元格格式设置、行列属性设置、自动套用格式设置和条件格式设置。
- 掌握工作表中利用公式和函数进行的数据计算。
- 掌握图表的创建、编辑与修饰。
- 掌握工作表中数据清单的创建、排序、筛选和分类汇总。

3.1 基本操作技能

3.1.1 WPS 表格的启动和退出

启动或退出 WPS 表格有多种方法,与启动或退出 WPS 文字(上一章)、WPS 演示(下一章)方法相似,读者可以自己动手试试。

说明　WPS 表格可以打开并编辑 Excel 97～Excel 2019 创建的文档，即扩展名是.xls 或.xlsx 的文档，具备应用软件的向下兼容性。

3.1.2　WPS 表格窗口

启动 WPS 表格，系统将自动创建空工作簿"工作簿 1.xlsx"，如图 3-1 所示。

WPS 表格窗口由标题栏、功能区、编辑区、单元格区域、状态栏和任务窗格组成。当然，在实际工作中，用户可以根据需要，显示或隐藏操作界面上的这些组成部分。读者可以对比上一章的 WPS 文字窗口，两个窗口存在相似之处。

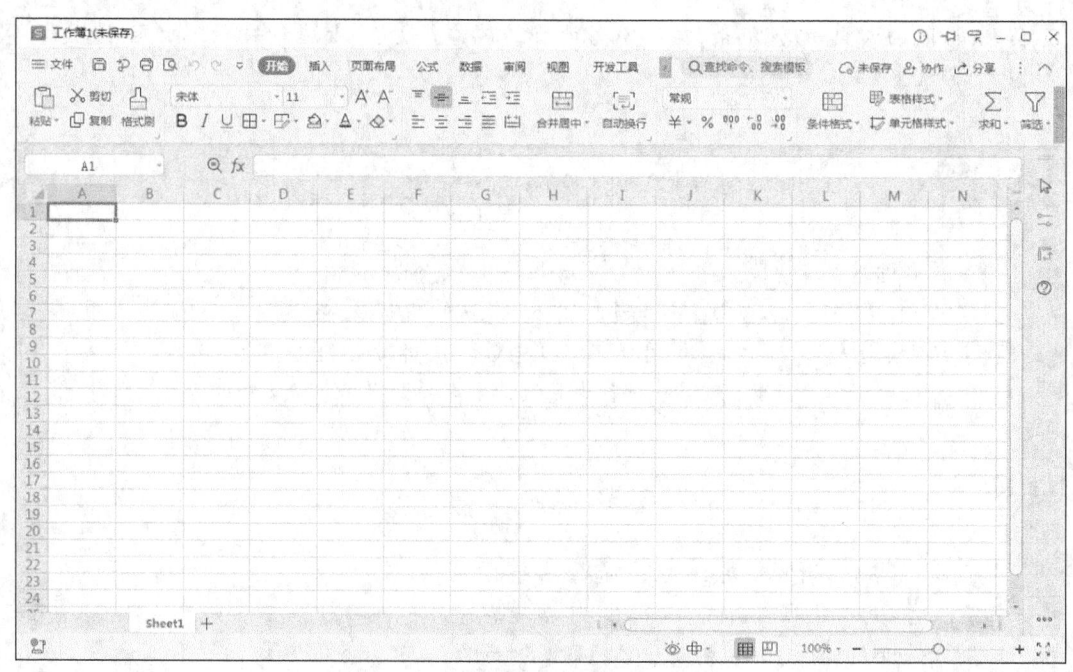

图 3-1　WPS 表格窗口

1. 标题栏

标题栏位于 WPS 表格窗口的上方，主要包括 3 个方面的内容。

① 位于标题栏左端的是 WPS 表格软件标识 。

② 在 标识右侧的是工作簿名称，如"工作簿 1"。新建一个工作簿文件，WPS 表格会自动用"工作簿 1""工作簿 2"……作为工作簿命名。

③ 标题栏右端是窗口控制按钮，依次为"最小化"按钮，"还原"按钮（"最大化"按钮）及"关闭"按钮，如图 3-2 所示。

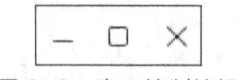

图 3-2　窗口控制按钮

2. 功能区

功能区位于标题栏的下方，能帮助用户快速找到完成某一任务所需的按钮，由"选项卡"和"快速访问工具栏"组成。8 个常用选项卡分别是"文件""开始""插入""页面布局""公式""数据""审阅""视图"，其余的"开发工具""会员专享"选项卡适用于某些特殊的功能。每个选项卡中包含不同的功能区，功能区由若干个组组成，每个组由若干个功能相似的按钮和下拉菜单中的命令组成，如图 3-3 所示。

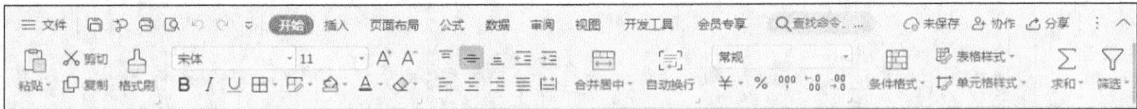

图 3-3 功能区

在"文件"选项卡的右侧是"快速访问工具栏"，默认情况下依次为"保存"按钮、"输出为 PDF"按钮、"打印"按钮、"打印预览"按钮、"撤销"按钮 和"恢复"按钮，如图 3-4 所示。

图 3-4 快速访问工具栏

> **说明** WPS 表格将功能类似、类型相近的多个命令和按钮集成在一起，成为组。用户可以非常方便地在组中选择命令，编辑电子表格，图 3-3 中有些组的右下角有一个 按钮，该按钮表示这个组还包含其他的对话框，可以进行更多设置和选择。

3. 编辑区

编辑区位于功能区的下方，由名称框和编辑栏组成。名称框显示当前单元格（或单元格区域）的地址或名称；在编辑公式/函数时，显示的是公式/函数名称。编辑栏用来输入或编辑当前单元格的值或公式，在编辑栏中输入公式时，首先要输入一个"="，再输入相应的公式。编辑栏和名称框之间有 3 个按钮："取消"按钮 ×，用于撤销编辑内容；"输入"按钮 ✓，用于确认编辑内容；"插入函数"按钮 f_x，用于打开"插入函数"对话框。

4. 单元格区域

在编辑区下方，约占整个窗口 3/4 的区域就是单元格区域，如图 3-5 所示，通过纵横交错的网格线将此区域分割成一个个矩形的单元格，单元格是 WPS 表格的基本单元。

5. 状态栏

状态栏位于窗口的底部，用于显示当前窗口操作命令或工作状态的有关信息。对单元格内容进行编辑和修改时，状态栏将显示"编辑"状态；在单元格中输入数据时，状态栏会显示"输出"状态；当输入完毕后，状态栏将显示"就绪"状态。默认情况下，打开 WPS 表格显示的是普通视图，如果要切换到其他视图，单击状态栏上相应按钮即可，还可以单击"+"和"-"

按钮改变工作表的显示比例，如图 3-6 所示。

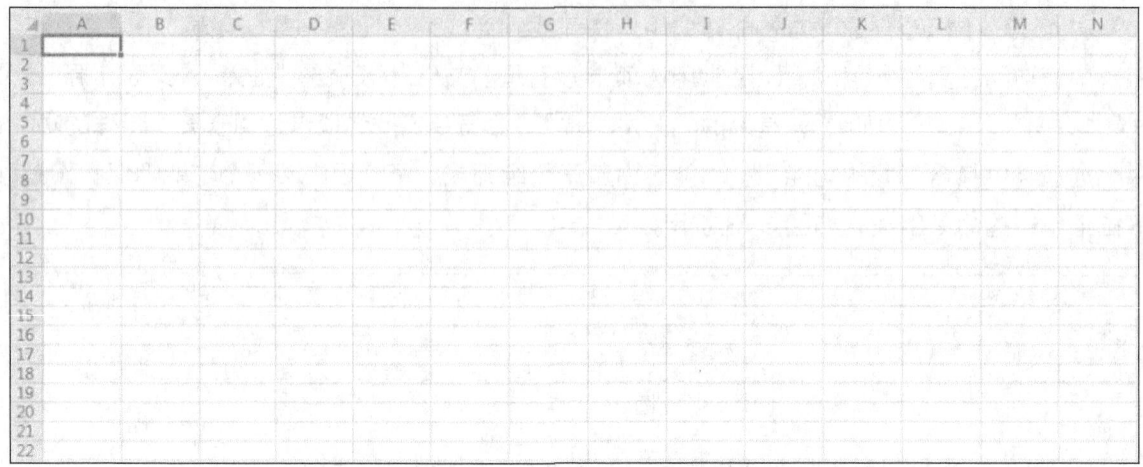

图 3-5　单元格区域

图 3-6　状态栏

6. 任务窗格

任务窗格位于单元格区域的右侧，如图 3-7 所示，在此可以快速方便地启用各种操作选项。用户也可以自定义任务窗格，根据自己的习惯，添加或隐藏任务窗格。

图 3-7　任务窗格

在使用 WPS 表格的过程中，若遇到不熟悉的操作，可以单击 WPS 的"帮助"按钮或者按"F1"键，其使用方法与 WPS 文字相同。

3.1.3 用 WPS 表格创建并保存文档

当启动 WPS 表格时，将自动创建一个名为"工作簿 1"的文档。工作簿是 WPS 表格用来计算和存储数据的文档，每个工作簿默认情况下由单张工作表组成，工作表的默认名称为"Sheet1"，用户可以根据需要添加多张工作表，默认名称为"Sheet2""Sheet3"等。

> 说明　WPS 表格在每个工作簿中创建工作表的个数与当前计算机的内存有关，突破了老版本最多可创建 256 张工作表的限制。

WPS 表格的单张工作表是非常巨大的，在屏幕上仅显示出单张工作表的一小部分。一张工作表总共有 16384 列和 1048576 行。列标位于工作表的上方，用"A，B，C……XFD"字母表示；行号位于工作表的左侧，用数字"1，2，3……1048576"表示。行和列相交形成的方框称为单元格，单元格是 WPS 表格中存储信息的最小单位。每个单元格的行号和列标用于定位单元格在工作表中的位置，例如 C13 表示第 3 列、第 13 行的单元格。

1. 建立新工作簿

启动 WPS 表格将自动新建"工作簿 1"文档，扩展名是.xlsx。用户还可以通过以下方式建立新工作簿。

① 单击"文件"选项卡，选择"新建"命令，在"推荐模板"中选择"新建空白文档"选项，如图 3-8 所示。

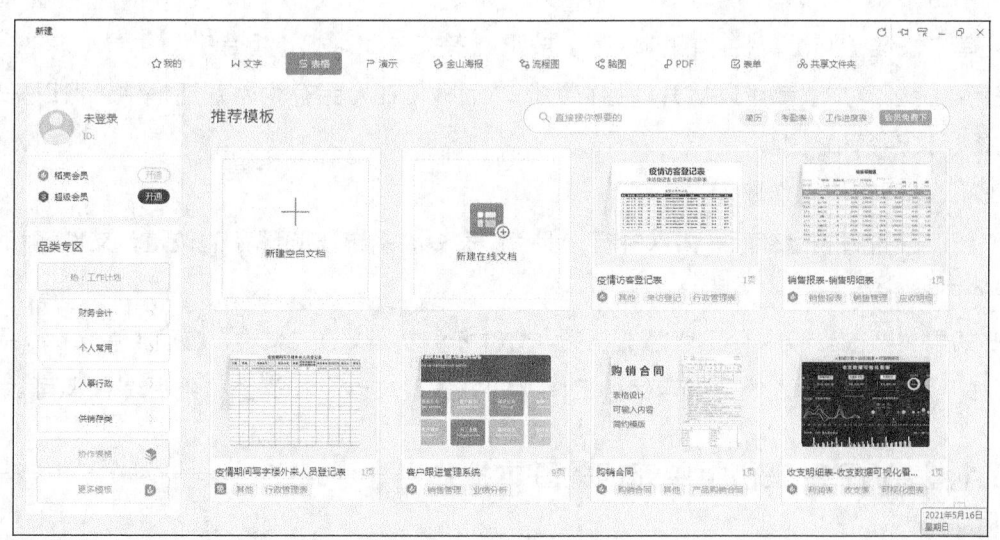

图 3-8　新建空白工作簿

② 单击快速访问工具栏中的下拉按钮，在弹出的下拉菜单中选择"新建"命令，如图 3-9 所示。快速访问工具栏中将出现"新建"按钮，单击该按钮即可建立新工作簿。

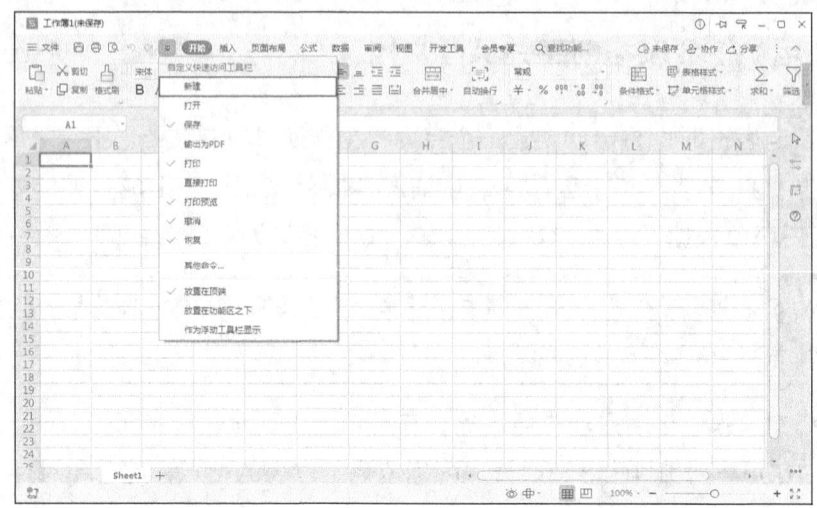

图 3-9 选择"新建"命令

2. 保存工作簿

保存新工作簿时，必须指定保存的位置及文件名。以后每次保存时，WPS 表格将用当前表格的内容来更新工作簿。

（1）保存新的工作簿

第一次保存新建的工作簿时，需要为其命名，方法如下。

① 单击"文件"选项卡，选择"保存"命令。

② 单击"文件"选项卡，选择"另存为"命令。

③ 单击快速访问工具栏中的"保存"按钮或者按"Ctrl+S"组合键。

使用以上任意方法都可以打开"另存为"对话框，在"另存为"对话框中，可以指定工作簿的位置、文件名和类型。

（2）保存现有的工作簿

① 新建工作簿被保存后，再次执行"保存"命令，系统按照已存的位置、文件名和类型覆盖保存的内容。

② 如果需要改变被保存工作簿的位置、文件名和类型，在"文件"选项卡中选择"另存为"命令，在"另存为"对话框中指定保存工作簿的位置、文件名和类型，然后保存即可。

3.1.4 WPS 表格中单元格的基本操作

在 WPS 表格中，绝大部分工作是在单元格中进行的，使用单元格可以对数据进行组织、分析、汇总和计算。

单元格的基本操作包括单元格定位、输入数据、删除或修改单元格内容、移动或复制单元格内容、设置列宽和行高等。

1. 单元格定位

要在工作表中输入和编辑数据，必须先选择一个单元格，使其成为当前单元格，输入和编辑数据可以在当前单元格中进行，也可以在编辑栏中进行。

（1）鼠标指针定位

单元格定位常用的方法：将鼠标指针移动到想定位的单元格上，单击该单元格，此单元格将成为活动单元格。

（2）名称框定位

在 WPS 表格编辑栏左侧名称框中输入要定位的单元格名称，例如在名称框中输入"C1"，则选择 C1 单元格为当前单元格。

（3）定位命令定位

在"开始"选项卡中单击"查找"按钮下方的下拉按钮，选择下拉菜单中的"定位"命令，打开"定位"对话框，如图 3-10 所示，按照需要定位单元格。

（4）键盘定位

在输入或修改工作表的单元格内容时，经常使用"Tab"键、方向键、"Enter"键等进行单元格定位。

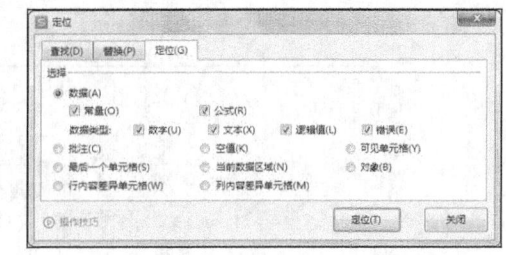

图 3-10 "定位"对话框

2. 输入数据

（1）输入文本数据

文本数据由汉字、字母、数字、特殊符号、空格等组成。在当前单元格中输入文本数据后，按"Enter"键、移动鼠标指针到其他单元格或单击按钮，即可完成该单元格的文本数据输入。文本数据默认的对齐方式是靠左对齐。

如果输入的内容包含数字、汉字、字符，或者它们的组合，例如输入"1000元"，则默认是文本数据。

如果文本数据出现在公式中，文本数据必须用英文的双引号引起来。

如果输入身份证号、邮政编码、电话号码、职工号等无须计算的数字，需要在数字前面输入一个英文单引号，WPS 表格就会将其按文本数据处理，否则按数值数据处理。

如果文本数据长度超过单元格宽度，当右侧单元格为空时，超出部分延伸到右侧单元格，当右侧单元格有内容时，超出部分会被隐藏。可以对单元格内容设置自动换行，在"开始"选项卡中单击"单元格"按钮，在下拉菜单中选择"设置单元格格式"命令，如图 3-11 所示，打开"单元格格式"对话框。单击"对齐"选项卡，选中"自动换行"复选框，如图3-12所示。

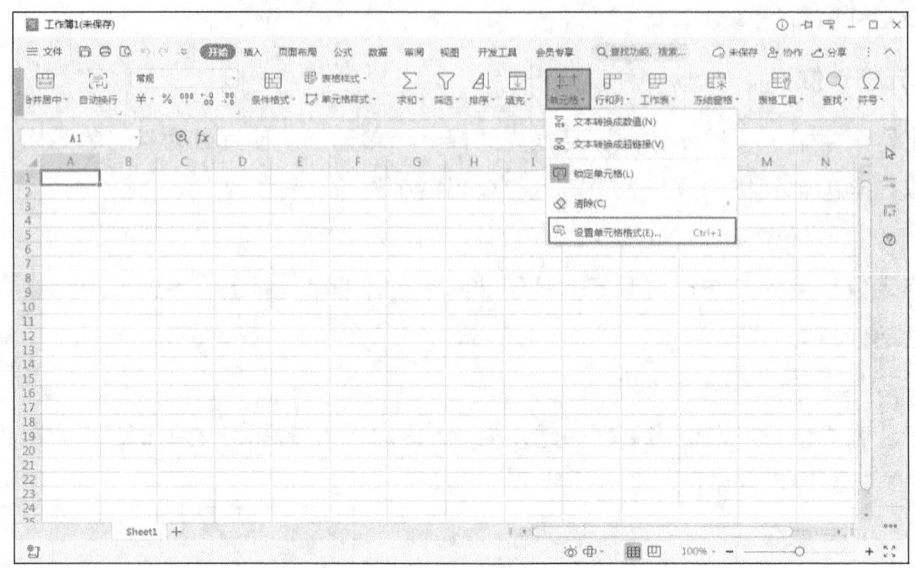

图3-11 "单元格"下拉菜单

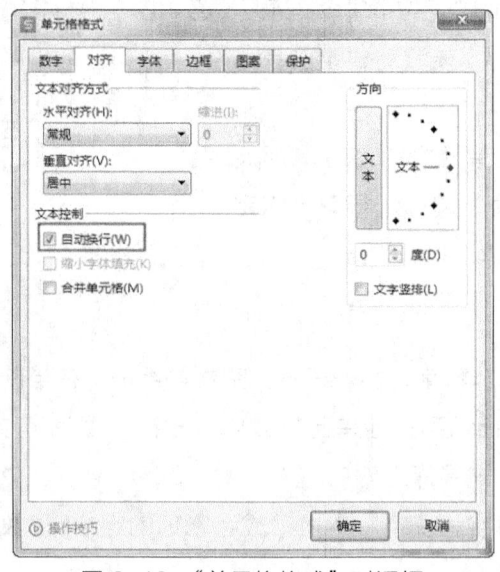

图3-12 "单元格格式"对话框

（2）输入数值数据

数值数据一般由数字、+、-、小数点、¥、$、%、/、E、e等组成。数值数据的特点是可以进行算术运算。输入数值数据时，默认形式为常规表示法，例如输入"38""11.26"等。当数值数据长度超过单元格宽度时，自动转换成科学表示法，例如输入"458321897461013"，则显示"4.58322E+14"，数值数据默认对齐方式为靠右对齐。

要在单元格中输入分数，必须先输入 0 和空格，再输入分数，例如输入"0 4/7"，则显示"4/7"。

（3）输入时间和日期数据

在单元格中输入日期或时间数据时，单元格的格式自动转化为相应的日期或时间格式，时间和日期数据默认的对齐方式为靠右对齐。

输入时间时若用 12 小时制，则需要输入"am"或"pm"，例如输入"7:30:15 pm"，也可以输入"a"或"p"，但在时间与字母间必须有一个空格。若未输入"am"或"pm"，则按 24 小时制处理。

输入日期时，有多种格式，可用"/"或"-"连接，也可用"年""月""日"连接。例如输入"2021-5-13""21/2/5""2021 年 2 月 5 日""5-Feb-21"等。

如果在同一单元格中输入日期和时间，则二者之间应用空格分隔。

（4）输入逻辑值数据

逻辑值数据有两个：TRUE（真）和 FALSE（假）。可以在单元格中输入"TRUE"或"FALSE"，也可以输入计算结果为逻辑值数据的公式。例如，在某个单元格中输入"=3>5"，显示结果为"FALSE"。

3. 删除或修改单元格内容

（1）删除单元格内容

使用鼠标指针选择要删除内容的单元格，或单击行或列的标题选择要删除内容的整行或整列单元格，按"Delete"键，可删除单元格内容。使用"Delete"键删除单元格内容时，只有数据从单元格中被删除，单元格的其他属性（例如格式等）仍然保留。

说明　如果要删除单元格的内容和其他属性，在"开始"选项卡中单击"单元格"按钮，在下拉菜单中单击"清除"命令右侧的下拉按钮，在打开的菜单中选择用户所需的命令，如图 3-13 所示。如果需要清除所选单元格的内容、格式和批注，就选择"全部"命令；如果需要清除所选单元格的格式，就选择"格式"命令；如果需要清除所选单元格的内容，保留单元格的格式和批注，就选择"内容"命令；如果需要清除所选单元格的批注，就选择"批注"命令；如果需要清除所选单元格的特殊字符，就选择"特殊字符"命令。

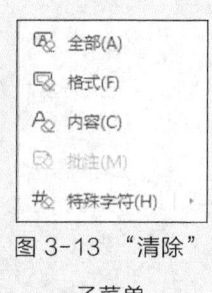

图 3-13 "清除"子菜单

（2）修改单元格内容

① 单击单元格，输入数据后按"Enter"键即可完成单元格内容的修改。

② 双击单元格，或先单击单元格再按"F2"键，然后在单元格中进行修改或编辑操作。

③ 单击单元格，再单击数据编辑区，可在数据编辑区内修改或编辑内容。

4. 移动或复制单元格

移动或复制单元格的方法基本相同，通常会移动或复制单元格内容、格式等。

（1）使用菜单命令移动或复制单元格

首先选择需要被移动或复制的单元格，然后在"开始"选项卡中单击"复制"按钮或"剪切"按钮，或者在单元格上单击鼠标右键，在弹出的快捷菜单中选择"复制"或"剪切"命令，最后单击目标位置，在"开始"选项卡中单击"粘贴"按钮，反复执行此操作，可粘贴多次。

（2）通过拖曳鼠标指针来移动或复制单元格

选择需要被移动的单元格，将鼠标指针指向选择单元格的边框上，当鼠标指针的形状变成十字箭头时，按住鼠标左键拖曳，拖曳过程中会出现灰色虚框，到达想移动到的位置后释放鼠标即可。如果拖曳鼠标的同时按住"Ctrl"键，到达目标位置后先释放鼠标，后松开"Ctrl"键，即可完成复制单元格的操作。

（3）复制单元格中特定内容

选择需要被复制的单元格，在"开始"选项卡中单击"粘贴"按钮下方的下拉按钮，在下拉菜单中选择"选择性粘贴"命令，打开"选择性粘贴"对话框，如图3-14所示。

> **说明** 利用"选择性粘贴"对话框，可复制单元格中特定内容，具体内容如图3-14所示。利用"开始"选项卡中的"粘贴"按钮只能复制单元格中的内容，而不能打开图3-14中的对话框。

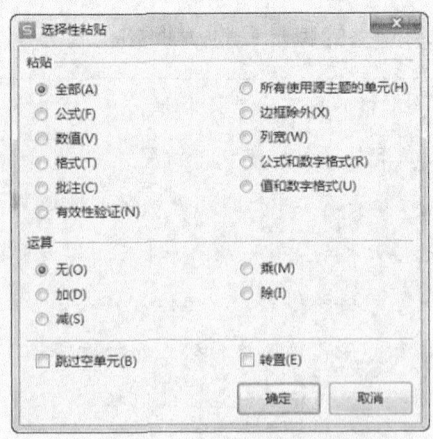

图3-14 "选择性粘贴"对话框

5. 设置列宽和行高

默认情况下，工作表的每个单元格具有相同的行高和列宽。由于输入单元格的内容形式多样，用户可能需要根据实际情况自行设置列宽和行高。

（1）设置列宽

① 使用鼠标指针粗略设置列宽。将鼠标指针指向要改变的列的分割线上，当鼠标指针形状变成✥时，按住鼠标左键拖曳，直至将列宽调整到合适宽度，释放鼠标即可。

② 使用菜单命令精确设置列宽。选择需要调整列宽的区域，在"开始"选项卡中单击"行和列"按钮，在下拉菜单中选择"列宽"命令，如图3-15所示，打开"列宽"对话框即可精确设置列宽。

（2）设置行高

① 使用鼠标指针粗略设置行高。将鼠标指针指向要改变的行的分割线上，当鼠标指针形状变成✥时，按住鼠标左键拖曳，直至将行高调整到合适宽度，释放鼠标即可。

② 使用菜单命令精确设置行高。选择需要调整行高的区域，在"开始"选项卡中单击"行和列"按钮，在下拉菜单中选择"行高"命令，如图3-15所示，打开"行高"对话框即可精确设置行高。

图3-15　精确设置列宽或行高的命令

3.1.5　WPS表格中工作表的基本操作

在WPS表格中，新建的工作簿默认由单张工作表组成，用户可根据需要添加空白工作表，对工作表的基本操作如下。

1．选择工作表

操作前需选择工作表，可以选择一个或多个工作表，选择的方法跟选择单元格的方法类似。

如果同时选择了多个工作表，其中只有一个工作表是当前工作表，对当前工作表的编辑操作会作用到其他被选择的工作表上。例如，在当前工作表的某个单元格中输入数据或对某个单元格进行格式设置操作，相当于对所有被选择工作表中同样位置的单元格做同样操作。

2. 插入工作表

允许在当前工作簿中插入一个或多个工作表。

方法1：选择一个或多个工作表标签，单击"开始"选项卡中"工作表"按钮 下方的下拉按钮，在下拉菜单中选择"插入工作表"命令，打开"插入工作表"对话框，如图3-16所示，在该对话框中进行相关设置，即可插入与所填数量、插入位置相同的工作表。

方法2：在选择的工作表标签上单击鼠标右键，弹出的快捷菜单如图3-17所示；在弹出的快捷菜单中选择"插入工作表"命令，打开"插入工作表"对话框，如图3-16所示，在该对话框中可以设置插入工作表的数量和插入位置。

方法3：单击单元格区域最底端"Sheet 3"标签右边的按钮 ＋ ，可以快速插入工作表。

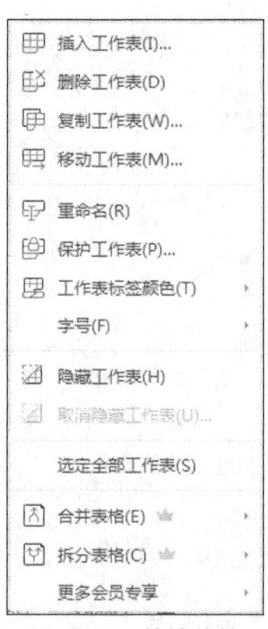

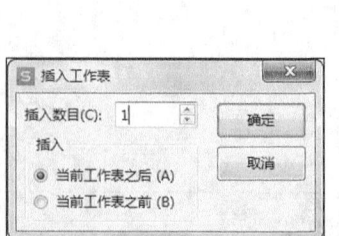

图3-16 "插入工作表"对话框　　　　　图3-17 快捷菜单

3. 删除工作表

选择一个或多个要删除的工作表，在"开始"选项卡中单击"工作表"按钮 下方的下拉按钮，在下拉菜单中选择"删除工作表"命令，即可删除所选择的工作表。或者，选择要删除的工作表后单击鼠标右键，打开快捷菜单，如图3-17所示，在快捷菜单中选择"删除工作表"命令，也可删除选择的工作表。

4. 重命名工作表

双击重命名的工作表标签，或选择工作表标签，然后单击鼠标右键，打开图 3-17 所示的快捷菜单，选择"重命名"命令，输入新名字即可重命名工作表。

5. 移动或复制工作表

（1）利用鼠标指针移动或复制工作表

在工作簿内移动工作表的操作如下：选择要移动的一个或多个工作表标签，将鼠标指针指向要移动的工作表标签，按住鼠标左键沿标签向左或向右拖曳工作表标签，这时会出现黑色小箭头，当黑色小箭头指向要移动到的目标位置时释放鼠标，完成工作表的移动。

在工作簿内复制工作表的操作如下：在移动工作表标签的同时按"Ctrl"键，当鼠标指针移动到复制位置时，先释放鼠标，后放开"Ctrl"键。

（2）利用对话框移动或复制工作表

选择要移动或复制的工作表后单击鼠标右键，弹出图 3-17 所示的快捷菜单，选择"移动工作表"命令，打开图 3-18 所示的对话框。在该对话框中可以选择工作表要移动或复制到的位置，也可以打开"工作簿"下拉列表框，将选择的工作簿移动或复制到其他工作簿中。

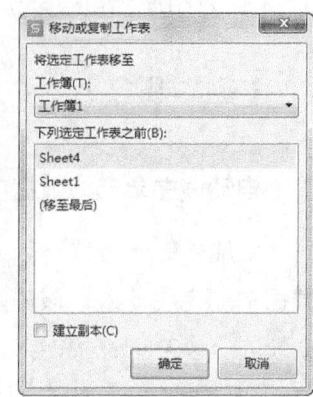

图 3-18 "移动或复制工作表"对话框

3.2 任务一：制作产品目录及价格表

【任务描述】

小琪刚进入企业实习便接到制作企业信息表格的任务。使用 WPS 表格绘制表格，设置单元格格式，使用条件格式，完成表格的制作，使该表格能清楚地反映该企业产品目录及价格表的任务信息。

【任务分析】

制作企业产品目录及价格表，应注意以下 3 点。

① 产品目录及价格表包括"序号""产品编号""产品名称""规格""产品简介""出厂价""零售价"及"备注"等信息。

② 产品简介简要地说明产品的功能。

③ 产品目录及价格表除了介绍产品的相关内容外，还要加上"公司名称""公司地址""电话"及"邮编"等信息。

【工作流程】

① 创建产品目录及价格表。

② 使用条件格式。

③ 打印产品目录及价格表。

【基本概念】

自动填充单元格数据序列

要输入的一行或一列数据若是有规律的数据序列时，可以使用 WPS 表格提供的自动填充数据功能完成输入。该功能包括规则数据的自动填充、系统提供的序列和用户自定义序列的自动填充，以及记忆式键入。

（1）规则数据的自动填充

① 等差数列的自动填充。如果要输入"2，4，6……100"，应首先在连续两个单元格中分别输入上述数列的前两个数，然后选择这两个单元格，移动鼠标指针指向第二个单元格的右下角，右下角会出现一个填充柄，当鼠标指针移动至填充柄上时会变成"+"形状，如图 3-19 所示，最后拖曳填充柄，可以实现快速自动填充。

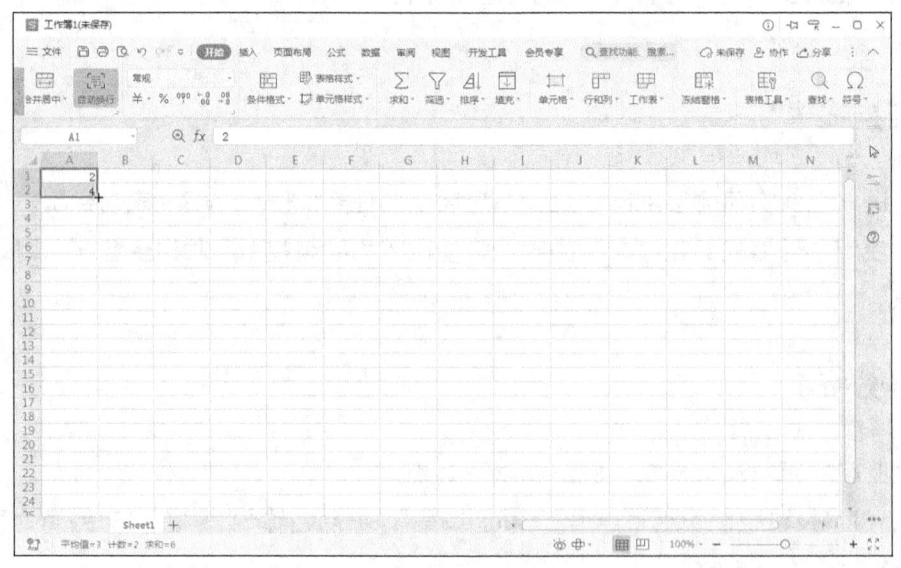

图 3-19 填充柄

② 文字或字母后跟随递增数值的自动填充。如果要输入"S1，S2……S50"或"编号 1，编号 2……编号 20"等，只需输入第一个数据，利用填充柄即可完成自动填充。

③ 完全相同的文字、数字或公式的自动填充。先输入第一个文字、数字或公式，再利用填充柄即可完成自动填充。

（2）系统提供的序列和用户自定义序列的自动填充

WPS 表格可在工作表中自动填入系统提供的连续的文字序列，例如星期、月份、季度等，只要输入这些序列中的 1 个值，利用自动填充柄即可完成自动填充。

用户还可以自定义新的填充序列，要实现该功能，首先在"文件"选项卡中选择"选项"命令，打开"选项"对话框，在对话框中选择右侧的"自定义序列"选项，如图 3-20 所示。然后打开"自定义序列"列表框，如图 3-21 所示。若用户要在"输入序列"列表框中逐项输入新序列，有两种输入格式：第一种，以列排列，输入序列中的每一项；第二种，每项之间用英文逗号分隔。最后，直接单击"确定"按钮，可将新的序列添加到左侧的"自定义序列"列表框中，完成用户自定义填充序列。定义新序列后，填充自定义序列的方法和填充自动数字相同。

图 3-20 "选项"对话框

（3）记忆式键入

当单元格中输入的内容和该列单元格中已有内容相同时，可以选择单元格并单击鼠标右键，在弹出的快捷菜单中选择"选择列表"命令。此时该单元格下会弹出一个列表，里面是当前列中的单元格内容列表，直接用鼠标或方向键选择需要的内容即可。

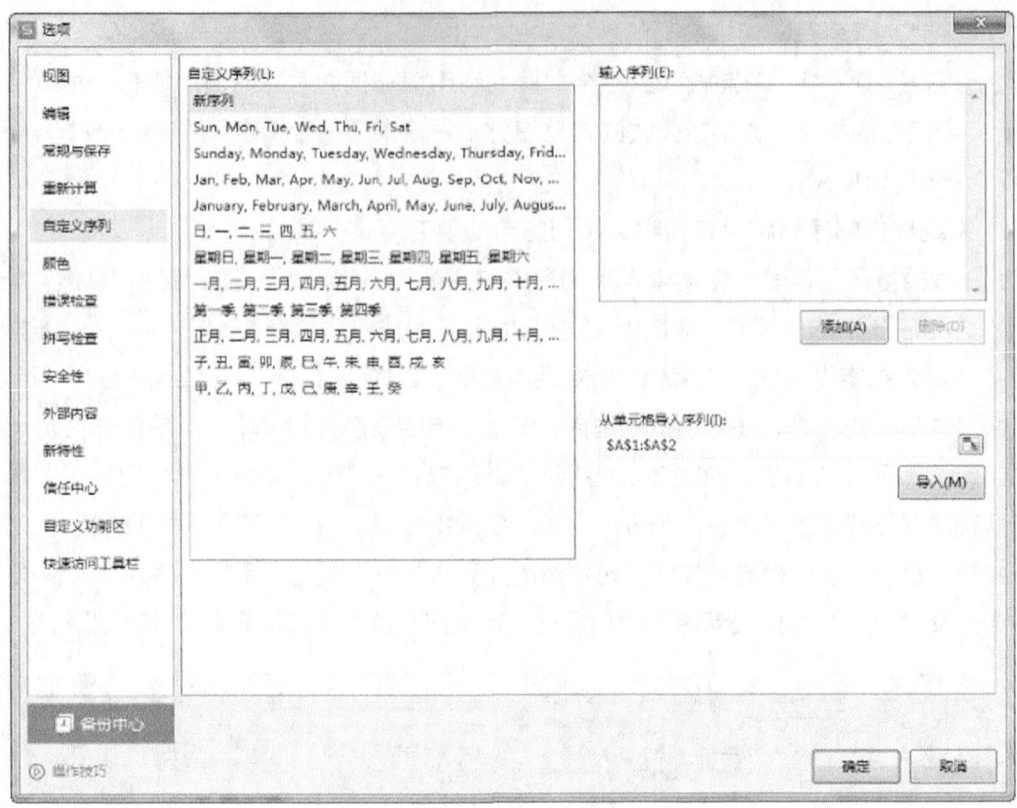

图 3-21 "自定义序列"列表框

【详细步骤】

1. 创建产品目录及价格表

① 启动 WPS 表格，新建一个空白工作簿，将工作簿命名为"产品目录及价格表.xlsx"并保存。在默认工作表中（即"Sheet1"中）单击 A1 单元格，输入文本"产品目录及价格表"，完成 A1 单元格中的内容输入，如图 3-22 所示。

② 按照步骤①中的操作方法，分别在对应的单元格中输入"公司名称""公司地址""电话""邮编""序号""产品编号""产品名称""规格""单位""产品简介""出厂价""零售价"和"备注"等文本，字体及字号均为默认格式，输入完成后保存，完成后的工作表如图 3-23 所示。

③ 将"出厂价"和"零售价"两列的数据保留两位小数，并在价格数据前面添加人民币符号。首先选择单元格区域 G5:H10，在"开始"选项卡中单击"自动换行"按钮右下角的"单元格格式"对话框启动按钮，如图 3-24 所示。其次，在弹出的"单元格格式"对话框中单击"数字"选项卡，选择"分类"列表框中的"货币"选项，将"小数位数"设置为"2"，

将"货币符号"设置为"¥",如图 3-25 所示。最后单击"确定"按钮,效果如图 3-26 所示。

图 3-22 在 A1 单元格中输入内容

图 3-23 输入剩余内容

图 3-24 单击"单元格格式"对话框启动按钮

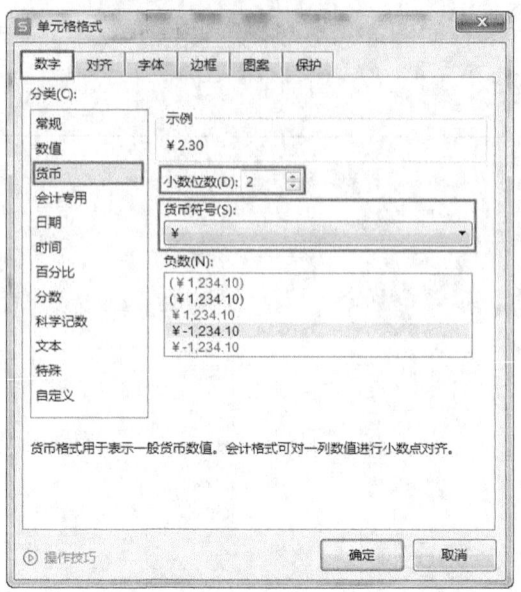

图 3-25 设置单元格格式

图 3-26 完成格式设置

④ 选择 A5 单元格，输入数字"1"。选择 A6 单元格，输入数字"2"。选择 A5 和 A6 单元格，利用填充柄将序号填充至 A10 单元格，如图 3-27 所示。选择 A5:A10 单元格区域，打开"单元格格式"对话框，单击"数字"选项卡，选择"分类"列表框中的"自定义"选项，在其右侧的"类型"文本框中输入"0000"，如图 3-28 所示，单击"确定"按钮，关闭"单元格格式"对话框，设置后效果如图 3-29 所示。

⑤ 设置标题位置，使标题看起来更醒目。先选择 A1 单元格，再按住"Shift"键单击 I1 单元格，选择 A1:I1 单元格区域，在"开始"选项卡中单击"合并居中"按钮，如图 3-30 所示，保存文件。

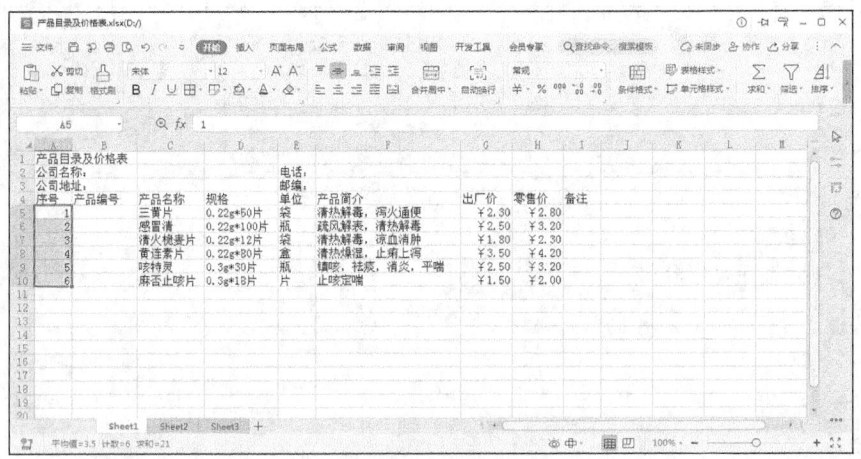

图 3-27 利用填充柄完成序号输入

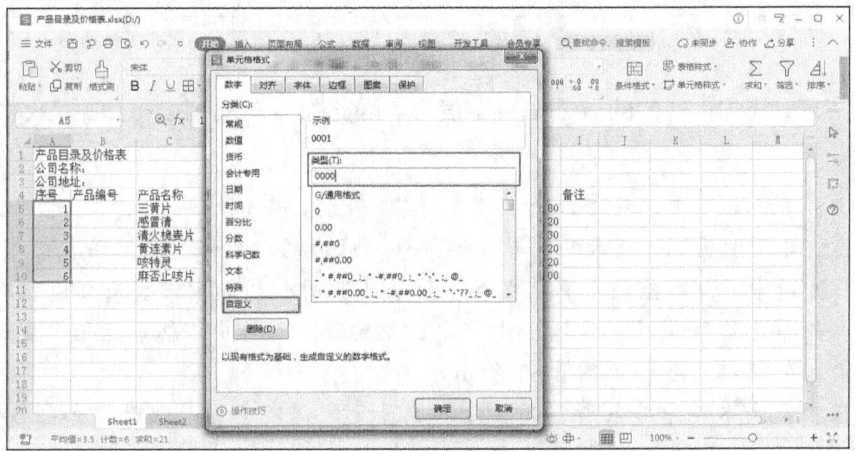

图 3-28 设置数字自定义样式

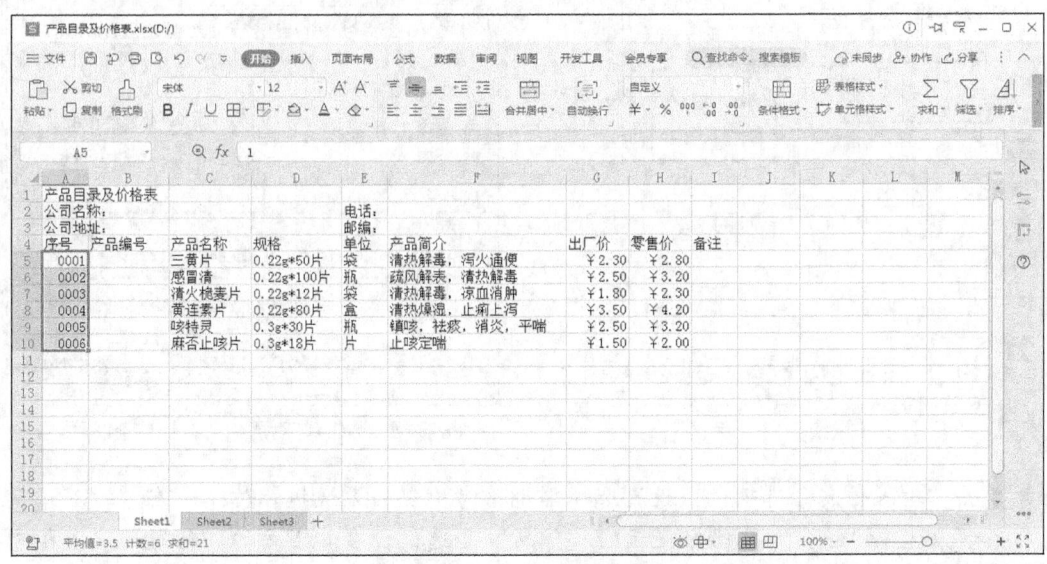

图 3-29 设置后的效果

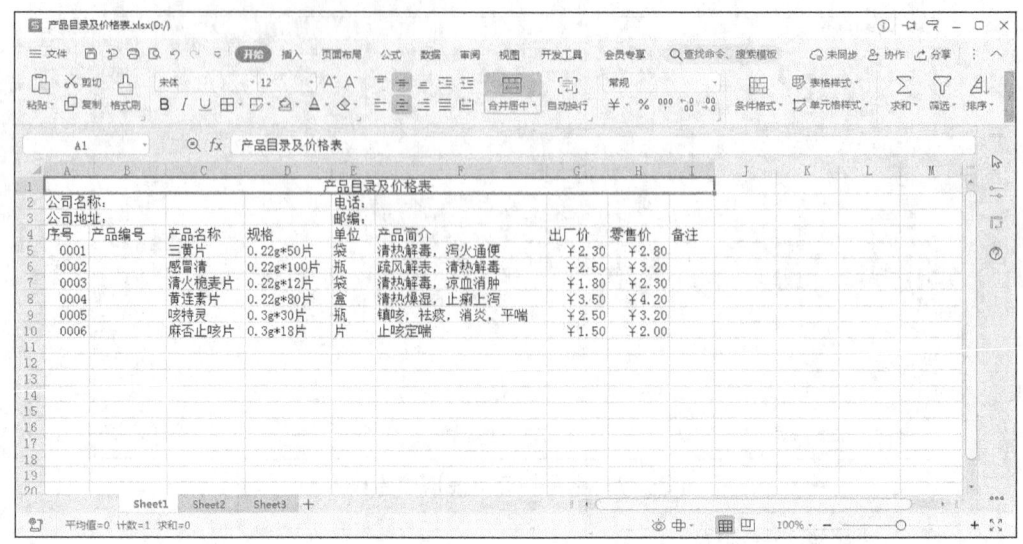

图 3-30 将标题设置为"合并居中"格式

⑥ 由于"产品编号"列中的数据是特定信息，因此可以对此列进行数据有效性的设置，具体步骤如下。

- 选择 B5 单元格，在"数据"选项卡中单击"数据有效性"按钮，打开"数据有效性"对话框。在"设置"选项卡的"有效性条件"区域的"允许"下拉列表框中选择"序列"选项，并选中"忽略空值"和"提供下拉箭头"两个复选框，如果数值的有效性是基于已命名的单元格区域并在该区域中有空白单元格，则选中"忽略空值"复选框会使单元格中输入的值都有效，如图 3-31 所示。
- 在"来源"文本框中输入所需的编号，编号之间用英文逗号隔开，如图 3-32 所示。

图 3-31 "设置"选项卡

图 3-32 在"来源"文本框中输入编号

- 单击"输入信息"选项卡，设置选择单元格时出现的系统提示信息。在"输入信息"选项卡中选中"选定单元格时显示输入信息"复选框，在其下方的"标题"文本框中输入"产品编号"，再在"输入信息"文本框中输入"请选择该产品的编号！"，如图 3-33 所示。

- 单击"出错警告"选项卡，在其中设置输入错误信息后系统做出的警告。此例中的错误信息是指用户输入除了"Z44022401,Z44023502, Z45020513,Z51020616,Z44021609,Z44020121"之外的产品编号信息。在该选项卡中选中"输入无效数据时显示出错警告"复选框，在下方"样式"下拉列表框中选择"停止"选项，即单元格中出现错误信息时将会强制停止用户操作，迫使用户重新输入。在"标题"文本框中输入"输入产品编号错误"，在"错误信息"文本框中输入"请单击下拉按钮选择产品编号！"，如图3-34所示。

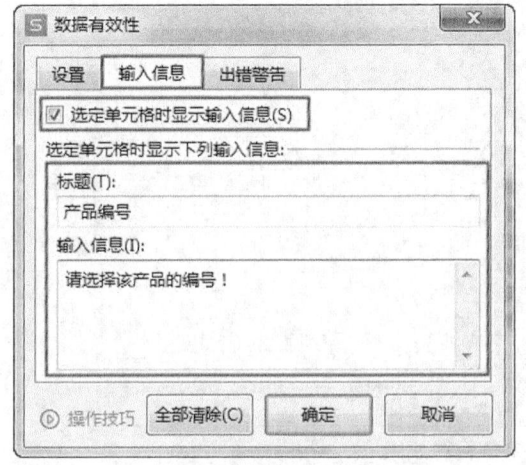

图3-33 "输入信息"选项卡

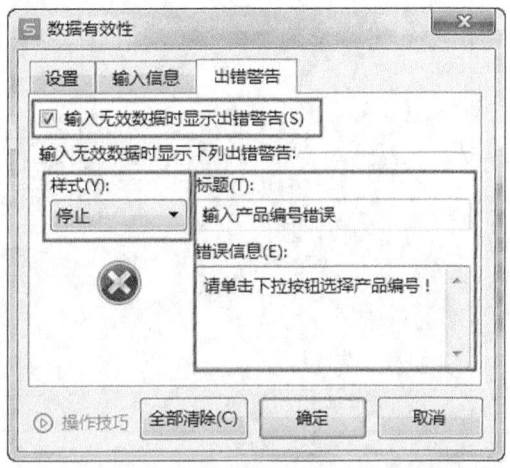

图3-34 "出错警告"选项卡

- 在"出错警告"选项卡中的内容设置完成后，单击"确定"按钮，确认对单元格数据有效性所做的所有设置。关闭"数据有效性"对话框，返回工作表中，此时选择B5单元格时，右侧会出现下拉按钮，同时单元格附近出现提示信息"产品编号请选择该产品的编号！"，如图3-35所示。

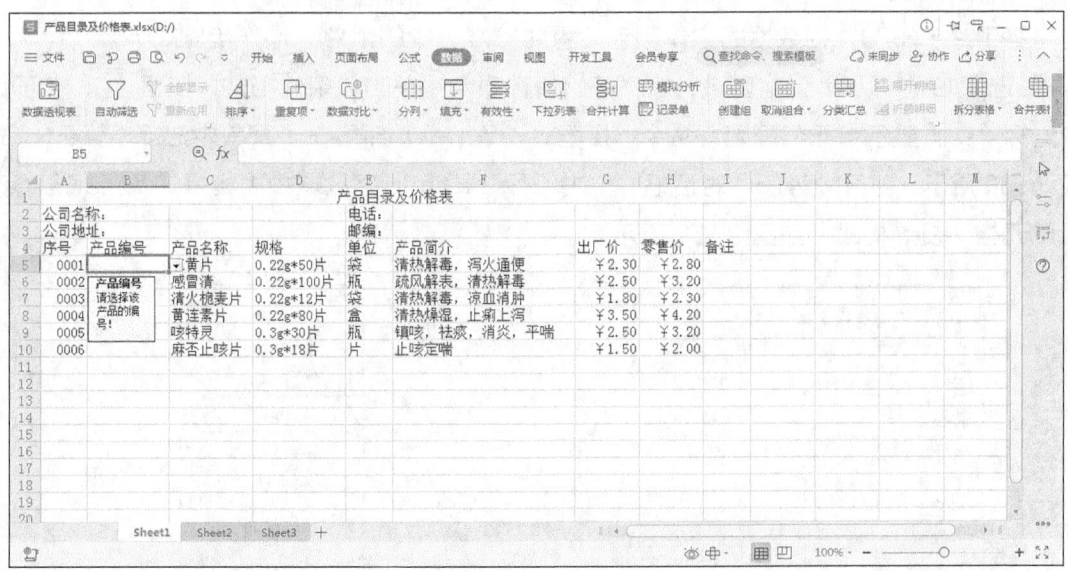

图3-35 "数据有效性"设置完成的效果

- 选择 B5 单元格，利用填充柄对 B6:B10 单元格区域依次做上述相同的数据有效性设置。使用数据有效性设置，对"产品编号"对应的 B5:B10 单元格区域进行填充，即所有产品编号只能在下拉列表框中选择填写，最后效果如图 3-36 所示。

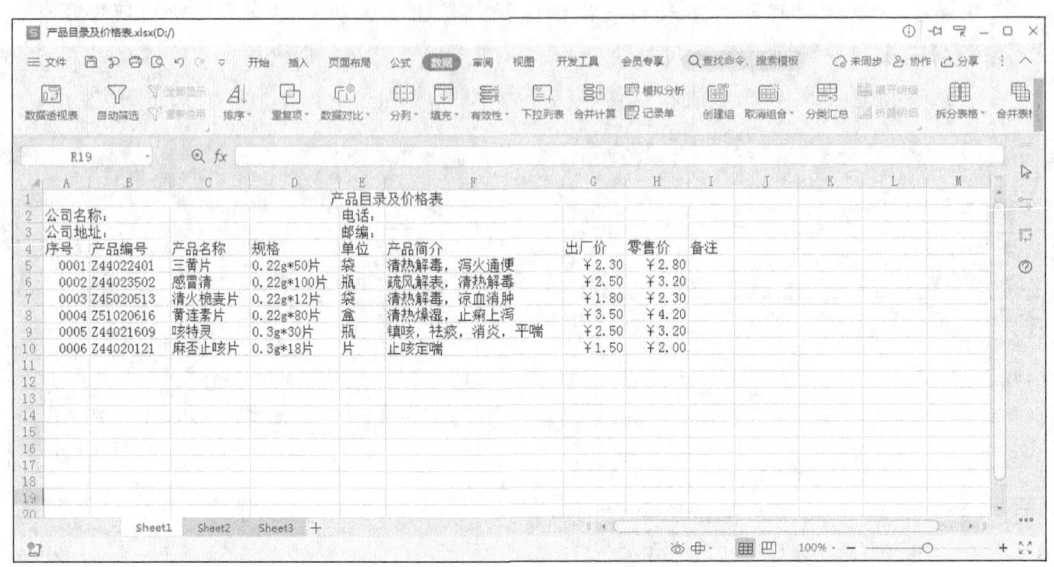

图 3-36　数据输入完毕后的效果

2. 使用条件格式

使用 WPS 表格提供的条件格式功能，可以根据单元格内容有选择地自动应用格式，在为表格增色不少的同时，还能为用户带来方便。将"产品目录及价格表"工作簿的"Sheet1"表中"出产价"等于"￥2.50"的数据的字体颜色设为深红色，单元格底纹设为浅红色，将"零售价"等于"￥3.20"的数据的字体颜色设置为标准色中的紫色，操作步骤如下。

① 选择 G5:G10 单元格区域，在"开始"选项卡中单击"条件格式"按钮，在下拉菜单中选择"突出显示单元格规则"命令，如图 3-37 所示。然后在子菜单中选择"等于"命令，如图 3-38 所示。打开"等于"对话框，单击 G5:G10 单元格区域中内容是"￥2.50"的任意一个单元格，设置格式，如图 3-39 所示。

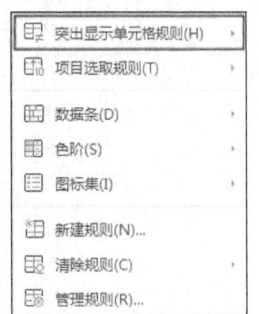

图 3-37　"条件格式"下拉菜单

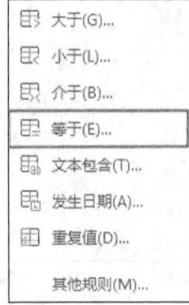

图 3-38　"突出显示单元格规则"子菜单

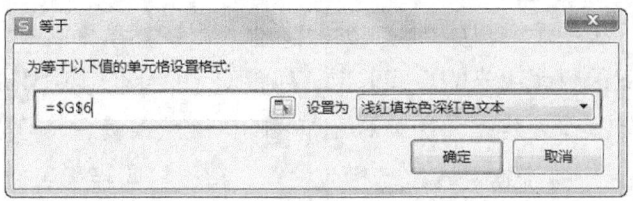

图 3-39 "等于"对话框

② 选择 H5:H10 单元格区域，在"开始"选项卡中单击"条件格式"按钮，在下拉菜单中选择"突出显示单元格规则"命令，在子菜单中选择"小于"命令，打开"小于"对话框。单击 H5:H10 单元格区域中内容是"￥3.20"的任意一个单元格。然后，在"设置为"下拉列表框中选择"自定义格式"选项，如图 3-40 所示，打开"设置单元格格式"对话框，单击"字体"选项卡，在"字形"中选择"粗体"选项，在"颜色"下拉列表框中选择"标准色"中的"紫色"选项，单击"确定"按钮，效果如图 3-41 所示。

图 3-40 设置字体颜色

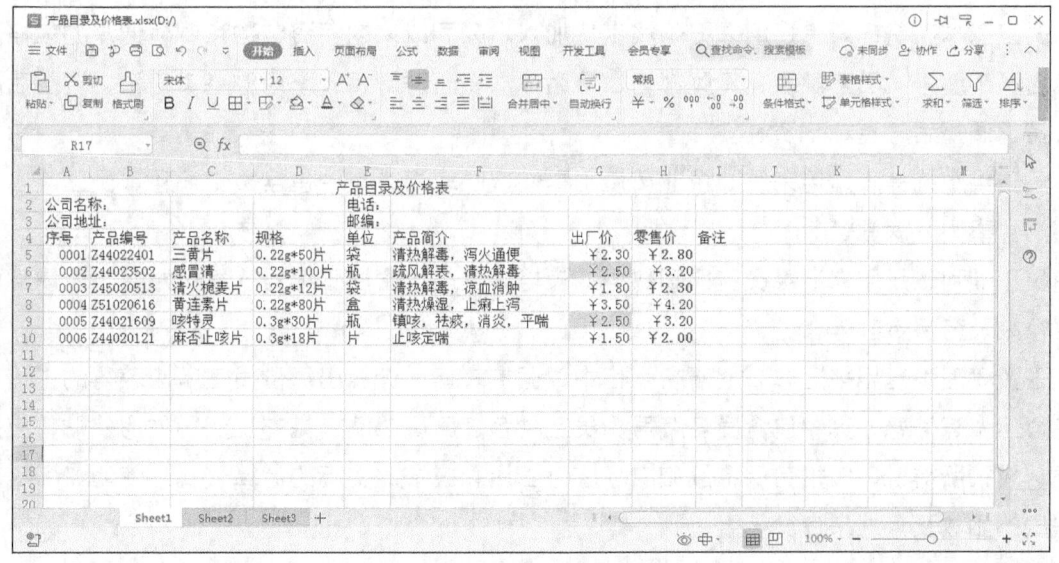

图 3-41 设置条件格式的效果

3．打印产品目录及价格表

制作出来的产品目录及价格表如果需要打印出来，可以利用 WPS 表格提供的页面设置和打印预览视图，在打印前对工作表进行美化。

在"文件"选项卡中单击"打印预览"按钮，进入打印预览视图，在打印预览视图中看到工作表的格式及排版就是打印出来的真实效果。如果对工作表的排版效果不满意，可以关闭打印预览视图，重新编辑工作表格式；如果对工作表的排版效果满意，可以在打印预览视图中单击"直接打印"按钮，并根据需要进行相应设置，直接打印当前工作表。

3.3 任务二：制作工资管理表

【任务描述】

小琪这次接到的是制作工资管理表的任务。该工资管理表要求反映企业员工的工资管理情况，涉及员工的出勤记录、福利数据及基本工资记录等内容，需要按照企业相关的工资管理制度进行计算。

【任务分析】

工资管理表的数据内容包括员工基本工资记录表的数据、员工出勤统计表的数据及员工福利表的数据，需要在新建的工作簿中包含以上 3 张工作表中的数据。

员工基本工资记录表是用来记录员工从加入本公司以来的薪资结构和调薪记录的表格，其中包含员工编号、员工姓名、所属部门、最后一次调薪时间、调整后的基本工资、调整后的岗位工资、调整后总基本工资等。

员工出勤统计表是用来统计企业员工出勤情况的表格，其中包含员工编号、员工姓名、所属部门、事假及病假等。

员工福利表是用来记录员工福利数据的表格，其中包含员工编号、员工姓名、所属部门、住房补贴及劳保金额等。

工资管理表是用来汇总以上所有表格中数据的表格，计算出每位员工所应获得的工资总额和应付工资等信息，其中包含员工编号、员工姓名、所属部门、基本工资、住房补贴、应扣请假费、应扣所得税、应扣劳保金额和实际应付工资，应按照实际的计算公式，使用 WPS 表格中提供的函数及公式来计算结果。

【工作流程】

① 创建工资管理表。
② 在工资管理表中创建公式。

③ 在工资管理表中运用函数。

【基本概念】

WPS 表格作为一个功能强大的电子表格处理软件,除了包含一些常规的格式处理命令外,还具备强大的数据计算能力。公式是单元格中一系列值、单元格引用、名称、运算符的组合,可生成新的值。函数是一种预定义的公式,通过使用称为参数的特定数值来按特定的顺序或结构执行运算。配合使用公式及函数,就可以完成工资管理表中的各项计算。

1. 公式

在单元格中输入公式时,一定要先输入"=",公式的一般形式为"=<表达式>"。表达式可以是算术表达式、关系表达式和字符串表达式;表达式由运算符、常量、单元格地址、函数、括号等组成,且不能有空格。

在 WPS 表格中,常用运算符有算术运算符、字符运算符和关系运算符。运算符具有不同的优先级,表 3-1 按优先级从高到低列出了常用的运算符及其功能。

表 3-1　常用的运算符及其功能

运算符	功能	举例
-	负号	-6.3
%	百分数	15%
^	乘方	9^2（即 9^2）
*、/	乘法、除法	4*8、16/2
+、-	加法、减法	12.5+7.8、4.3-1.5
&	字符串连接	C1&D1（即连接两个单元格中字符串）
=、<>	等于、不等于	4=7 的值为假、12<>78 的值为真
>、>=	大于、大于等于	74>15 的值为真、14.1>=12.4 的值为真
<、<=	小于、小于等于	12.5<3.4 的值为假、7.9<=5.8 的值为假

公式的输入可以在数据编辑区进行,也可以双击单元格在单元格中进行。在数据编辑区输入公式时,单元格地址可以通过键盘输入,也可直接单击对应单元格,单元格地址将自动显示在数据编辑区。可以对输入的公式进行编辑、修改或将其复制到其他单元格。

复制公式的方法,具体有以下两种。

方法 1:选择已输入公式的单元格后单击鼠标右键,在弹出的快捷菜单中选择"复制"命令;将鼠标指针移至复制目标单元格后单击鼠标右键,在弹出的快捷菜单中选择"粘贴"命令或"选择性粘贴"命令,打开"选择性粘贴"对话框,选择"公式"单选按钮,即可完成公式复制。

方法 2:选择已输入公式的单元格,拖曳单元格的填充柄,可实现相邻单元格公式的复制。

2. 单元格地址的引用

在复制公式时，单元格地址的正确使用十分重要。WPS 表格中单元格的地址分为相对地址、绝对地址和混合地址 3 种。

（1）相对地址

在输入公式过程中，除非特殊说明，一般使用相对地址来引用单元格，表示在单元格中当含有相对地址的公式被复制到目标单元格时，公式不是照搬原来单元格的内容，而是根据公式原来位置和复制到的目标位置推算出公式中单元格相对原位置的变化，使用变化后的单元格地址内容进行计算。例如在 B3 单元格中输入"=A1+A2+C6"，将该公式复制到 C3 单元格，C3 单元格显示的公式就是相对地址表达式"=B1+B2+D6"。

（2）绝对地址

当公式被复制或移动到新的单元格时，公式中所引用的单元格地址保持不变，引用时，通常在绝对地址的列标或行号前添加"$"。例如在 B2 单元格中输入"=$A$1*$A$3"，复制到 B3 单元格的公式仍然为"=$A$1*$A$3"，公式中单元格引用地址保持不变。

（3）混合地址

在单元格中含有混合地址的公式被复制到目标单元格式时，相对地址部分会根据公式原来的位置和复制到的目标位置推算出公式中单元格地址相对原位置的变化，而绝对地址部分则不变。例如在 D1 单元格中输入"=($A1*B$1+C1)/3"，复制到 E3 单元格的公式为"=($A3*C$1+D3)/3"。

（4）跨工作表单元格地址引用

单元格地址的一般形式为"[工作簿文件名]工作表名!单元格地址"。在引用当前工作簿的各工作表时，当前"[工作簿文件名]"可以省略；引用当前工作表单元格的地址时，"工作表名!"也可以省略。例如 F4 单元格中的公式为"=(C4+D4+E4)*Sheet2!B1"，其中"Sheet2!B1"表示当前工作簿中 Sheet2 工作表的 B1 单元格地址，而 C4 表示当前工作表的 C4 单元格地址。

3. 函数

WPS 表格提供了 11 类函数，包括数据库函数、日期与时间函数、工程函数、财务函数、信息函数、逻辑函数、查询与引用函数、数字和三角函数、统计函数、文本函数和用户自定义函数。

（1）函数形式

函数一般由函数名和参数组成，形式为"函数名（参数表）"。函数名由 WPS 表格提供，函数名中字母不区分大小写，参数由英文","分隔，参数可以是常数、单元格名称、函数等。

（2）函数引用

如果在某个单元格中输入公式"=AVERAGE(A2:A11)"，可以采用如下两种方法。

方法 1：直接在该单元格中输入公式"=AVERAGE(A2:A11)"。

方法 2：首先选择该单元格，单击"编辑栏"左侧的"插入函数"按钮 fx，打开"插入函数"对话框，在"选择函数"列表框中选择"AVERAGE"函数，如图 3-42 所示；单击"确定"按钮，打开"函数参数"对话框，如图 3-43 所示；然后在"函数参数"对话框的"数值 1"文本框内输入"A2:A11"，单击"确定"按钮；也可以单击"切换"按钮，在当前工作表中选择 A2:A11 单元格区域，再次单击"切换"按钮，单击"确定"按钮，完成函数引用。

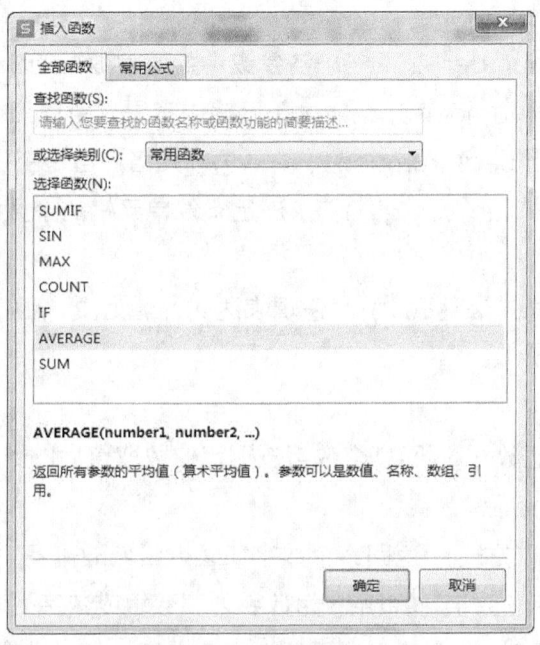

图 3-42 "插入函数"对话框

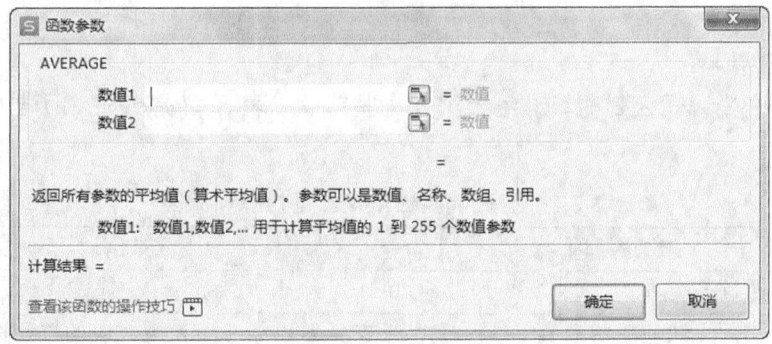

图 3-43 "函数参数"对话框

（3）函数嵌套

函数嵌套是指一个函数可以作为另一个函数的参数使用，例如公式"=ROUND(AVERAGE(B2:C2),1)"，其中 ROUND()为一级函数，AVERAGE()为二级函数；先执行 AVERAGE()函数，再执行 ROUND()函数。WPS 表格的函数嵌套，最多可嵌套 7 级。

（4）常用函数

① 基本函数。

SUM(number1,number2,…)：求和函数，求各参数累加和。

AVERAGE(number1,number2,…)：算术平均值函数，求各参数的算术平均值。

MAX(number1,number2,…)：最大值函数，求各参数中的最大值。

MIN(number1,number2,…)：最大值函数，求各参数中的最大值。

② 统计函数。

COUNT(number1,number 2,…)：求各参数中数值型数据的个数。

COUNTA(number1,number 2,…)：求单元格内容是非空单元格的个数。

COUNTBLANK(number1,number 2,…)：求单元格内容是空单元格的个数。

COUNTIF(number1,number 2,…)：求满足条件单元格的个数。

③ 条件函数。

IF(逻辑表达式,表达式1,表达式2)："逻辑表达式"值为真，函数值为"表达式1"的值；否则为"表达式2"的值。

④ 四舍五入函数。

ROUND(数值,小数位数)：返回某个数字按指定位数取整后的数字。

⑤ 排定名次函数。

RANK(数值,引用,排位方式)：返回某个数字在某一区域的排名，排序时不改变数值原来的位置。"数值"为需要排序的数字，"引用"为数字列表数组或数字列表的引用，"排位方式"为排序的方式，若"排位方式"为0或省略，则为降序排序，若"排位方式"不为0，则为升序排序。

（5）关于错误信息

在输入单元格或编辑公式时，难免会出现一些错误，表3-2是公式和函数常见的出错信息和原因。

表3-2　公式和函数常见出错信息和原因

出错信息	出错原因	举例
#DIV/0!	被除数为0	=6/0
#N/A	引用无法使用的数值	RANK()函数的第1个参数对应的单元格为空
#NAME?	不能识别的名字	=SUN(C1:C5)
#NULL!	交集为空	=SUM(A1:A3 B1:B3)
#NUM!	数据类型不正确	=SQRT(-4)
#REF!	引用无效单元格	引用的单元格被删除
#VALUE!	不正确的参数或运算符	=1+"a"
####!	宽度不够，列宽需调宽	单元格内容为###或####

【详细步骤】

1. 创建工资管理表

启动 WPS 表格，新建一个空白工作簿，保存并命名为“工资管理表.xlsx”。打开“员工基本工资记录表.xlsx”工作簿，将其数据信息复制到“工资管理表.xlsx”工作簿的“Sheet1”工作表中，并将“Sheet1”工作表重命名为“员工基本工资记录表”；打开“员工出勤统计表.xlsx”工作簿，将其数据信息复制到“工资管理表.xlsx”工作簿的“Sheet2”工作表中，并将“Sheet2”工作表重命名为“员工出勤统计表”；打开“员工福利表.xlsx”工作簿，将其数据信息复制到“工资管理表.xlsx”工作簿的“Sheet3”工作表中，并将“Sheet3”工作表重命名为“员工福利表”。

在“工资管理表.xlsx”工作簿中插入新工作表，并将其重命名为“员工工资管理表”，根据“员工基本工资记录表”“员工出勤统计表”“员工福利表”完善该表中的“员工编号”“员工姓名”“所属部门”“住房补助”及“应扣劳保金额”列信息，如图 3-44 所示。

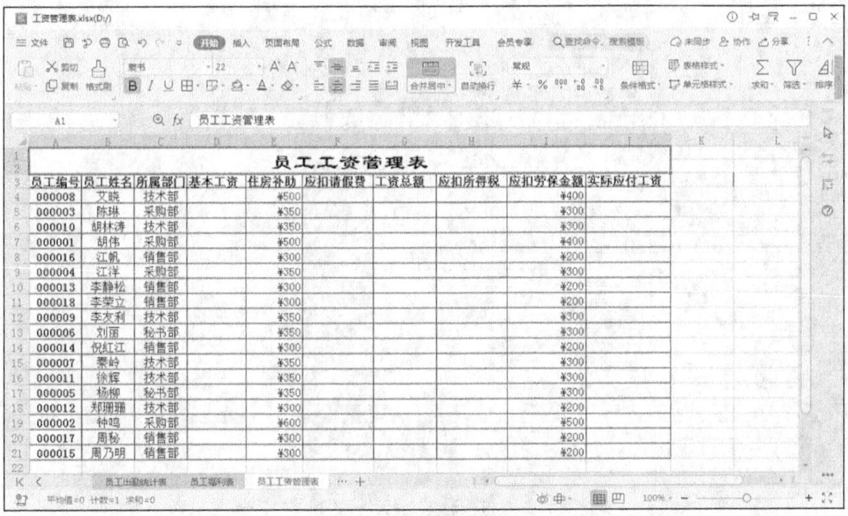

员工工资管理表

员工编号	员工姓名	所属部门	基本工资	住房补助	应扣请假费	工资总额	应扣所得税	应扣劳保金额	实际应付工资
000008	艾晓	技术部		¥500				¥400	
000003	陈琳	采购部		¥350				¥300	
000010	胡林涛	技术部		¥350				¥300	
000001	胡伟	采购部		¥500				¥400	
000016	江帆	销售部		¥300				¥200	
000004	江洋	采购部		¥350				¥300	
000013	李静松	销售部		¥300				¥200	
000018	李荣立	销售部		¥300				¥200	
000009	李友利	技术部		¥350				¥300	
000006	刘丽	秘书部		¥350				¥300	
000014	倪红江	销售部		¥300				¥200	
000007	綦岭	技术部		¥350				¥300	
000011	徐辉	技术部		¥350				¥300	
000005	杨柳	秘书部		¥350				¥300	
000012	郑珊珊	技术部		¥300				¥200	
000002	钟鸣	采购部		¥600				¥500	
000017	周秘	销售部		¥300				¥200	
000015	周乃明	销售部		¥300				¥200	

图 3-44 “员工工资管理表”工作表

2. 在工资管理表中创建公式

① 单击“工资管理表.xlsx”工作簿中的“员工基本工资记录表”工作表标签，运用公式计算出调整后的基本工资。具体步骤：在“调整后的基本工资”列中选择 H3 单元格，直接输入公式“=E3+F3+G3”或在“开始”选项卡中单击“求和”按钮 Σ 求和，选择 E3:G3 单元格区域，按“Enter”键，计算出结果，如图 3-45 所示。使用填充柄完成 H4:H20 单元格区域的计算，如图 3-46 所示。

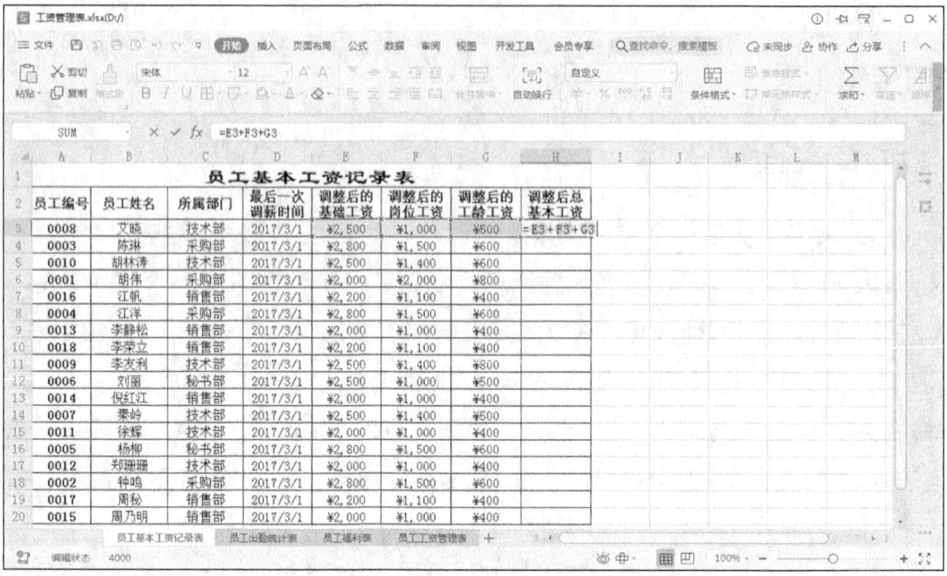

员工基本工资记录表							
员工编号	员工姓名	所属部门	最后一次调薪时间	调整后的基础工资	调整后的岗位工资	调整后的工龄工资	调整后总基本工资
0008	艾晓	技术部	2017/3/1	¥2,500	¥1,000	¥500	=E3+F3+G3
0003	陈琳	采购部	2017/3/1	¥2,800	¥1,500	¥600	
0010	胡林涛	技术部	2017/3/1	¥2,500	¥1,400	¥600	
0001	胡伟	采购部	2017/3/1	¥2,000	¥2,000	¥800	
0016	江帆	销售部	2017/3/1	¥2,200	¥1,100	¥400	
0004	江洋	采购部	2017/3/1	¥2,800	¥1,500	¥600	
0013	李静松	销售部	2017/3/1	¥2,000	¥1,000	¥400	
0018	李荣立	销售部	2017/3/1	¥2,200	¥1,100	¥400	
0009	李友利	技术部	2017/3/1	¥2,500	¥1,400	¥800	
0006	刘丽	秘书部	2017/3/1	¥2,500	¥1,000	¥500	
0014	倪红江	销售部	2017/3/1	¥2,000	¥1,000	¥400	
0007	秦岭	技术部	2017/3/1	¥2,500	¥1,400	¥500	
0011	徐辉	技术部	2017/3/1	¥2,000	¥1,000	¥400	
0005	杨柳	秘书部	2017/3/1	¥2,800	¥1,500	¥600	
0012	郑珊珊	技术部	2017/3/1	¥2,000	¥1,000	¥400	
0002	钟鸣	采购部	2017/3/1	¥2,800	¥1,500	¥600	
0017	周秘	销售部	2017/3/1	¥2,200	¥1,100	¥400	
0015	周乃明	销售部	2017/3/1	¥2,000	¥1,000	¥400	

图 3-45 输入公式

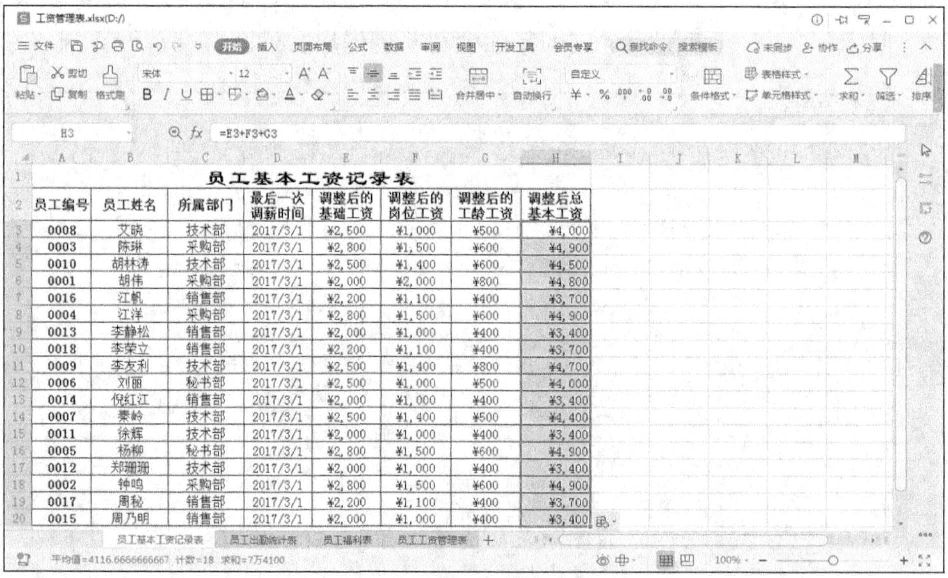

员工基本工资记录表							
员工编号	员工姓名	所属部门	最后一次调薪时间	调整后的基础工资	调整后的岗位工资	调整后的工龄工资	调整后总基本工资
0008	艾晓	技术部	2017/3/1	¥2,500	¥1,000	¥500	¥4,000
0003	陈琳	采购部	2017/3/1	¥2,800	¥1,500	¥600	¥4,900
0010	胡林涛	技术部	2017/3/1	¥2,500	¥1,400	¥600	¥4,500
0001	胡伟	采购部	2017/3/1	¥2,000	¥2,000	¥800	¥4,800
0016	江帆	销售部	2017/3/1	¥2,200	¥1,100	¥400	¥3,700
0004	江洋	采购部	2017/3/1	¥2,800	¥1,500	¥600	¥4,900
0013	李静松	销售部	2017/3/1	¥2,000	¥1,000	¥400	¥3,400
0018	李荣立	销售部	2017/3/1	¥2,200	¥1,100	¥400	¥3,700
0009	李友利	技术部	2017/3/1	¥2,500	¥1,400	¥800	¥4,700
0006	刘丽	秘书部	2017/3/1	¥2,500	¥1,000	¥500	¥4,000
0014	倪红江	销售部	2017/3/1	¥2,000	¥1,000	¥400	¥3,400
0007	秦岭	技术部	2017/3/1	¥2,500	¥1,400	¥500	¥4,400
0011	徐辉	技术部	2017/3/1	¥2,000	¥1,000	¥400	¥3,400
0005	杨柳	秘书部	2017/3/1	¥2,800	¥1,500	¥600	¥4,900
0012	郑珊珊	技术部	2017/3/1	¥2,000	¥1,000	¥400	¥3,400
0002	钟鸣	采购部	2017/3/1	¥2,800	¥1,500	¥600	¥4,900
0017	周秘	销售部	2017/3/1	¥2,200	¥1,100	¥400	¥3,700
0015	周乃明	销售部	2017/3/1	¥2,000	¥1,000	¥400	¥3,400

图 3-46 使用填充柄计算基本工资

② 单击“员工工资管理表”工作表标签，切换至“员工工资管理表”。“基本工资”列中的数据就是“员工基本工资记录表”中的“调整后总基本工资”列，因此只需引用对应的数据即可，该引用即不同工作表间的数据引用。

实现跨工作表数据引用的具体步骤：选择“员工工资管理表”工作表的 D4 单元格，输入“=”，单击“员工基本工资记录表”工作表中的 H3 单元格，完成对 H3 单元格中数据的引用，按“Enter”键，D4 单元格中将显示相应的数据，如图 3-47 所示。使用填充柄填充 D5:D21 单元格区域，计算所有员工的基本工资，如图 3-48 所示。

图 3-47 引用数据

图 3-48 使用填充柄计算所有员工基本工资

③ 单击"员工基本工资记录表"工作表标签，切换至"员工基本工资记录表"。在 K2 单元格中输入"员工人数"，统计表中员工总人数，并将统计的数据填入 K3 单元格中。具体步骤：选择 K3 单元格，单击"编辑栏"左侧的"插入函数"按钮 fx；或者在"公式"选项卡中单击"插入函数"按钮 fx，打开"插入函数"对话框。在"或选择类别"下拉列表框中选择"统计"选项，在其下方的"选择函数"列表框中选择"COUNT"函数，如图 3-49 所示。

单击“确定”按钮，打开“函数参数”对话框。在“值 1”文本框中输入“A3:A20”，如图 3-50 所示。单击“确定”按钮，返回工作表，K3 单元格中将显示员工总人数，如图 3-51 所示。

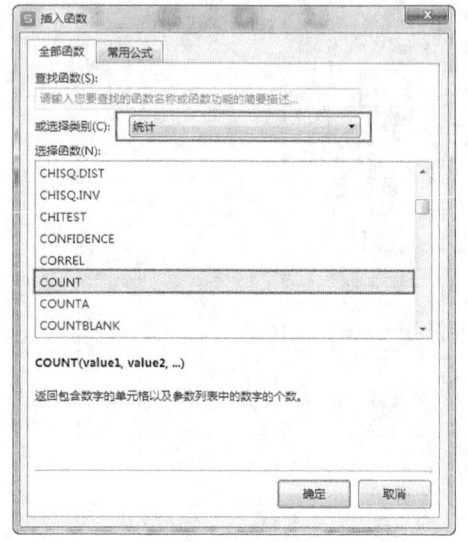

图 3-49　选择“COUNT”函数

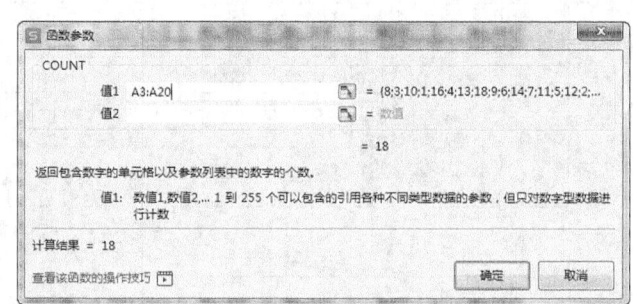

图 3-50　设置函数参数

员工基本工资记录表

员工编号	员工姓名	所属部门	最后一次调薪时间	调整后的基础工资	调整后的岗位工资	调整后的工龄工资	调整后总基本工资
0008	艾晓	技术部	2017/3/1	¥2,500	¥1,000	¥500	¥4,000
0003	陈琳	采购部	2017/3/1	¥2,800	¥1,500	¥600	¥4,900
0010	胡林涛	技术部	2017/3/1	¥2,500	¥1,400	¥600	¥4,500
0001	胡伟	采购部	2017/3/1	¥2,000	¥2,000	¥800	¥4,800
0016	江帆	销售部	2017/3/1	¥2,200	¥1,100	¥400	¥3,700
0004	江洋	采购部	2017/3/1	¥2,800	¥1,500	¥600	¥4,900
0013	李静松	销售部	2017/3/1	¥2,000	¥1,000	¥400	¥3,400
0018	李荣立	销售部	2017/3/1	¥2,200	¥1,100	¥400	¥3,700
0009	李友利	技术部	2017/3/1	¥2,500	¥1,400	¥800	¥4,700
0006	刘丽	秘书部	2017/3/1	¥2,500	¥1,000	¥500	¥4,000
0014	倪红江	销售部	2017/3/1	¥2,000	¥1,000	¥400	¥3,400
0007	秦岭	技术部	2017/3/1	¥2,500	¥1,400	¥500	¥4,400
0011	徐辉	技术部	2017/3/1	¥2,000	¥1,000	¥400	¥3,400
0005	杨柳	秘书部	2017/3/1	¥2,800	¥1,500	¥600	¥4,900
0012	郑珊珊	技术部	2017/3/1	¥2,000	¥1,000	¥400	¥3,400
0002	钟鸣	采购部	2017/3/1	¥2,800	¥1,500	¥600	¥4,900
0017	周秘	销售部	2017/3/1	¥2,200	¥1,100	¥400	¥3,700
0015	周乃明	销售部	2017/3/1	¥2,000	¥1,000	¥400	¥3,400

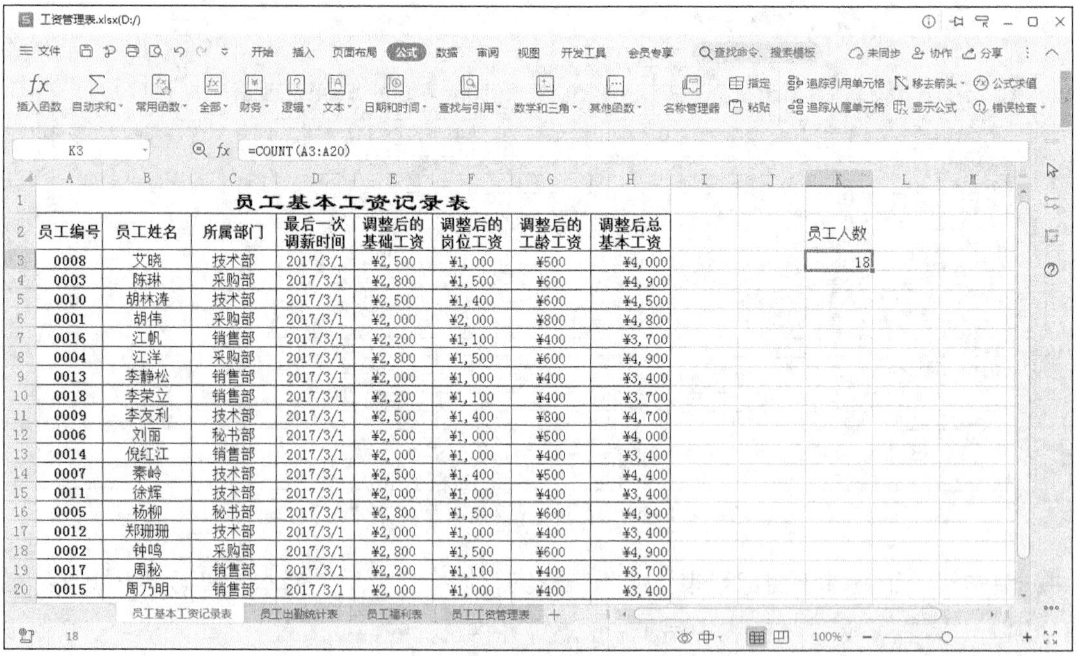

图 3-51　显示员工总人数

④ 在“员工基本工资记录表”工作表中，向 K4 单元格中输入“技术部员工人数”统计表中技术部的员工总人数，并将统计的数据填入 K5 单元格中。具体步骤：选择 K5 单元格，单

击"编辑栏"左侧的"插入函数"按钮 fx；或者在"公式"选项卡中单击"插入函数"按钮，打开"插入函数"对话框。在"或选择类别"下拉列表框中选择"统计"选项，在其下方的"选择函数"列表框中选择"COUNTIF"函数，单击"确定"按钮，打开"函数参数"对话框。在"区域"文本框中输入"C3:C20"，在"条件"文本框中输入"C3"或单击 C3:C20 单元格区域中单元格内容是"技术部"的任意一个单元格，如图 3-52 所示。单击"确定"按钮，返回工作表，K5 单元格中将显示员工总人数，如图 3-53 所示。

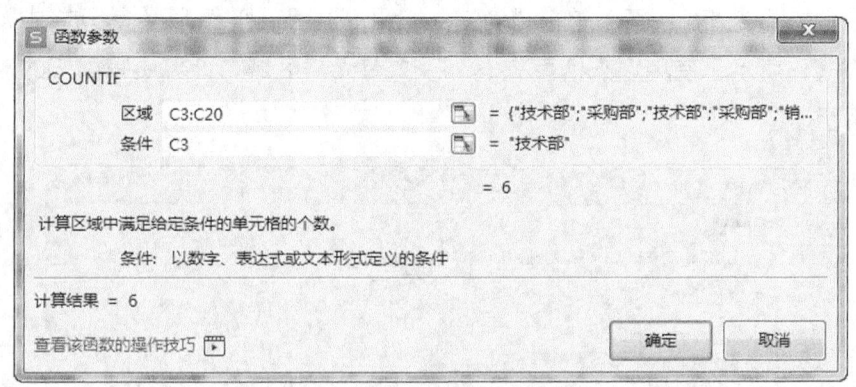

图 3-52　设置函数参数

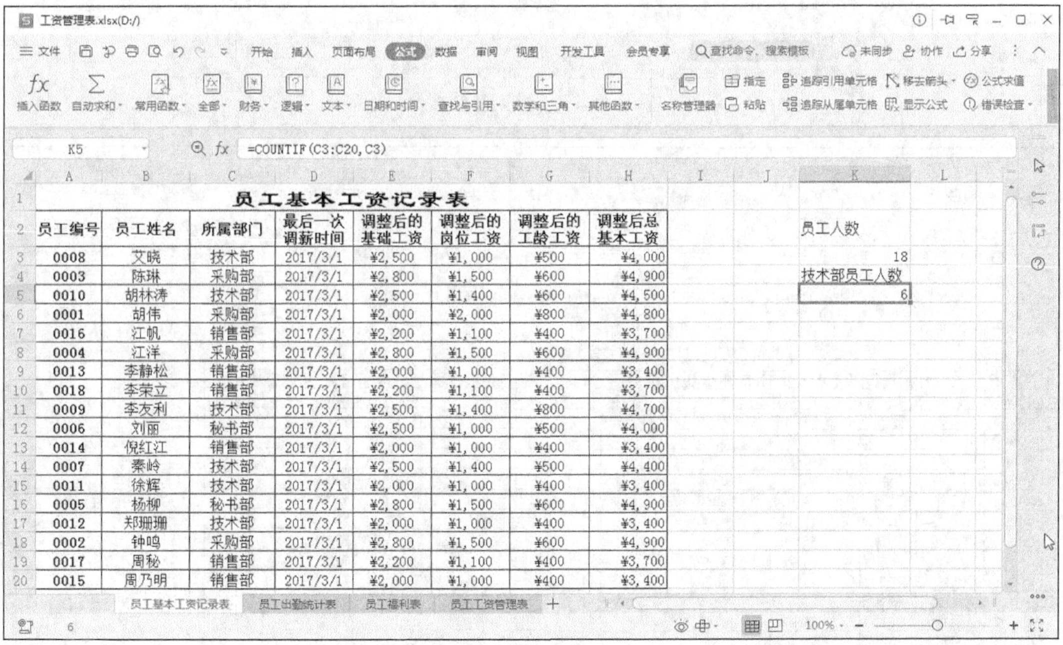

图 3-53　显示技术部员工总人数

3．在工资管理表中运用函数

① 单击"工资管理表.xlsx"工作簿中的"员工工资管理表"工作表标签，运用公式计算出应扣请假费，应扣请假费=基本工资/30*(事假天数+病假天数*0.5)，而基本工资除以 30 可

能会导致小数的出现，需要使用 ROUND()函数。具体步骤：在"应扣请假费"列中选择 F4 单元格，单击"编辑栏"左侧的"插入函数"按钮 fx；或者在"公式"选项卡中单击"插入函数"按钮，打开"插入函数"对话框。在"或选择类别"下拉列表框中选择"数学与三角函数"选项，在其下方的"选择函数"列表框中选择"ROUND"函数，单击"确定"按钮，打开"函数参数"对话框。在"数值"文本框中输入"D4/30*(员工出勤统计表!D4+员工出勤统计表!E4*0.5)"，计算应扣请假费；在"小数位数"文本框中输入"0"，表示将应扣请假费四舍五入至整数，如图 3-54 所示。单击"确定"按钮，返回工作表，F4 单元格中将显示应扣请假费，如图 3-55 所示。使用填充柄填充 F5:F21 单元格区域，计算所有员工的应扣请假费，如图 3-56 所示。

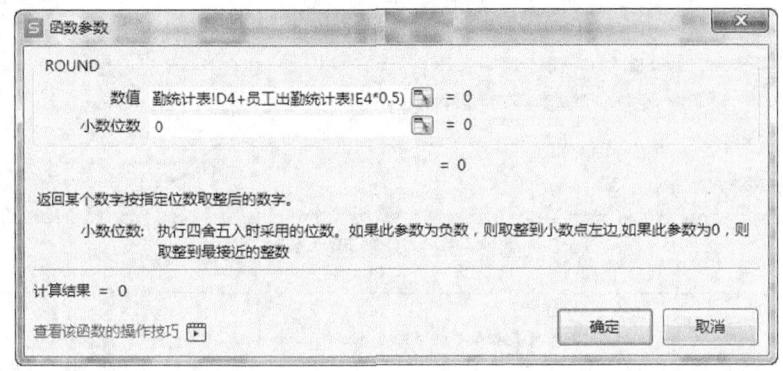

图 3-54 设置函数参数

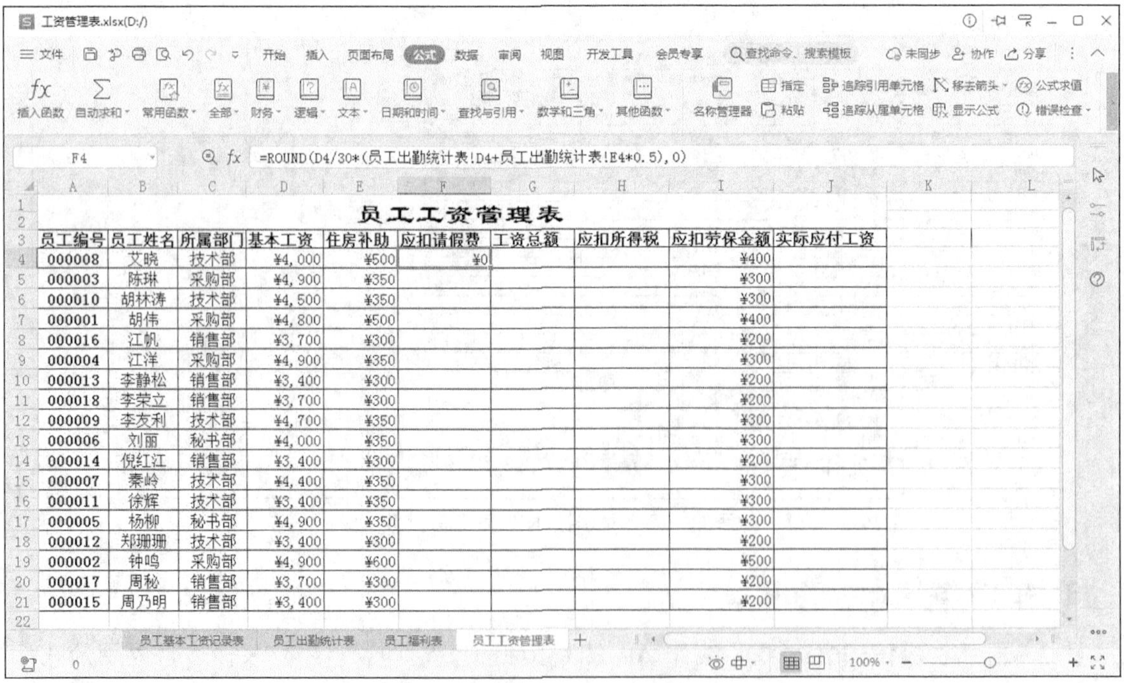

图 3-55 显示应扣请假费

② 在“员工工资管理表”工作表中计算工资总额，工资总额=基本工资+住房补助-应扣请假费。运用公式或函数计算，方法与计算“员工基本工资记录表”中的“调整后的基本工资”类似，结果如图 3-57 所示。

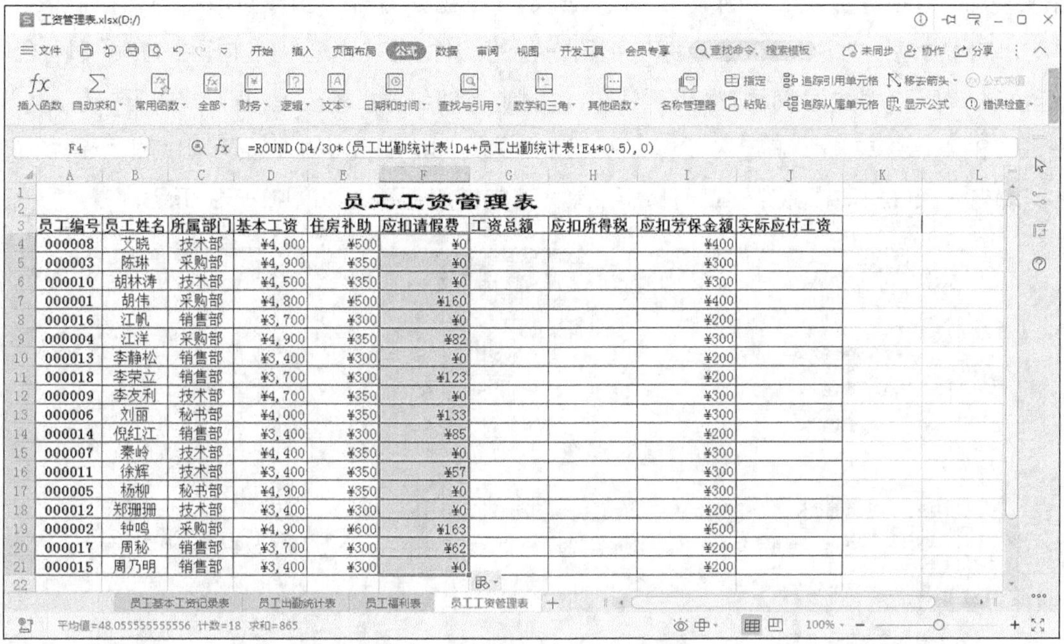

员工工资管理表

员工编号	员工姓名	所属部门	基本工资	住房补助	应扣请假费	工资总额	应扣所得税	应扣劳保金额	实际应付工资
000008	艾晓	技术部	¥4,000	¥500	¥0			¥400	
000003	陈琳	采购部	¥4,900	¥350	¥0			¥300	
000010	胡林涛	技术部	¥4,500	¥350	¥0			¥300	
000001	胡伟	采购部	¥4,800	¥500	¥160			¥400	
000016	江帆	销售部	¥3,700	¥300	¥0			¥200	
000004	江洋	采购部	¥4,900	¥350	¥82			¥300	
000013	李静松	销售部	¥3,400	¥300	¥0			¥200	
000018	李荣立	销售部	¥3,700	¥300	¥123			¥200	
000009	李友利	技术部	¥4,700	¥350	¥0			¥300	
000006	刘丽	秘书部	¥4,000	¥350	¥133			¥300	
000014	倪红江	销售部	¥3,400	¥300	¥85			¥200	
000007	秦岭	技术部	¥4,400	¥350	¥0			¥300	
000011	徐辉	技术部	¥3,400	¥350	¥57			¥300	
000005	杨柳	秘书部	¥4,900	¥350	¥0			¥300	
000012	郑珊珊	技术部	¥3,400	¥300	¥0			¥200	
000002	钟鸣	采购部	¥4,900	¥600	¥163			¥500	
000017	周秘	销售部	¥3,700	¥300	¥62			¥200	
000015	周乃明	销售部	¥3,400	¥300	¥0			¥200	

图 3-56　计算所有员工的应扣请假费

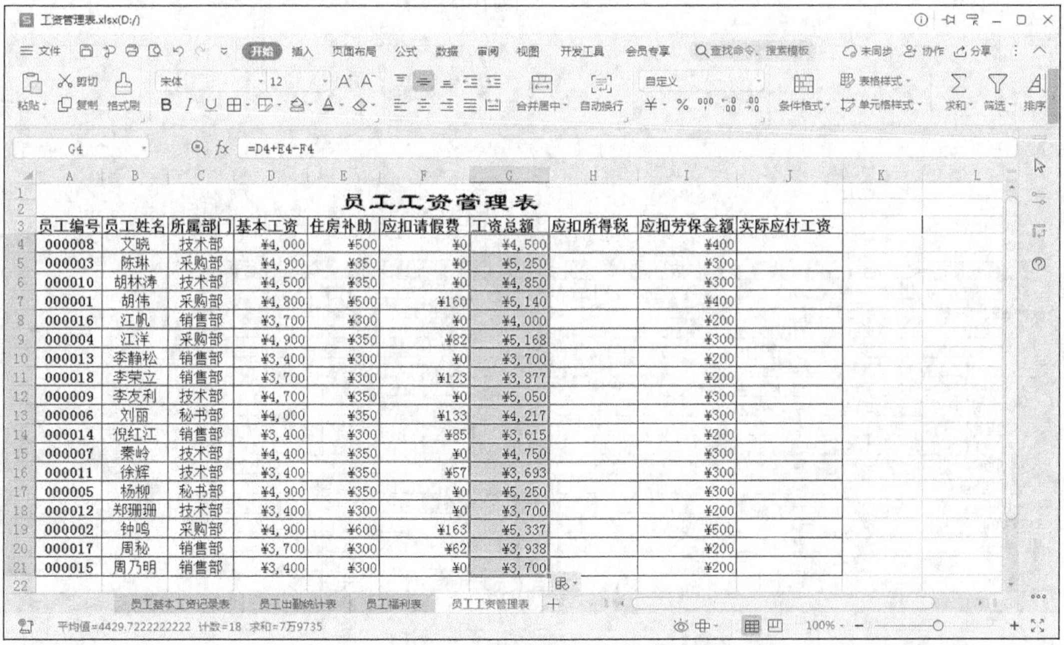

员工工资管理表

员工编号	员工姓名	所属部门	基本工资	住房补助	应扣请假费	工资总额	应扣所得税	应扣劳保金额	实际应付工资
000008	艾晓	技术部	¥4,000	¥500	¥0	¥4,500		¥400	
000003	陈琳	采购部	¥4,900	¥350	¥0	¥5,250		¥300	
000010	胡林涛	技术部	¥4,500	¥350	¥0	¥4,850		¥300	
000001	胡伟	采购部	¥4,800	¥500	¥160	¥5,140		¥400	
000016	江帆	销售部	¥3,700	¥300	¥0	¥4,000		¥200	
000004	江洋	采购部	¥4,900	¥350	¥82	¥5,168		¥300	
000013	李静松	销售部	¥3,400	¥300	¥0	¥3,700		¥200	
000018	李荣立	销售部	¥3,700	¥300	¥123	¥3,877		¥200	
000009	李友利	技术部	¥4,700	¥350	¥0	¥5,050		¥300	
000006	刘丽	秘书部	¥4,000	¥350	¥133	¥4,217		¥300	
000014	倪红江	销售部	¥3,400	¥300	¥85	¥3,615		¥200	
000007	秦岭	技术部	¥4,400	¥350	¥0	¥4,750		¥300	
000011	徐辉	技术部	¥3,400	¥350	¥57	¥3,693		¥300	
000005	杨柳	秘书部	¥4,900	¥350	¥0	¥5,250		¥300	
000012	郑珊珊	技术部	¥3,400	¥300	¥0	¥3,700		¥200	
000002	钟鸣	采购部	¥4,900	¥600	¥163	¥5,337		¥500	
000017	周秘	销售部	¥3,700	¥300	¥62	¥3,938		¥200	
000015	周乃明	销售部	¥3,400	¥300	¥0	¥3,700		¥200	

图 3-57　计算所有员工工资总额

③ 在“员工工资管理表”工作表中计算应扣所得税，假设工资总额超过¥4000 才需缴纳

所得税，且所得税为工资总额的 8%。具体步骤：在“应扣所得税”列中选择 H4 单元格，单击“编辑栏”左侧的“插入函数”按钮 fx；或者在“公式”选项卡中单击“插入函数”按钮 fx，打开“插入函数”对话框。在“或选择类别”下拉列表框中选择“逻辑”选项，在其下方的“选择函数”列表框中选择“IF”函数，单击“确定”按钮，打开“函数参数”对话框。在“测试条件”文本框中输入“G4>4000”，即应扣所得税的条件。在“真值”文本框中输入“G4*0.08”，表示当 G4 单元格中数据满足应扣所得税条件时则计算结果。在“假值”文本框中输入“0”，如图 3-58 所示。单击“确定”按钮，返回工作表，H4 单元格中将显示出应扣所得税。使用填充柄填充 H5:H21 单元格区域，计算所有员工应扣所得税，如图 3-59 所示。

图 3-58　设置函数参数

员工工资管理表

员工编号	员工姓名	所属部门	基本工资	住房补助	应扣请假费	工资总额	应扣所得税	应扣劳保金额	实际应付工资
000008	艾晓	技术部	¥4,000	¥500	¥0	¥4,500	¥360	¥400	
000003	陈琳	采购部	¥4,900	¥350	¥0	¥5,250	¥420	¥300	
000010	胡林涛	技术部	¥4,500	¥350	¥0	¥4,850	¥388	¥300	
000001	胡伟	采购部	¥4,800	¥500	¥160	¥5,140	¥411	¥400	
000016	江帆	销售部	¥3,700	¥300	¥0	¥4,000	¥0	¥200	
000004	江洋	采购部	¥4,900	¥350	¥82	¥5,168	¥413	¥300	
000013	李静松	销售部	¥3,400	¥300	¥0	¥3,700	¥0	¥200	
000018	李荣立	销售部	¥3,700	¥300	¥123	¥3,877	¥0	¥200	
000009	李友利	技术部	¥4,700	¥350	¥0	¥5,050	¥404	¥300	
000006	刘丽	秘书部	¥4,000	¥350	¥133	¥4,217	¥337	¥300	
000014	倪红江	销售部	¥3,400	¥300	¥85	¥3,615	¥0	¥200	
000007	綦岭	技术部	¥4,400	¥350	¥0	¥4,750	¥380	¥300	
000011	徐辉	技术部	¥3,400	¥350	¥57	¥3,693	¥0	¥300	
000005	杨柳	秘书部	¥4,900	¥350	¥0	¥5,250	¥420	¥300	
000012	郑珊珊	技术部	¥3,400	¥300	¥0	¥3,700	¥0	¥200	
000002	钟鸣	采购部	¥4,900	¥600	¥163	¥5,337	¥427	¥500	
000017	周秘	销售部	¥3,700	¥300	¥62	¥3,938	¥0	¥200	
000015	周乃明	销售部	¥3,400	¥300	¥0	¥3,700	¥0	¥200	

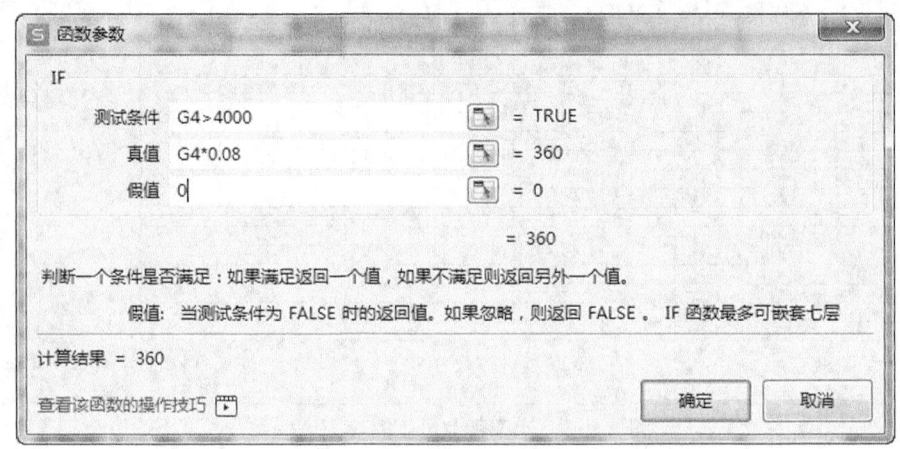

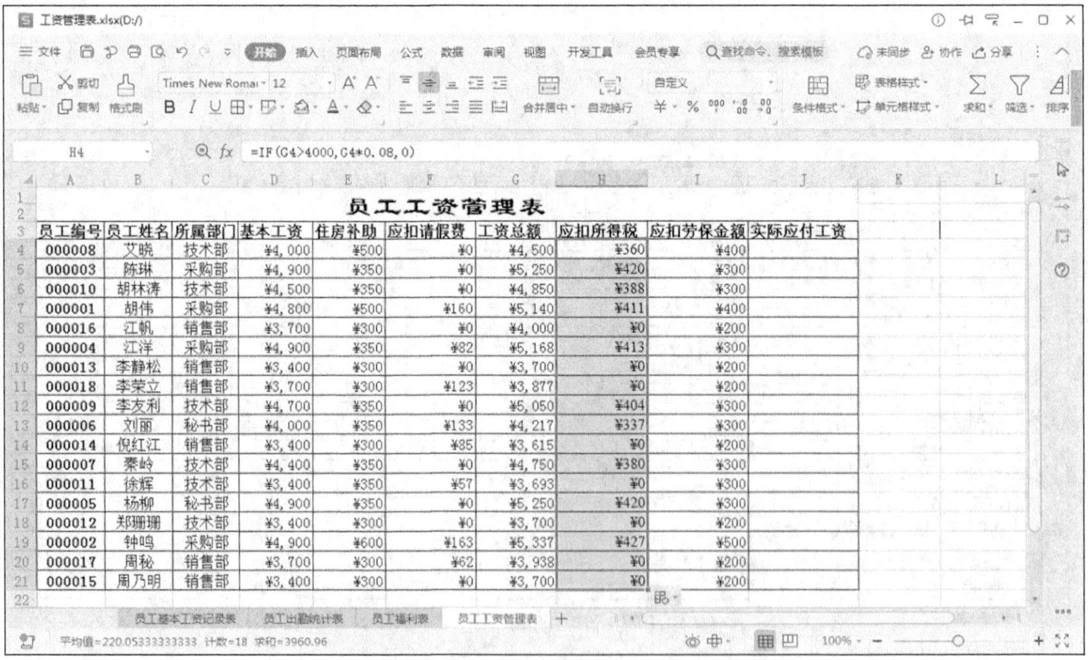

图 3-59　计算所有员工应扣所得税

④ 在“员工工资管理表”工作表中计算实际应付工资，实际应付工资=工资总额-应扣所得税-应扣劳保金额。具体步骤：在“实际应付工资”列中选择 J4 单元格，直接输入公式“=G4-H4-I4”，按“Enter”键，计算出 J4 单元格中的结果。然后使用填充柄完成 J5:J21 单元格区域的计算，如图 3-60 所示。

本任务主要介绍：多工作表的创建，重点掌握常用公式及函数的运用，正确地使用公式和函数进行计算，这也正是 WPS 表格应用的核心。公式和函数功能给用户在数据运算和分析方面带来了极大的便利，如果在实际使用中需要用到其他函数，可以参考“帮助”内容。

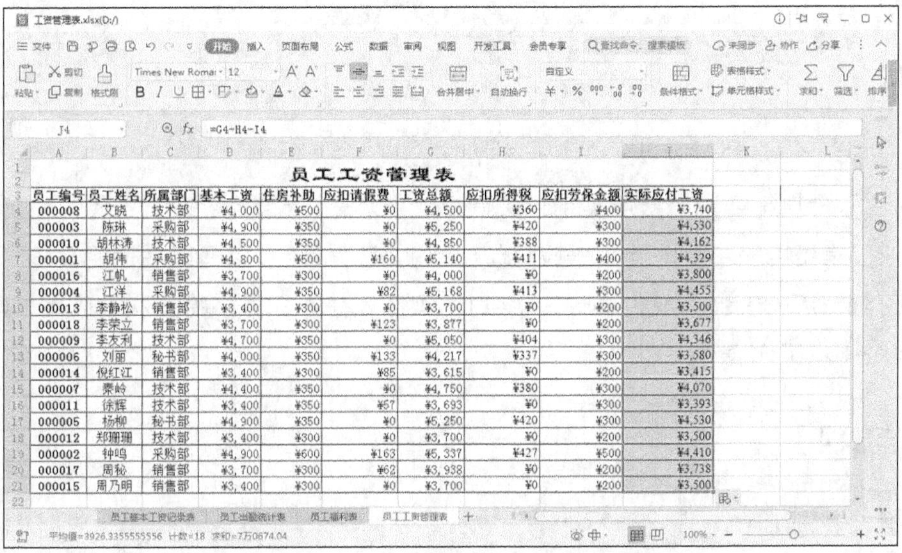
员工工资管理表

员工编号	员工姓名	所属部门	基本工资	住房补助	应扣请假费	工资总额	应扣所得税	应扣劳保金额	实际应付工资
000008	艾晓	技术部	¥4, 000	¥500	¥0	¥4, 500	¥360	¥400	¥3,740
000003	陈琳	采购部	¥4, 900	¥350	¥0	¥5, 250	¥420	¥300	¥4,530
000010	胡林涛	技术部	¥4, 500	¥350	¥0	¥4, 850	¥388	¥300	¥4,162
000001	胡伟	采购部	¥4, 800	¥500	¥160	¥5, 140	¥411	¥400	¥4,329
000016	江帆	销售部	¥3, 700	¥300	¥0	¥4, 000	¥0	¥200	¥3,800
000004	江洋	采购部	¥4, 900	¥350	¥82	¥5, 168	¥413	¥300	¥4,455
000013	李静松	销售部	¥3, 400	¥300	¥0	¥3, 700	¥0	¥200	¥3,500
000018	李荣立	销售部	¥3, 700	¥300	¥123	¥3, 877	¥0	¥200	¥3,677
000009	李友利	技术部	¥4, 700	¥350	¥0	¥5, 050	¥404	¥300	¥4,346
000006	刘丽	秘书部	¥4, 000	¥350	¥133	¥4, 217	¥337	¥300	¥3,580
000014	倪红江	销售部	¥3, 400	¥300	¥85	¥3, 615	¥0	¥200	¥3,415
000007	秦岭	技术部	¥4, 400	¥350	¥0	¥4, 750	¥380	¥300	¥4,070
000011	徐辉	技术部	¥3, 400	¥350	¥57	¥3, 693	¥0	¥300	¥3,393
000005	杨柳	秘书部	¥4, 900	¥350	¥0	¥5, 250	¥420	¥300	¥4,530
000012	郑珊珊	技术部	¥3, 400	¥300	¥0	¥3, 700	¥0	¥200	¥3,500
000002	钟鸣	采购部	¥4, 900	¥600	¥163	¥5, 337	¥427	¥500	¥4,410
000017	周秘	销售部	¥3, 700	¥300	¥62	¥3, 938	¥0	¥200	¥3,738
000015	周乃明	销售部	¥3, 400	¥300	¥0	¥3, 700	¥0	¥200	¥3,500

图 3-60 计算所有员工实际应付工资

3.4 任务三：制作企业日常费用表

【任务描述】

小琪的同事小菲，她的日常工作是详细记录企业日常费用的发生时间、报销人及相关内容，小菲请小琪帮忙制作企业日常费用表，要求一方面，清晰地反映该季度的各项消费；另一方面，根据相关数据制作下一个季度的财务预算；该表能对企业日常费用进行排序、筛选及分类汇总。

【任务分析】

制作企业日常费用表应注意以下 3 点。

① 企业日常费用表包括“序号”“时间”“员工姓名”“所属部门”“费用类别”“金额”及“备注”等信息，如图 3-61 所示。

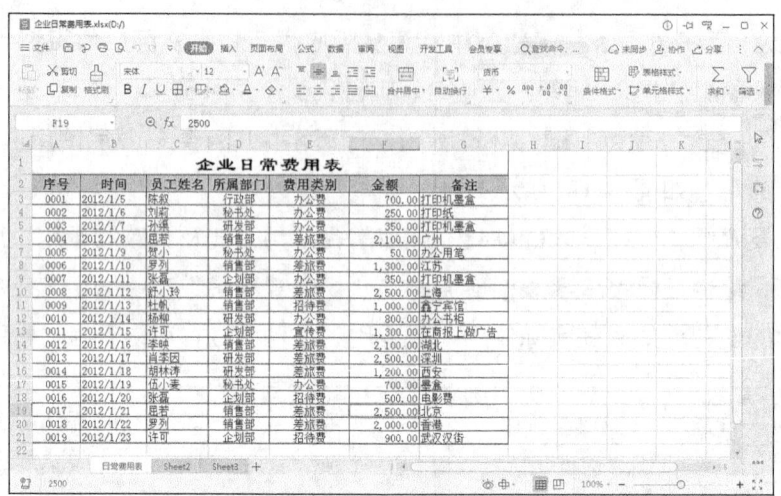

图 3-61　企业日常费用表

② "备注"信息简要说明费用类别相关信息。

③ 企业日常费用表单及统计数据应打印出来，装订成册，以备以后使用。

"企业日常费用表.xlsx"文件中"Sheet1"工作表在本任务中将多次被应用，建议在工作簿中建立多个副本工作表。

【工作流程】

① 对数据进行排序。

② 对数据进行筛选。

③ 利用分类汇总进行费用统计。

【基本概念】

WPS 表格提供了强大的数据管理功能，不仅能够拆分和冻结工作表，还能够按照类似数据库的管理方式，对工作表进行各种排序、筛选、分类汇总和建立数据透视表、建立数据透视图等操作。

1. 拆分工作表

一个工作表可以拆分为"2 个窗口"或"4 个窗口"。打开"企业日常费用表.xlsx"工作簿，切换到"Sheet1"工作表，单击要拆分的行或列的位置，在"视图"选项卡中单击"拆分"按钮，或者使用鼠标指针指向水平滚动条（或垂直滚动条），当鼠标指针形状变成 ↔（或 ↕）时，按住鼠标左键，沿箭头方向拖曳鼠标指针到工作表中适当的位置，释放鼠标，完成拆分，均可实现"企业日常消费表"的拆分，如图 3-62 所示。使用鼠标指针将拆分工作表时，将鼠标指针拖回原来的位置或单击"取消拆分"按钮，可实现取消拆分工作表。

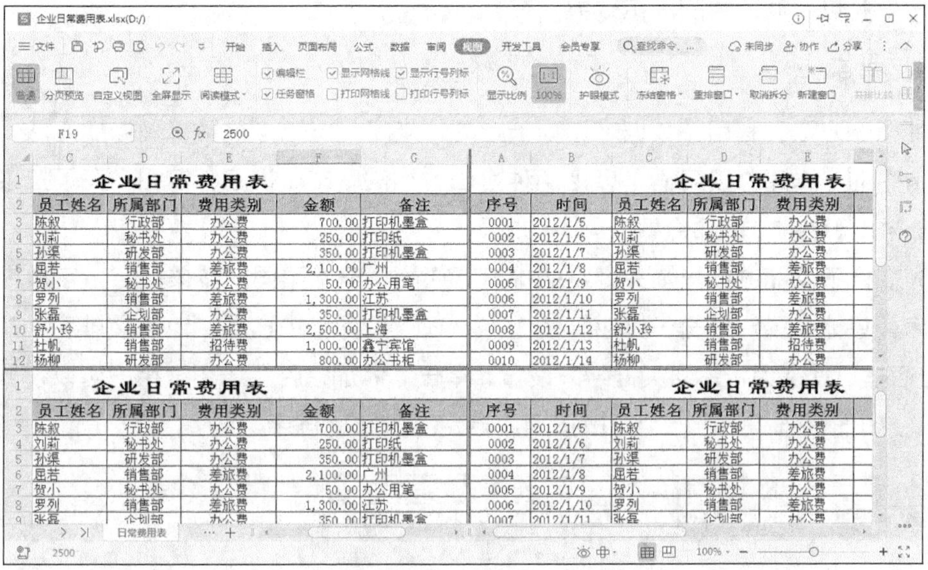

图 3-62 拆分工作表

2. 冻结工作表

当工作表数据信息较多时，滚动浏览该工作表时经常会看不到工作表标题，这时可以使用冻结功能将工作表标题保持在原来的位置上。

若需冻结的区域为首行或首列，则在"视图"选项卡中单击"冻结窗格"按钮，在下拉菜单中选择"冻结首行"或"冻结首列"命令，如图 3-63 所示。

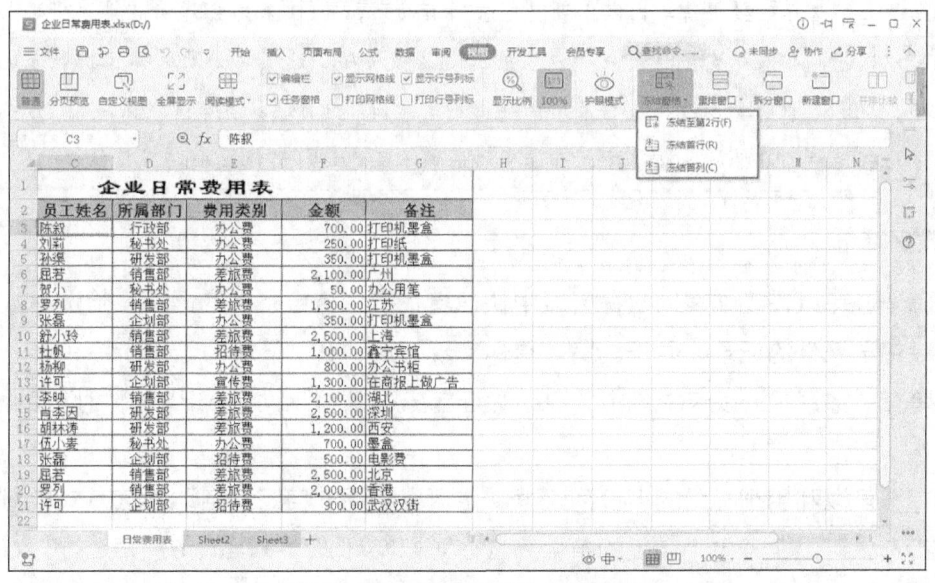

图 3-63 "冻结窗格"下拉菜单

在冻结状态下，单击"视图"选项卡中的"冻结窗格"按钮，在下拉菜单中选择"取消冻结窗格"命令，可取消窗口的冻结效果。

3. 数据排序

第一种操作方法，利用"数据"选项卡中的"排序"按钮；第二种操作方法，利用"开始"选项卡中的"排序"按钮。以上两种方法，均需单击"排序"按钮，在下拉菜单中选择"升序"或"降序"命令。

WPS 表格不仅能进行一个关键字的排序，还能将多个不同的"关键字"字段内容按升序或降序排序。具体步骤：单击"排序"按钮，在下拉菜单中选择"自定义排序"命令，打开"排序"对话框。默认为"主要关键字"设置，单击"添加条件"按钮，用户可以设置多个"次要关键字"，如图 3-64 所示，也可以按用户自定义的次序排序。

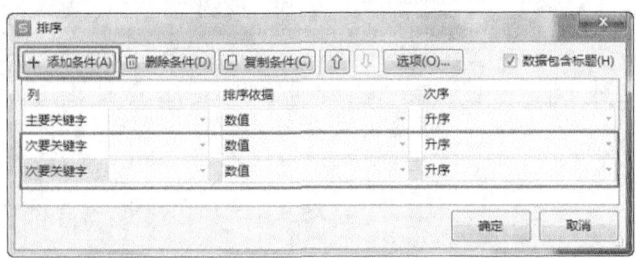

图 3-64 "排序"对话框

数据排序是按照一定的规则对数据进行重新排列，以便浏览或为进一步的数据处理做准备（例如分类汇总）。

说明 如果选择的数据清单内容中没有包含所有的列，WPS 表格会弹出"排序警告"对话框。可以选择"扩展选定区域"或"以当前选定区域排序"选项。如果选择"扩展选定区域"选项，WPS 表格将自动选择数据清单的全部内容。如果选择"以当前选定区域排序"选项，WPS 表格将只对已选择的区域排序，未选择的区域不变，这样可能会引起数据错误。

4. 数据筛选

数据筛选，可以在工作表的数据区域中快速查找符合特定条件的记录，筛选后数据区域中只包含符合筛选条件的记录，便于浏览。具体实现方法：在"开始"选项卡中单击"筛选"按钮，或者在"数据"选项卡中单击"自动筛选"按钮。这两个按钮，都可以实现自动筛选和高级筛选。

自动筛选可以利用列标题的下拉列表框，也可以利用"自定义自动筛选方式"对话框来完成。自动筛选，可以实现单个字段的条件筛选亦可以实现多个字段的条件筛选。

高级筛选，主要用于多字段条件筛选。使用高级筛选，用户必须先建立筛选的"条件区域"，用来编辑筛选条件。条件区域的第一行是筛选条件的字段名，这些字段名必须与数据清单中的字段名完全一样。

> **说明** 在条件区域的其他行中输入筛选条件："与"关系的条件必须出现在同一行内，"或"关系的条件不能出现在同一行内。条件区域与数据清单区域不能连接，必须空行隔开。

要取消自动筛选，可在"开始"选项卡中单击"筛选"按钮，或者在"数据"选项卡中单击"自动筛选"按钮，此时，列标题的下拉列表框将全部消失，自动筛选随即取消。

5. 数据分类汇总

WPS 表格分类汇总是对工作表中数据清单的内容进行分类，然后统计同类记录的相关信息，包括求和、计数、平均值、最大值、最小值等，由用户自行选择。

分类汇总只能在工作表的数据区域中进行，数据区域的第一行必须有列标题。在进行分类汇总前，必须根据分类汇总的分类字段对数据区域进行排序。

要创建分类汇总，可在"数据"选项卡中单击"分类汇总"按钮。要删除分类汇总，可在"分类汇总"对话框中单击"全部删除"按钮。要隐藏分类汇总数据，将分类汇总后暂时不需要的数据隐藏起来，当需要查看时再显示出来。单击工作表左边列表树的"－"，隐藏具体数据记录，只留下汇总信息，并且"－"变成"＋"，单击工作表左边列表树的"＋"，可将隐藏的数据记录信息显示出来。

6. 数据透视表与透视图

数据透视表是对大量数据快速汇总和建立交叉列表的交互式表格。可以转换行和列以查看原始数据的不同汇总结果，也可以显示不同页面以筛选数据，还可以根据需要显示区域中的细节数据。

要创建数据透视表，必须先创建数据区域。数据透视表是根据数据区域列表生成的，数据区域中每一列都成为汇总多行信息的数据透视表字段，列名为数据透视表的字段。具体操作方法：在"插入"选项卡中单击"数据透视表"按钮，或者在"数据"选项卡中单击"数据透视表"按钮。

数据透视图类似数据透视表和图表相结合，以图形的形式表示数据透视表中的汇总数据，能更加直观地显示数据透视表中的数据，方便用户对数据进行分析。具体操作方法：在"插入"选项卡中单击"数据透视图"按钮。

【详细步骤】

1. 对数据进行排序

将"企业日常费用表.xlsx"工作簿中的"Sheet1"工作表重命名为"日常费用表"。以"所属部门"为主要关键字,"费用类别"为次要关键字,"金额"为次要关键字的顺序,进行降序排序,操作步骤如下。

① 进行排序前,要选择数据清单上的一个字段,即工作表中相关数据的一列,这是为了给出一个排序的依据。单击 A1:G21 单元格区域中任意单元格,例如单击 C6 单元格,在"数据"选项卡或"开始"选项卡中单击"排序"按钮,在下拉菜单中选择"自定义排序"命令,打开"排序"对话框。双击"添加条件"按钮,设置两个"次要关键字"。

② 在"排序"对话框中单击"主要关键字"旁的下拉按钮,在下拉列表框中选择"所属部门"选项,并在其右侧的"次序"下拉列表框中选择"降序"选项,其他保持默认值。用同样的方法设置"次要关键字"为"费用类别、降序",设置第二个"次要关键字"为"金额、降序",如图 3-65 所示。单击"确定"按钮,关闭"排序"对话框,返回工作表,排序结果如图 3-66 所示。

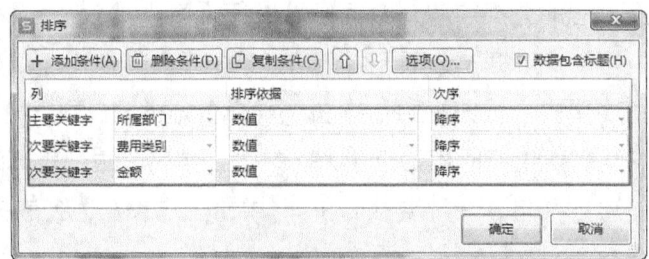

图 3-65　按要求设置"排序"对话框

图 3-66　日常费用表排序结果

2. 对数据进行筛选

数据筛选常用的操作是自动筛选和高级筛选。筛选比排序更加灵活,特别是在复杂的数据清单中，若能很好地使用筛选功能，则能体现筛选操作的便捷性。

（1）自动筛选

筛选出数据区域中所属部门是"企划部"，"金额"在 500～1500 的数据记录，使用自动筛选，具体步骤如下。

① 单击 A1:G21 单元格区域中的任意单元格，在"开始"选项卡中单击"筛选"按钮 ▽，或者在"数据"选项卡中单击"自动筛选"按钮 ▽，此时系统会在列标题所在的单元格右侧添加下拉按钮。单击"所属部门"D2 单元格的下拉按钮，在下拉列表框中选中"企划部"复选框，如图 3-67 所示，单击"确定"按钮，系统会显示出相应的记录，如图 3-68 所示。

图 3-67 设置自动筛选条件

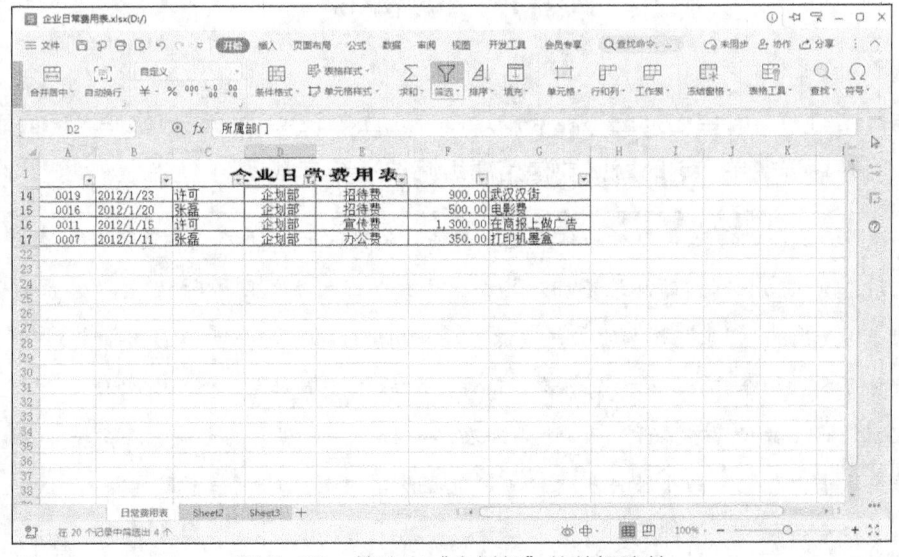

图 3-68 筛选出"企划部"的数据清单

② 单击 F1 单元格的下拉按钮，选择"数字筛选"→"介于"选项，打开"自定义自动筛选方式"对话框。将"金额"在 500～1500 的记录筛选出来，具体设置如图 3-69 所示。单击"确定"按钮，关闭"自定义自动筛选方式"对话框，返回工作表，两次自动筛选结果如图 3-70 所示。

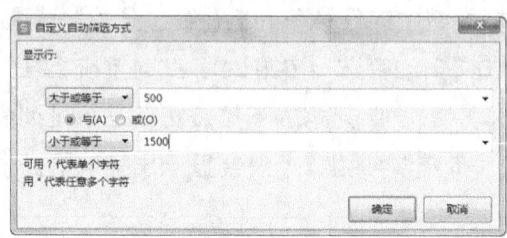

图 3-69 筛选"金额"在 500～1500 的记录

图 3-70 自动筛选结果

（2）高级筛选

在处理数据时，有时自动筛选不能够满足需要，因为在实际使用过程中，需要根据不同的情况设置不同的筛选条件，这时就需要使用高级筛选来查询数据。

> **说明** 首先，高级筛选需要用户自行建立条件区域，这个条件区域不是数据清单的一部分，而是用来确定高级筛选的筛选条件。其次，建立多行的条件区域时，"与"关系的条件必须出现在同一行内，"或"关系的条件不能出现在同一行内，即位于不同的行中，"介于"关系的条件可变成两个"与"条件。再次，条件区域的位置不固定，但至少要使用一个空行或一个空列将其与数据清单隔开，否则 WPS 表格会将条件区域作为数据清单的一部分。最后，条件区域中至少包含一个条件标识行（即数据清单中至少包含一个列标题），至少要有一行来定义搜索条件。

现在对本例取消“自动筛选”，在“日常费用表”中进行高级筛选，筛选出“销售部”费用超过 2000 的记录，操作步骤如下。

① 筛选条件有两个：“所属部门”是“销售部”和“金额”是“>2000”。显然两个条件必须同时满足，因此，按照“与”关系创建筛选条件区域，如图 3-71 所示。

企业日常费用表

序号	时间	员工姓名	所属部门	费用类别	金额	备注
0013	2012/1/17	肖李因	研发部	差旅费	2,500.00	深圳
0014	2012/1/18	胡林涛	研发部	差旅费	1,200.00	西安
0010	2012/1/14	杨柳	研发部	办公费	800.00	办公书柜
0003	2012/1/7	孙渠	研发部	办公费	350.00	打印机墨盒
0009	2012/1/13	杜帆	销售部	招待费	1,000.00	鑫宁宾馆
0008	2012/1/12	舒小玲	销售部	差旅费	2,500.00	上海
0017	2012/1/21	屈若	销售部	差旅费	2,500.00	北京
0004	2012/1/8	屈若	销售部	差旅费	2,100.00	广州
0012	2012/1/16	李映	销售部	差旅费	2,100.00	湖北
0018	2012/1/22	罗列	销售部	差旅费	2,000.00	香港
0006	2012/1/10	罗列	销售部	差旅费	1,300.00	江苏
0019	2012/1/23	许可	企划部	招待费	900.00	武汉汉街
0016	2012/1/20	张磊	企划部	招待费	500.00	电影费
0011	2012/1/15	许可	企划部	宣传费	1,300.00	在商报上做广告
0007	2012/1/11	张磊	企划部	办公费	350.00	打印机墨盒
0015	2012/1/19	伍小麦	秘书处	办公费	700.00	墨盒
0002	2012/1/6	刘莉	秘书处	办公费	250.00	打印纸
0005	2012/1/9	贺小	秘书处	办公费	50.00	办公用笔
0001	2012/1/5	陈叔	行政部	办公费	700.00	打印机墨盒

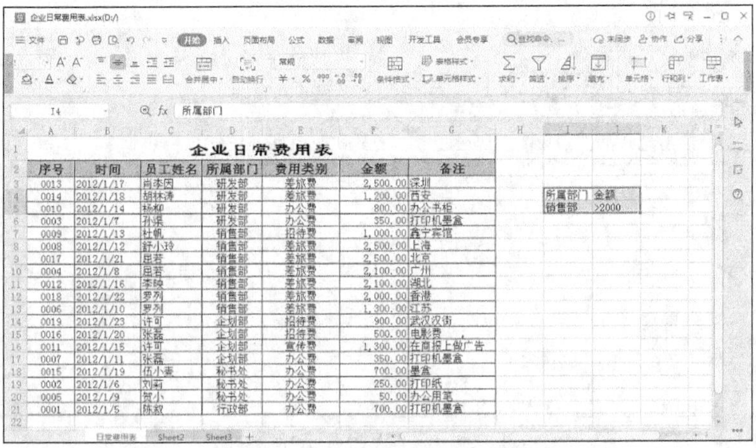

图 3-71　设置高级筛选条件区域

② 选择数据清单中的 A2:G21 单元格区域，在“开始”选项卡中单击“筛选”按钮，或者在“数据”选项卡中单击“自动筛选”按钮右下角的“高级筛选”对话框启动按钮，打开“高级筛选”对话框。在该对话框的“方式”区域中选择“在原有区域显示筛选结果”单选按钮，高级筛选出的结果在原数据清单区域显示。用户若想在其他区域显示高级筛选结果，可选择“将筛选结果复制到其他位置”单选按钮，此时，下方“复制到”命令被激活，单击“复制到”文本框右侧的折叠按钮，在工作表中直接选取筛选结果放置的区域即可。单击“条件区域”文本框右侧的折叠按钮，在工作表中选择 I4:J5 单元格区域，对话框完整设置情况如图 3-72 所示。

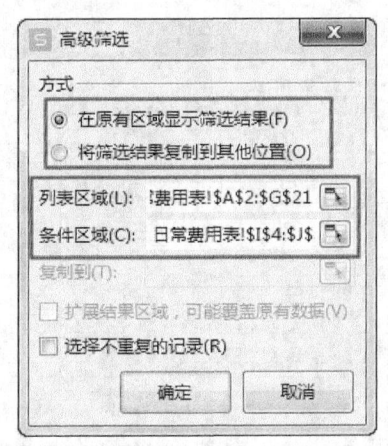

图 3-72　“高级筛选”对话框设置

③ 其余保持系统默认，单击"确定"按钮，关闭"高级筛选"对话框，返回工作表，可以看到筛选结果如图 3-73 所示。

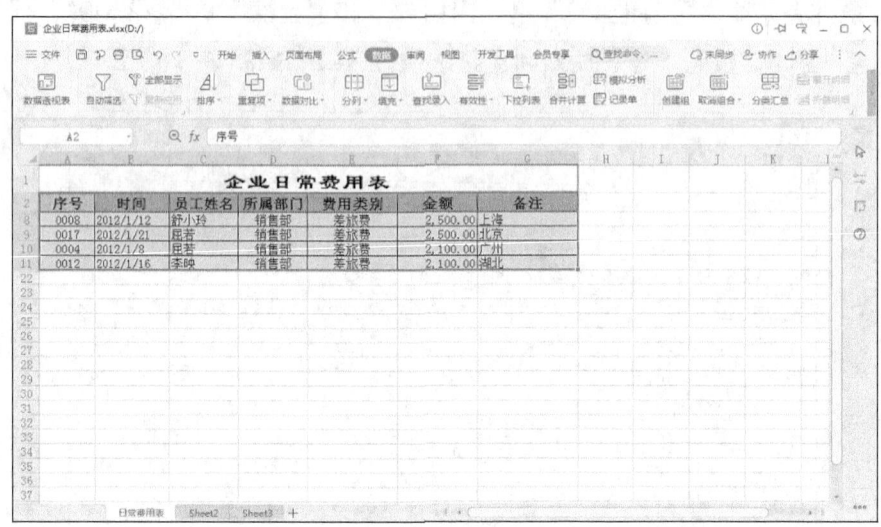

图 3-73　高级筛选结果

3．利用分类汇总进行费用统计

平常制作电子表格时，经常需要对数据进行分类汇总。分类汇总是对数据内容进行分析和管理的一种高效的方法。

现在对本例取消"高级筛选"，对工作表"日常费用表"进行分类汇总，操作步骤如下。

① 工作表"日常费用表"中的"费用类别"是分类字段，所以必须以"费用类别"作为"主要关键字"进行"升序"排序（亦可"降序"排序，根据用户要求而定），排序后如图 3-74 所示。

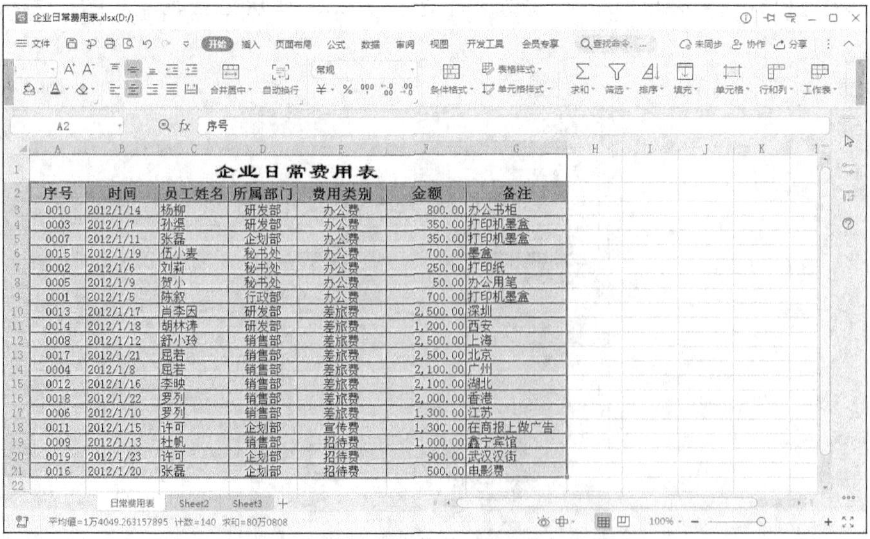

图 3-74　将"费用类别"作为"主要关键字"进行"升序"排序

② 选择工作表数据区域中的任意单元格，在"数据"选项卡中单击"分类汇总"按钮，打开"分类汇总"对话框。在该对话框的"分类字段"下拉列表框中选择"费用类别"选项，在"汇总方式"下拉列表框中选择"求和"选项，在"选定汇总项"列表框中选中"金额"复选框，其余均保持默认设置，如图 3-75 所示。

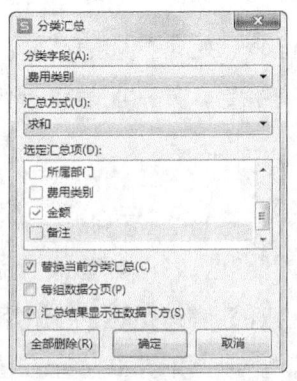

图 3-75 "分类汇总"对话框设置

单击"确定"按钮，关闭"高级筛选"对话框，返回工作表，此时可以看到分类汇总的结果，如图 3-76 所示。

本任务介绍了如何对工作表中的数据进行排序、筛选和分类汇总，从中得到所需要的数据排列方式或满足特定要求的数据，学习了对数据进行分析或者汇总计算的方法。通过本任务的学习，大家可以根据需要对数据进行整理，不仅方便管理，而且获取数据信息也更方便。

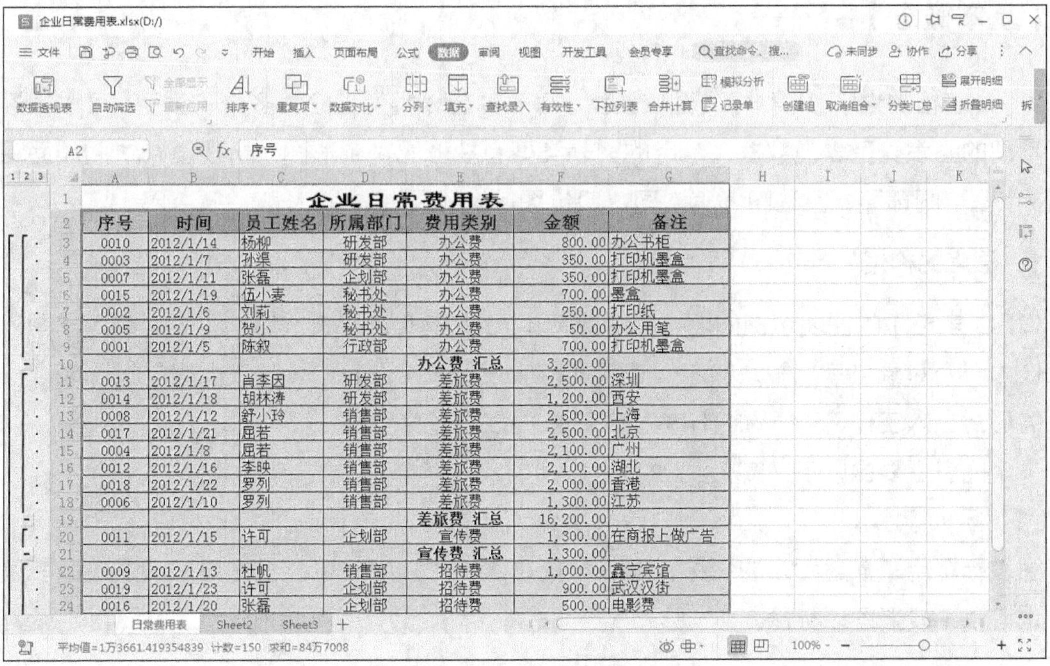

图 3-76 分类汇总结果

3.5 任务四：制作销售统计分析

【任务描述】

小琪接到的任务是制作销售统计表，她需要将表格中的数据用 WPS 表格中提供的图表工具表现出来，实现相关数据柱形图的绘制，并对图表进行修饰。

【任务分析】

销售统计分析工作表包括"日期""区域""销售额"和"平均销售额"等内容，将相应工作表中的数据制作成图表，就可以直观地表达数据的变化和差异，表现数字间的对比关系。图表是工作表数据的图形化表示，当数据以图形方式显示在图表中时，图表与相应的数据链接，当修改工作表数据时，图表也会随之更新。

【工作流程】

① 创建图表。
② 修饰图表。

【基本概念】

WPS 表格提供了 11 种标准图表类型，每一种图表类型又分为多个子类型，可以根据需要选择不同的图表类型表现数据。常用的图表类型有柱形图、条形图、折线图、饼图、面积图、XY 散点图、圆环图、雷达图、气泡图、股价图等。

1. 图表的构成

WPS 表格中的图表示例如图 3-77 所示，分为嵌入式图表与独立图表。嵌入式图表是指图表作为一个对象与其相关联的工作表数据存放在同一工作表中；独立图表是指图表以一个工作表的形式嵌入工作簿中，在打印输出时独立图表占一个页面。

一个图表主要由以下 7 部分构成。

（1）图表标题

图表标题用来描述图表的名称，默认位置是图表的顶端，可以根据用户需要给图表设置标题，也可以不设置图表标题。

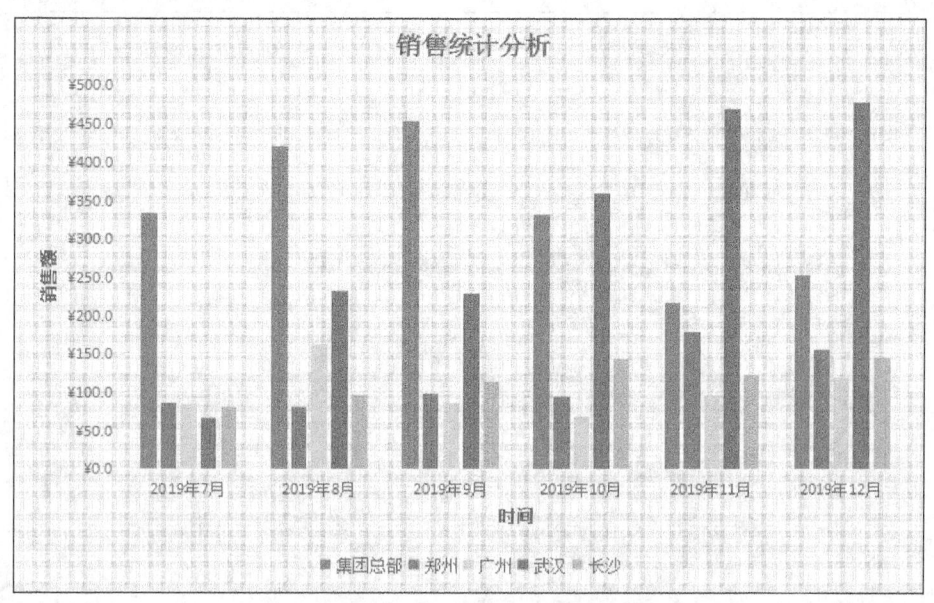

图 3-77　WPS 表格中的图表示例

（2）坐标轴与坐标轴标题

坐标轴与坐标轴标题是 x 轴和 y 轴的名称，可以由用户设置。

（3）图例

图例包含图表中相应数据系列的名称和数据系列在图中的颜色。

（4）绘图区

绘图区是以坐标轴为界的区域。

（5）数据系列

一个数据系列对应工作表中选择区域的一行或一列的数据。

（6）网格线

网格线是从坐标轴刻度线延伸出来并贯穿整个绘图区的线条系列，可以由用户根据需要设置。

（7）背景墙与基底

三维图表中会出现背景墙与基底，这是包围在许多三维图表周围的区域，用于显示图表的边界。

2. 图表的创建

首先在工作表中选择生成图表的数据区域，在"插入"选项卡中单击"全部图表"按钮，如图 3-78 所示，根据需要选择生成图表的类型（在柱形图、折线图、饼图、条形图、面积图、散点图和其他图表中选择一种图表类型），然后选择图表类型及子类型，建立图表。

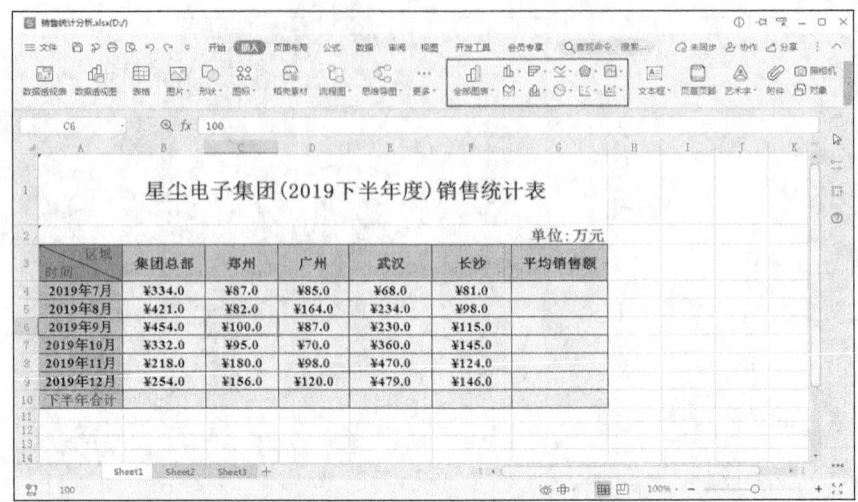

图 3-78　在"插入"选项卡中单击"全部图表"按钮

【详细步骤】

打开"销售统计分析表.xlsx"工作簿，选择工作簿中的"Sheet1"工作表，利用 SUM()函数与 AVERAGE()函数计算工作表中的"平均销售额"与"上半年合计"，将计算后的结果填入相应的单元格中，销售统计分析表的计算结果如图 3-79 所示。

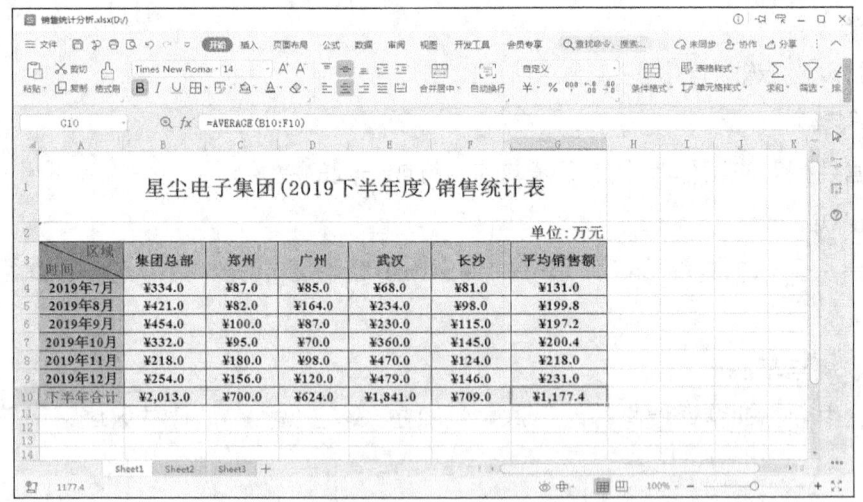

图 3-79　销售统计分析表的计算结果

1．创建图表

在"销售统计分析表.xlsx"工作簿的"Sheet1"工作表中为上半年各地销售额绘制簇状柱形图，创建图表的两种方法如下。

第 1 种方法，使用"插入"选项卡中的"全部图表" 按钮创建图表，具体步骤如下。

① 选择要绘制图表数据所在的 B4:F9 单元格区域，单击"插入"选项卡中的"全部图表"按钮 ，在下拉菜单中选择"全部图表"命令，打开"插入图表"对话框。在图表类型下拉列表框中选择"柱形图"中"簇状柱形图"下的"基础"选项，如图 3-80 所示。单击"插入"按钮，生成对应数据区域的柱形图，并且选项卡中会增加 "绘图工具""文本工具"和"图表工具"3 个选项卡，如图 3-81 所示。

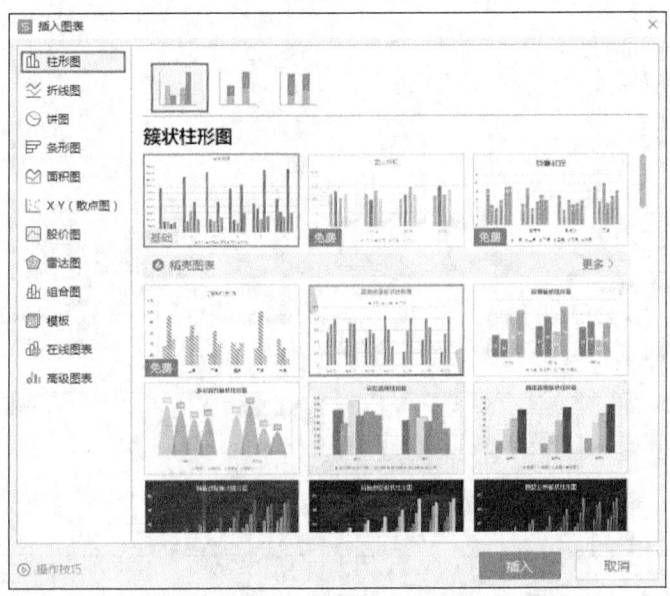

图 3-80　设置图表类型

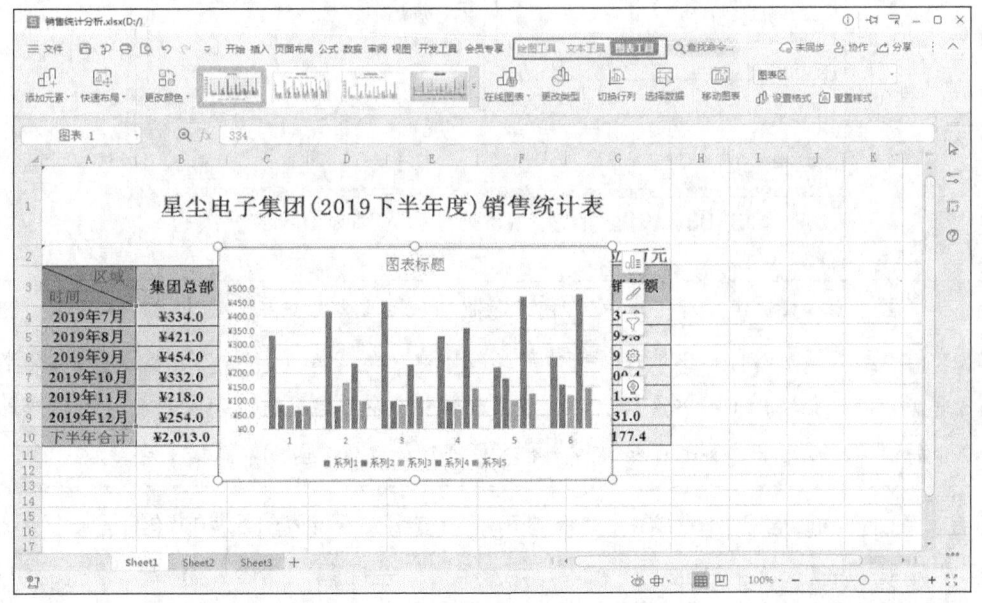

图 3-81　增加的 3 个选项卡

② 在"图表工具"选项卡中单击"选择数据"按钮，打开"编辑数据源"对话框，如图 3-82 所示。在该对话框中分别设置"图例项(系列)"与"轴标签(分类)"，具体设置如图 3-83 所示。单击对话框中的"确定"按钮，完成图表绘制，如图 3-84 所示。

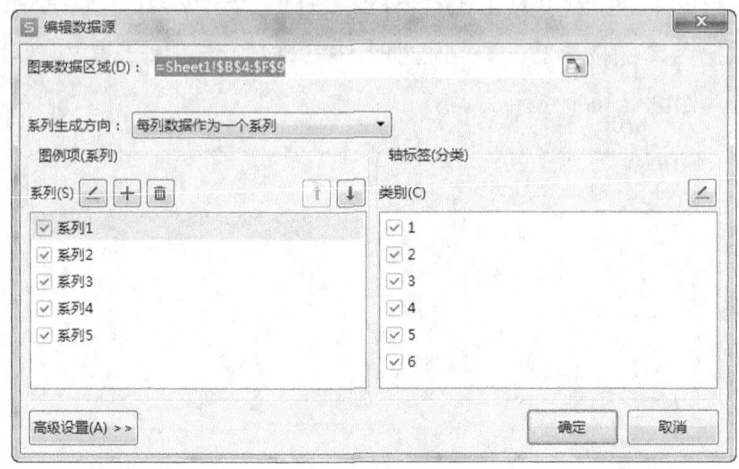

图 3-82 "编辑数据源"对话框

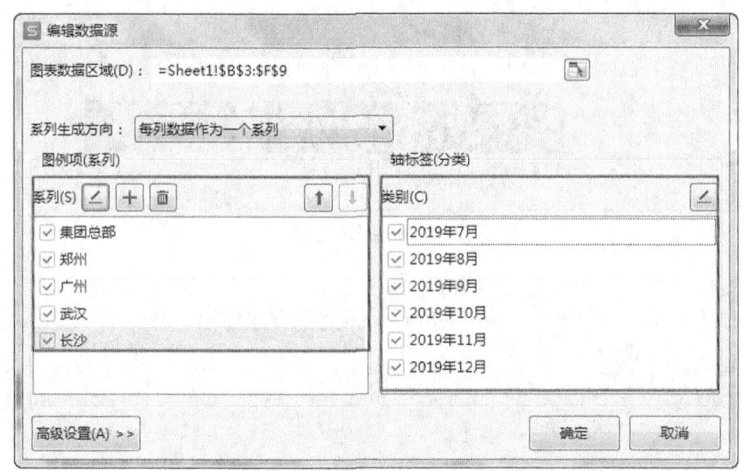

图 3-83 设置"图例项(系列)"和"轴标签(分类)"

> **说明** 在"编辑数据源"对话框中，"图表数据区域"文本框中给出图表的样本区域，如果想改变图表的数据来源，可以选择所要的单元格区域。在"系列生成方向"下拉列表框中可通过选择"每行数据作为一个系列"与"每列数据作为一个系列"选项来决定将行标题或列标题中的哪一个作为主要分析对象，而这个分析对象对应的是图表中的横坐标。

③ 在"图表工具"选项卡中单击"添加元素"按钮，设置图表的详细信息。具体步骤：单击"添加元素"按钮，在弹出的下拉菜单中选择"图表标题"命令，选择"图表上方"选项（标题位置），在柱形图中的"图表标题"文本框中输入文本"销售统计分析"。单击"添加元素"

按钮,在弹出的下拉菜单中选择"轴标题"命令,然后分别选择"主要横向坐标轴"命令、"主要纵向坐标轴"命令,在柱形图中会出现两个"坐标轴标题"文本框,分别输入文本"时间"和"销售额",可以设置字符格式,如图 3-85 所示。

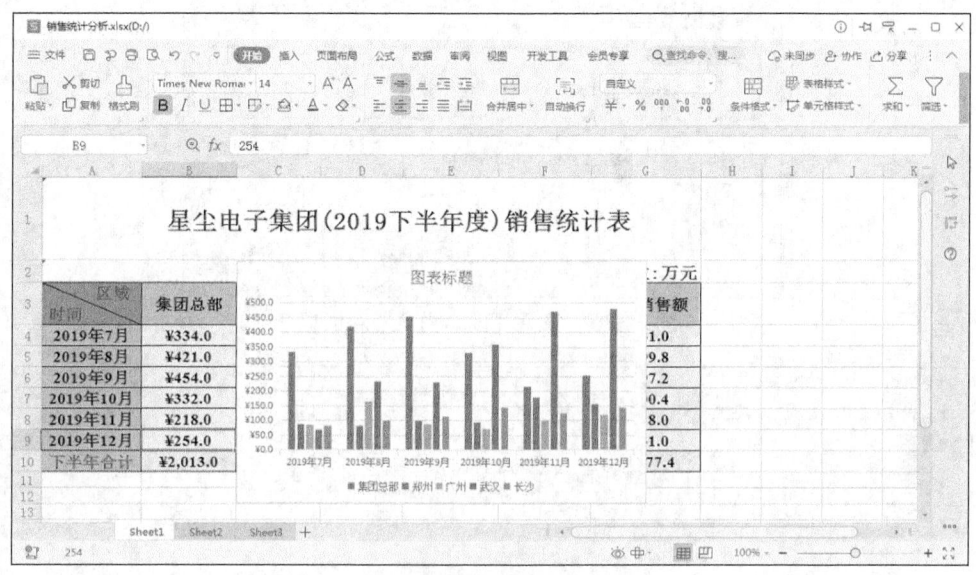

图 3-84　簇状柱形图绘制效果

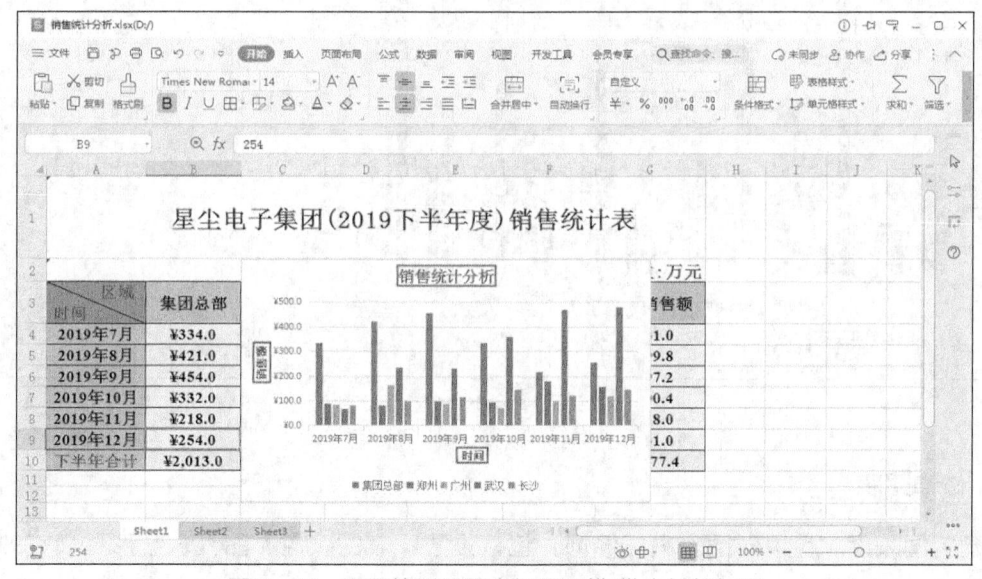

图 3-85　设置柱形图图表标题和横/纵坐标轴标题

第 2 种方法,快速生成图表工作表,具体步骤如下。

首先选择要绘制图表数据所在的 B4:F9 单元格区域,按"F11"键(生成柱形图的快捷键)。然后,在新增"图表工具"选项卡中单击"移动图表"按钮,打开"移动图表"对话框,选择"新工作表"单选按钮,如图 3-86 所示。最后,单击"确定"按钮,在当前工作簿中插入图表并命名为"二维图表",如图 3-87 所示。对该独立图表中图例、水平坐标轴、图表标题和横/纵坐标轴标题的设置均与第 1 种方法中相同。

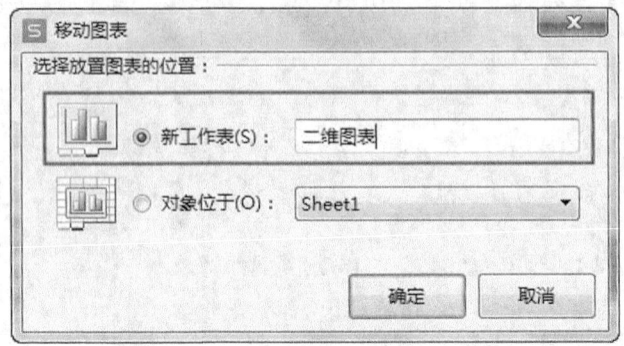

图 3-86　设置"移动图表"对话框

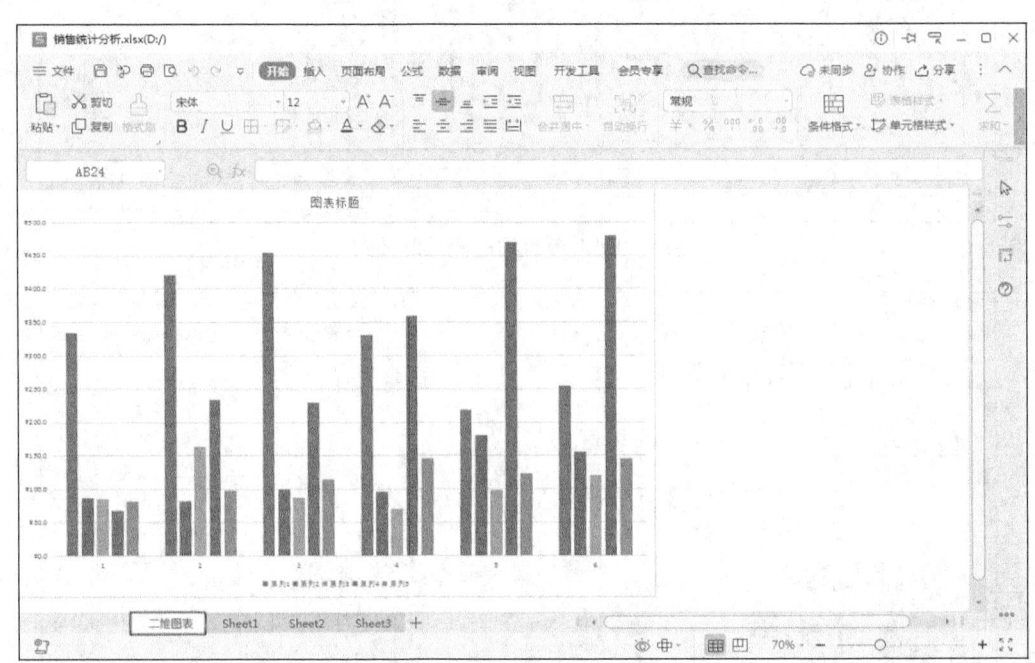

图 3-87　创建独立图表

2. 修饰图表

创建完图表后,可以对图表进行修饰,包括设置图表的颜色、图案、线形、填充效果、边框和图片等,也可以对图表中的图表区、绘图区、坐标轴、背景墙和基底等进行设置,可使用"绘图工具"选项卡中的"填充"按钮完成。

在"销售统计分析.xlsx"工作簿中切换到"Sheet1"工作表,对完成的柱形图进行修饰,具体操作如下。

选择绘制的簇状柱形图(即图标区),在"绘图工具"选项卡中单击"填充"按钮,在打开的下拉菜单中选择"图片或纹理"命令,如图 3-88 所示,选择"方格布"图案,如图 3-89 所示。完成图表设置,如图 3-90 所示。

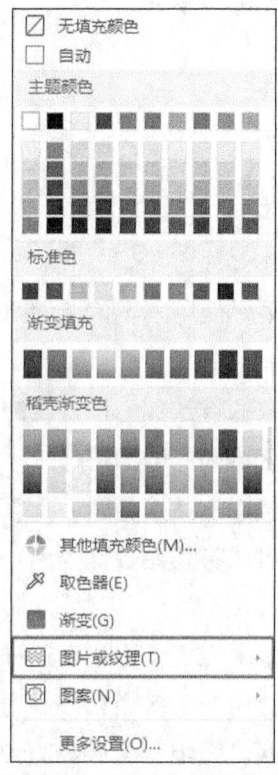

图 3-88 "填充"下拉菜单

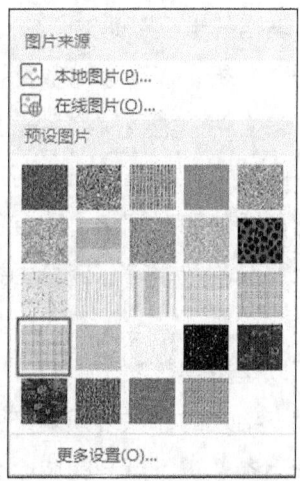

图 3-89 设置纹理图案

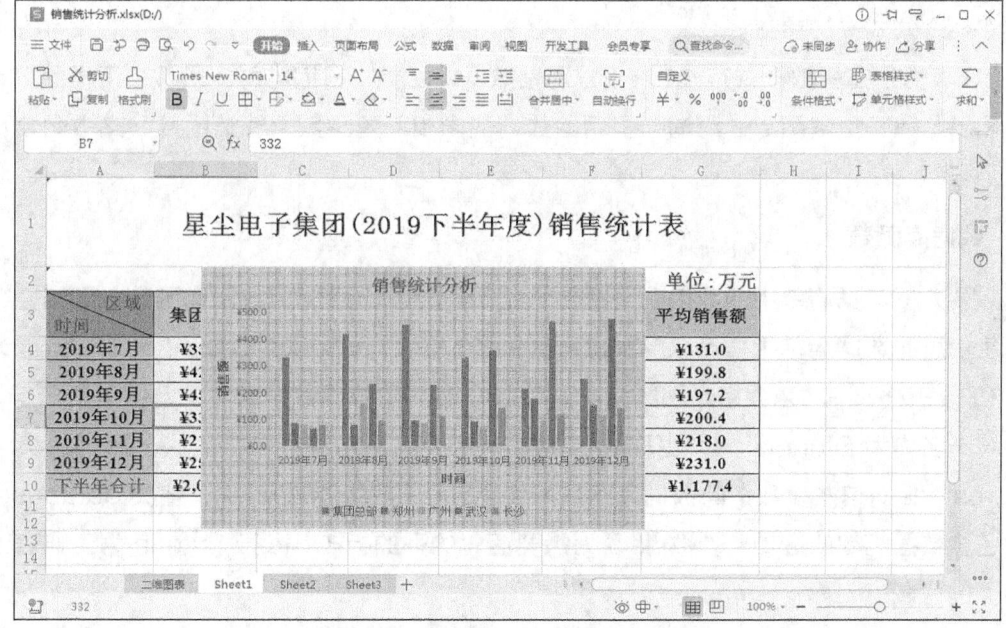

图 3-90 设置"图表格式"的效果

本任务介绍了 WPS 表格绘制图表的功能，如何将统计表的数据转化为图表的形式，如何设置图表中坐标轴的标题、数值轴、图表区及绘图区等相关格式，以达到修改及美化图表的效果。通过本任务的学习，大家可以根据实际情况画出需要的图形、图表。

拓展阅读

WPS 表格中的其他函数

WPS 表格的数据处理功能在现有的办公软件中相当出色，使用它不仅能够方便地处理表格和进行图形分析，还可以对数据进行自动处理和计算。

WPS 表格中的函数其实是一些预定义的公式，使用参数的特定数值按特定的顺序或结构进行计算。函数可以简化公式，用户可以直接用它们对某个区域内的数值进行一系列运算，如分析和处理日期值和时间值、确定贷款的支付额、确定单元格中的数据类型、计算平均值、排序显示和运算文本数据等。嵌套函数就是指在某些情况下，可以将某函数作为另一函数的参数使用。

参数可以是数字、文本、TRUE 或 FALSE 这样的逻辑值、数组、#N/A 这样的错误值或单元格引用。给定的参数必须能产生有效的值。数组用于建立可产生多个结果或可对存放在行和列中的一组参数进行运算的单个公式。在 WPS 表格中有两类数组：区域数组和常量数组。区域数组是一个矩形的单元格区域，该区域中的单元格共用一个公式；常量数组将一组给定的常量用作某个公式中的参数。

WPS 表格中的函数一共有 11 类，分别是数据库函数、日期与时间函数、工程函数、财务函数、信息函数、逻辑函数、查询与引用函数、数学和三角函数、统计函数、文本函数及用户自定义函数。

1. 数据库函数

当需要分析数据清单中的数值是否符合特定条件时，可以使用数据库函数。例如，在一个包含销售信息的数据清单中，可以计算出所有销售数值大于 1000 且小于 2500 的行或记录的总数。WPS 表格共有 12 个相关函数用于对存储在数据清单或数据库中的数据进行分析，这些函数的统一名称为 Dfunctions，也称为 D 函数，每个函数均有 3 个相同的参数：database、field 和 criteria。这些参数指向数据库函数所使用的工作表区域。其中，参数 database 为工作表上包含数据清单的区域，参数 field 为需要汇总的列的标志，参数 criteria 为工作表上包含指定条件的区域。

2. 日期与时间函数

通过日期与时间函数，可以在公式中分析和处理日期值与时间值。

3. 工程函数

工程函数用于工程分析。这类函数中的大多数函数可分为 3 种类型：对复数进行处理的函数、在不同的数制（如十进制、十六进制、八进制和二进制）间进行数值转换的函数、在不同的度量系统中进行数值转换的函数。

4. 财务函数

财务函数可以进行一般的财务计算，如确定贷款的支付额、投资的未来值或净现值，以及债券或息票的价值。财务函数中常见的参数如下。

① 未来值（fv）：在所有付款发生后的投资或贷款的价值。
② 期间数（nper）：投资的付款期总数。
③ 付款（pmt）：对于一项投资或贷款的定期支付数额。
④ 现值（pv）：在投资期初的投资或贷款的价值，例如贷款的现值为所借入的本金数额。
⑤ 利率（rate）：投资或贷款的利率或贴现率。
⑥ 类型（type）：付款期间内进行支付的间隔，如在月初或月末，用 0 或 1 表示。

5. 信息函数

可以使用信息函数确定存储在单元格中的数据的类型。信息函数包含一组称为 IS 的工作表函数，在单元格满足条件时返回 TRUE。例如，如果单元格包含一个偶数值，ISEVEN()工作表函数返回 TRUE。如果需要确定某个单元格区域中是否存在空白单元格，可以使用 COUNTBLANK()工作表函数对单元格区域中的空白单元格进行计数，或者使用 ISBLANK()工作表函数确定单元格区域中的某个单元格是否为空。

6. 逻辑函数

使用逻辑函数可以进行真假值判断，或者进行复合检验。例如，可以使用 IF()函数确定条件为真还是假，并由此返回不同的数值。

7. 查询与引用函数

当需要在数据清单或表格中查找特定数值，或者需要查找某一单元格的引用时，可以使用查询和引用工作表函数。例如，如果需要在表格中查找与第一列中的值相匹配的数值，可以使用 VLOOKUP()工作表函数。如果需要确定数据清单中数值的位置，可以使用 MATCH()工作表函数。

8. 数学和三角函数

通过数学和三角函数，可以处理简单的计算，例如对数字取整、计算单元格区域中的数值总和等。

9. 统计函数

统计函数用于对数据区域进行统计分析。例如，统计函数可以提供由一组给定值绘制出的直线的相关信息，如直线的斜率和 y 轴的截距，或构成直线的实际点数值。

10. 文本函数

通过文本函数可以在公式中处理文字串。例如，可以改变大小写或确定文字串的长度，可以将日期插入文字串或连接在文字串上。

11. 用户自定义函数

如果要在公式或计算中使用特别复杂的计算，而工作表函数又无法满足需要，则需要创建用户自定义函数。用户自定义函数，可以使用 Visual Basic 宏语言（Visual Basic for Applications，VBA）来创建。

课后练习

1. 熟悉"开始"与"页面布局"选项卡

用鼠标指针依次移动到各按钮上，观察弹出的文本说明框内容。

2. 练习各类数据的输入

在 A 列单元格中从上至下输入下列数据，并观察数据在单元格中的显示位置：12345、12%、%12、$100.25、100.25$、1.23E2、Excel、大学学生处、计算机应用基础、2012/03/20、2012-03-20、14:00、2:00pm。

3. 自动填充练习

（1）激活工作表"Sheet1"，在表中进行自动填充练习。要求：在 B 列到 H 列中，进行下列自动填充练习，在 B1、C1、D1、E1、F1、G1、H1 单元格中分别输入"一月""星期一""Jan""甲""子""第一"和"Moday"，自动填充后的效果如图 3-91 所示。

（2）在 A 列中输入等比数列：首项为 3，公比为 5，利用填充柄填充等比数列前 5 项。

4. 多工作表输入练习

首先插入一张新工作表"Sheet4"，同时选择工作表"Sheet2"和"Sheet4"，在工作表

"Sheet2"中建立一个课程表，请将自己一周的课程安排输入表中，观察两个表中的内容是否一致。

图 3-91　自动填充后的效果

5．练习简单公式的输入

打开一个新的工作簿，在 A 列单元格中分别输入下列公式：A1：=1+2；A2：=1<2；A3：="B"<"A"；A4：="姓"&"名"；A5：="："&"输入你的真实姓名"；A6：=输入你的生日日期；A7：=输入今天的日期。

6．单元格引用的公式输入练习

在 A 列单元格中分别输入下列公式，观察并分析结果。A8：=A1+A2；A9：=A1+A3；A10：=A1+A4；A11：=A4&A5；A12：=A7－A6。

7．函数练习

启动 WPS 表格，在空白工作表中输入成绩表，如图 3-92 所示，并将其以"基本函数应用.xlsx"为名保存于 D 盘根目录中，对该工作表进行如下操作。

（1）计算出每个学生的总分（可用多种方法，如直接输入公式、单元格引用、复制公式）。

（2）利用函数求出各科的最高分、最低分及全班平均成绩，平均值保留两位小数。

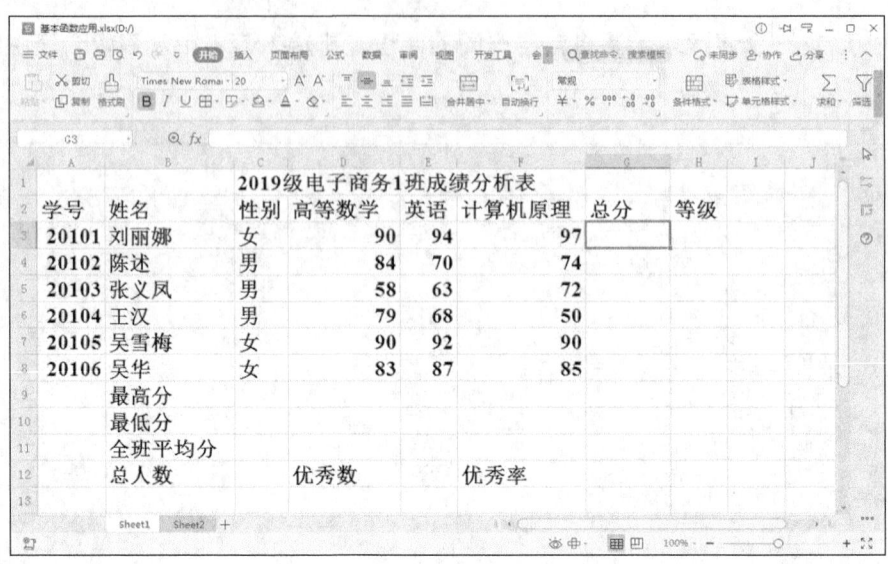

图 3-92 输入成绩表

（3）利用函数计算出总人数、优秀数及优秀率，并为该工作表设置边框，内外边框线型不一样（具体线型自定义）。

（4）将文件命名为"基本函数应用.xlsx"，保存于 D 盘根目录中。

8．公式与图表练习

启动 WPS 表格，在空白工作表中输入表 3-3 所示的数据，并以"CJ3.xlsx"为名保存于 D 盘根目录中，对该工作表进行如下操作。

表 3-3 统计表

统 计 表					
	一月	二月	三月	四月	五月
磁盘生产	$15,642	$14,687	$18,741	$19,457	$15,412
打包	$2,564	$2,407	$3,071	$3,188	$2,525
运费	$1,025	$962	$1,227	$1,274	$1,009
销售	$3,560	$3,341	$4,261	$4,424	$3,504
月总开支（1）					
年度总开支（2）					
（1）占（2）百分比					

（1）运用公式完成"月总开支（1）""年度中开支（2）"及"（1）占（2）百分比"行中相应单元格的数据。

（2）利用工作表生成水平轴是月份的二维柱形图。

9. 数据导入练习

进行如下操作。

（1）将"练习9.txt"文档中的内容制作成工作簿"1.xlsx"，应用WSP表格"数据"选项卡中的"导入数据"按钮导入此文档的数据（逗号为间隔符），其中南京、北京和武汉等分公司字样分别作为合并单元格的内容输入。

（2）在"1.xlsx"工作簿中，分别完成每月4种计算机外部设备在全国3个分公司的销售额计算；要求销售额的格式为会计专用格式（带符号¥，带一位小数），将工作表重命名为"原始销售表"。

（3）将"原始销售表"工作表建立副本并命名为"一月份销售统计"，在"一月份销售统计"工作表中分别统计一月份4种计算机外部设备在全国3个分公司的月销售数量及销售额，完成上述操作后为该数据表添加边框线。

（4）复制"原始销售表"工作表中的数据到新建的工作表"销售表筛选"中，用筛选的方法将3个公司销售数量均在100以上（不含100）的数据筛选出来。

（5）分类汇总，根据"原始销售表"工作表新建一个工作表"上半年分类统计"，分别练习下列分类汇总操作。

① 统计每月4种计算机外部设备在全国3个分公司的月销售数量及销售额。
② 统计上半年4种计算机外部设备在3个分公司的销售数量及销售额。
③ 统计各分公司上半年的销售总数和销售总额。
④ 统计上半年各分公司每种外部设备最高销售数量。

第 4 章
WPS 演示

WPS 演示是 WPS 的一个主要组件，用于制作多媒体演示文稿。本章主要介绍演示文稿基本操作技能、幻灯片操作、演示文稿的放映及演示文稿打包等操作。

学习内容：

- 通过完成两个 WPS 演示文稿的编辑制作任务，讲解 WPS 演示的主要功能和使用方法。

学习目标：

- 掌握演示文稿的创建、打开和保存方法，以及演示文稿的打包和打印方法。
- 掌握幻灯片的制作，包括文字编排、图片、艺术字、表格、图表、超链接和多媒体对象的插入及其格式化。
- 掌握幻灯片母版的使用和设计模板的选用。
- 掌握幻灯片的插入、删除和移动，幻灯片版式及使用动画、放映方式和切换效果设置幻灯片放映效果。

4.1 基本操作技能

4.1.1 新建演示文稿

（1）新建演示文稿的操作步骤

① 在系统"开始"菜单中选择"所有程序\WPS Office\WPS Office"命令启动 WPS。

② 在 WPS 首页单击左侧导航栏中的"新建"按钮，或单击标题栏中的"+"按钮，打开"新建"选项卡。在 WPS 首页按"Ctrl+N"组合键也可打开"新建"选项卡。

③ 单击工具栏中的"P 演示"按钮，显示 WPS 演示推荐模板列表，如图 4-1 所示。

④ 单击模板列表中的"新建空白演示"按钮，创建一个空白演示文稿。

（2）其他创建 WPS 空白演示文稿的方法

① 在系统桌面或文件夹中的空白位置单击鼠标右键，在弹出的快捷菜单中选择"新建"中的"PPT 演示文稿"或"PPTX 演示文稿"命令。

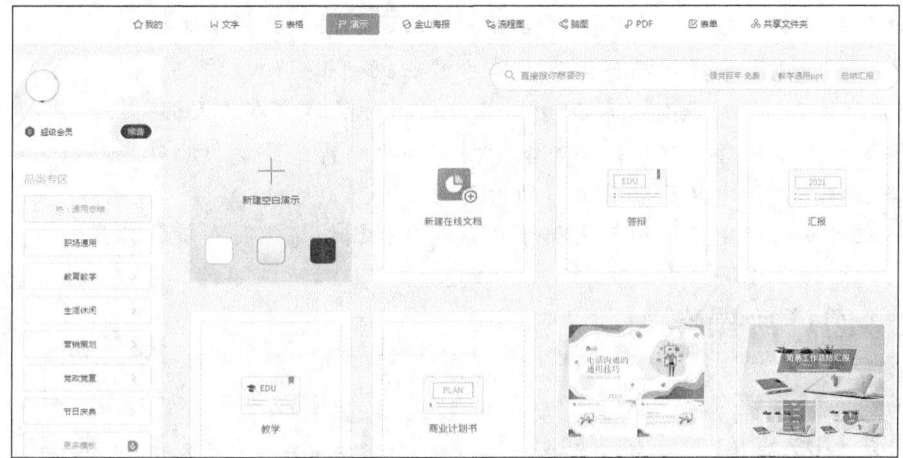

图 4-1　WSP 演示推荐模板列表

② 在已打开的 WPS 演示文稿窗口中按"Ctrl+N"组合键。

4.1.2　WPS 演示文稿窗口

图 4-2 所示为演示文稿的普通视图窗口。WPS 演示文稿窗口主要由菜单栏、快速访问工具栏、功能区、大纲/幻灯片窗格、编辑区、状态栏等组成。

图 4-2　WPS 演示文稿窗口（普通视图）

- 菜单栏：单击菜单栏中的按钮可显示对应的工具栏。
- 快速访问工具栏：快速访问工具栏中包含"保存""输出为PDF""打印""打印预览""撤销""恢复"等常用按钮。单击其中的"自定义快速访问工具栏"按钮▽，在下拉菜单中可选择需要在快速访问工具栏中显示为按钮的命令；或者在下拉菜单中选择"其他命令"命令，打开"选项"对话框，为快速访问工具栏添加按钮。
- 功能区：功能区中提供操作按钮，单击按钮执行相应的操作。
- 大纲/幻灯片窗格：大纲窗格用于在普通视图时显示幻灯片大纲；幻灯片窗格用于在普通视图时显示所有幻灯片，单击缩览图可切换编辑区显示的幻灯片。
- 编辑区：编辑区中显示当前编辑的幻灯片。
- 状态栏：状态栏中显示演示文稿信息，包含视图切换工具和缩放工具。

4.2 幻灯片操作

4.2.1 切换视图

WPS演示视图有4种模式：普通视图、幻灯片浏览视图、备注页视图和阅读视图。

1. 普通视图

普通视图用于查看和编辑幻灯片，如图4-2所示。在"视图"选项卡或状态栏中单击"普通视图"按钮▭，可切换到普通视图。

在普通视图的大纲/幻灯片窗格中，可用下列方法选择幻灯片。

- 选择单张幻灯片：单击单张幻灯片。
- 选择连续的多张幻灯片：单击第1张幻灯片，按住"Shift"键单击要选择的最后一张幻灯片，则可选择这两张幻灯片及它们之间的全部幻灯片。
- 选择不连续的多张幻灯片：按住"Ctrl"键依次单击不同的幻灯片，可选择不连续的多张幻灯片。
- 选择全部幻灯片：先单击幻灯片窗格任意位置，再按"Ctrl+A"组合键，可选择全部幻灯片。

在状态栏中拖动缩放工具中的滑块，或者在显示比例菜单中选择缩放命令，可调整编辑区中的幻灯片显示比例大小。将鼠标指针指向编辑区中的幻灯片，滚动鼠标滚轮，可滚动窗口、切换幻灯片，按住"Ctrl"键滚动鼠标滚轮可缩放幻灯片。

2. 幻灯片浏览视图

幻灯片浏览视图用于快速浏览幻灯片，如图4-3所示。在"视图"选项卡或状态栏中单击"幻灯片浏览"按钮▦，可切换到幻灯片浏览视图。

在幻灯片浏览视图中，当前幻灯片显示红色边框，按键盘的"↓"键、"↑"键、"→"键、

"←"键、"PageDown"键、"PageUp"键等可切换当前幻灯片。单击幻灯片也可将其设置为当前幻灯片。按"Enter"键可切换到普通视图，当前幻灯片将在编辑区显示。双击幻灯片，可使其成为当前幻灯片并切换到普通视图。

图 4-3　幻灯片浏览视图

在幻灯片浏览视图中选择连续的多张幻灯片、不连续的多张幻灯片或者选择全部幻灯片的方法，与在普通视图的幻灯片窗格中的选择方法相同。

3. 备注页视图

备注页视图主要用于编辑幻灯片备注信息。放映幻灯片时，备注信息可用于提示演讲人。在"视图"选项卡中单击"备注页"按钮，可切换到备注页视图，如图 4-4 所示。

在备注页视图中，编辑区上方显示幻灯片，下方显示备注信息编辑框。

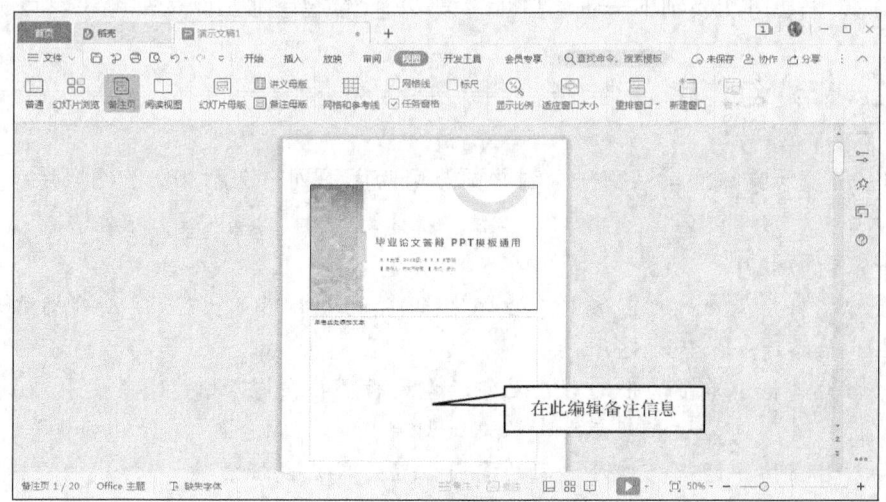

图 4-4　备注页视图

4. 阅读视图

在"视图"选项卡中单击"阅读视图"按钮，可切换到阅读视图，如图 4-5 所示。

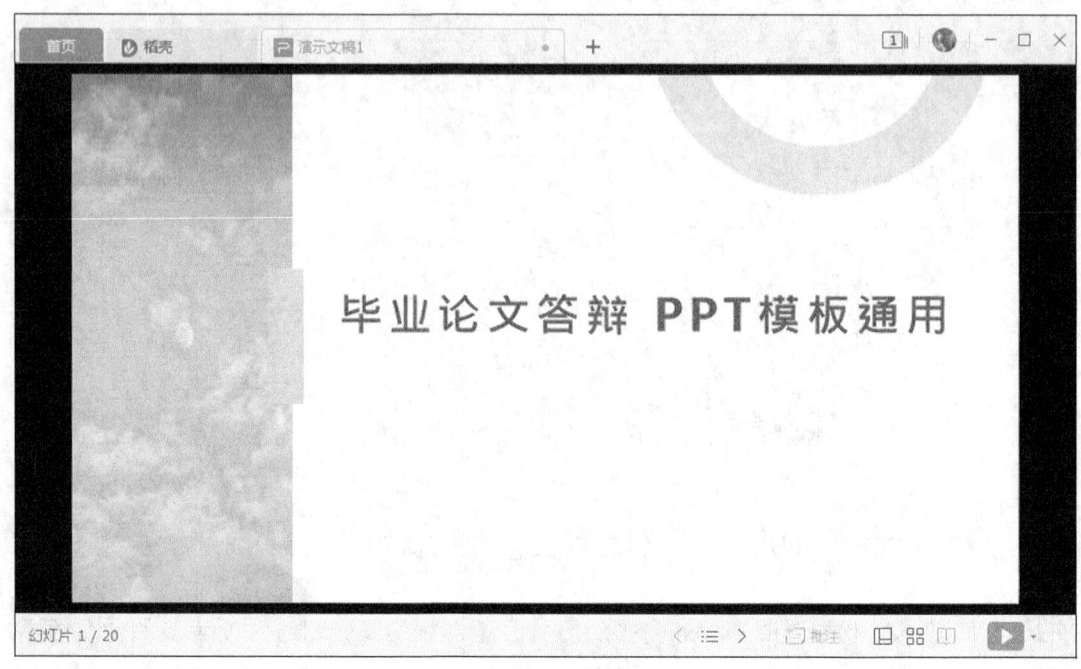

图 4-5　阅读视图

在阅读视图下，可以在当前窗口中以最大化方式放映幻灯片，用以查看幻灯片实际效果，该效果与放映效果类似。

在阅读视图中，按"↑"键、"←"键、"PageUp"键或向上滚动鼠标滚轮，可切换到上一张幻灯片；按"↓"键、"→"键、"PageDown"键、"Space"键、"Enter"键、向下滚动鼠标滚轮或单击，可切换到下一张幻灯片；按"Esc"键可退出阅读视图，返回之前的视图。

4.2.2　新建幻灯片

新建的空白演示文稿通常只有一个封面页。可使用下列方法添加新的幻灯片。

- 在"开始"或"插入"选项卡中单击"新建幻灯片"按钮，可在当前幻灯片之后添加一张新幻灯片。
- 将鼠标指针指向幻灯片窗格中的幻灯片，单击幻灯片下方出现的"新建幻灯片"按钮，可在其后添加一张新幻灯片。
- 在幻灯片窗格中单击两张幻灯片之间的空白位置，在"开始"选项卡中单击"新建幻灯片"按钮，可在该位置添加一张新幻灯片。
- 在幻灯片窗格中两张幻灯片之间的空白位置处单击鼠标右键，在弹出的快捷菜单中选择"新建幻灯片"命令，可在该位置添加一张新幻灯片。

- 用新建幻灯片窗格添加幻灯片。单击幻灯片浏览窗格最下方的"新建幻灯片"按钮 ，可打开新建幻灯片窗格,如图4-6所示,在窗格中可选择各种版式的幻灯片模板,单击模板,即可在当前幻灯片之后或者指定位置添加幻灯片。
- 在幻灯片窗格中单击两张幻灯片之间的空白位置,按"Enter"键可在该位置添加一张新幻灯片。

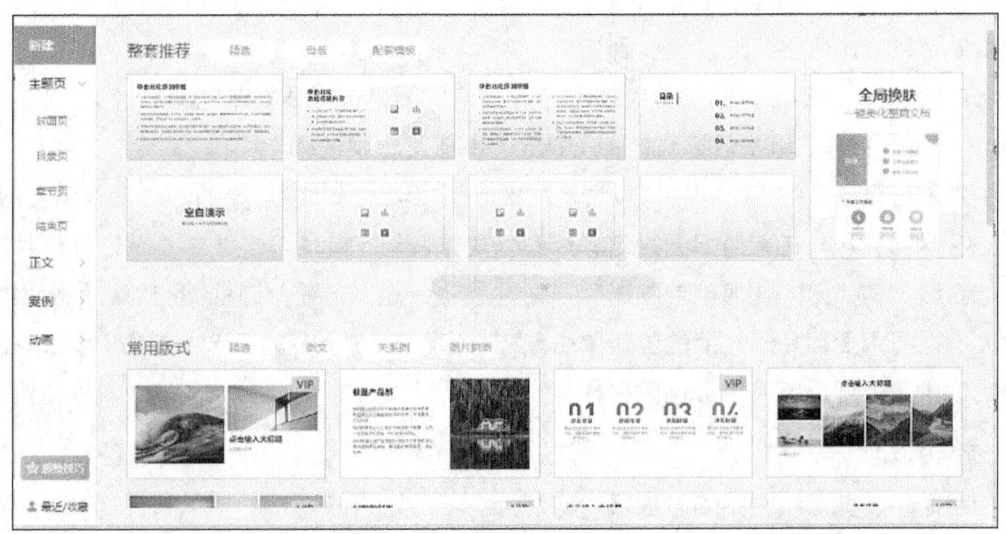

图 4-6　新建幻灯片窗格

4.2.3　删除幻灯片

可用下面的方法删除幻灯片。

- 在普通视图中,选择幻灯片窗格中的幻灯片,按"Delete"键或"Backspace"键将其删除。或者选择任意一张幻灯片,然后单击鼠标右键,在弹出的快捷菜单中选择"删除幻灯片"命令删除当前选择的幻灯片。
- 在幻灯片浏览视图中选择幻灯片,按"Delete"键或"Backspace"键将其删除;或者选中幻灯片,单击鼠标右键,然后在弹出的快捷菜单中选择"删除幻灯片"命令删除选中的幻灯片。

4.2.4　复制和移动幻灯片

1. 复制幻灯片

可使用多种方法复制幻灯片。

(1) 快速复制单张幻灯片

在普通视图的幻灯片窗格中选择要复制的幻灯片,单击鼠标右键,在弹出的快捷菜单中选择"复制"命令,用该方法复制出的幻灯片将出现在原幻灯片下方。

（2）快速复制多张幻灯片

在普通视图的幻灯片窗格中，按住"Ctrl"键选择要复制的所有幻灯片，选择任意一张幻灯片，单击鼠标右键在弹出的快捷菜单中选择"复制"命令。不管选择的幻灯片是否相邻，复制出的幻灯片均出现在之前选择的最后一张幻灯片下方，且按之前幻灯片的先后顺序排列。

（3）用复制粘贴的方法复制幻灯片

用复制粘贴方法可将幻灯片复制到指定位置，操作步骤如下。

① 在普通视图的幻灯片窗格或者在幻灯片浏览视图中选择要复制的幻灯片。

② 执行复制操作。单击鼠标右键，在弹出的快捷菜单中选择"复制"命令，或者在"开始"选项卡中单击"复制"按钮 复制，或者按"Ctrl+C"组合键，将选择的幻灯片复制到剪贴板。

③ 执行粘贴操作。在普通视图的幻灯片窗格或者在幻灯片浏览视图中要粘贴幻灯片的位置单击鼠标右键，在弹出的快捷菜单中选择"粘贴"命令。也可在普通视图的幻灯片窗格或者在幻灯片浏览视图中要粘贴幻灯片的位置单击鼠标右键，在"开始"选项卡中单击"粘贴"按钮 粘贴，或者按"Ctrl+V"组合键，完成粘贴操作。

2. 移动幻灯片

可使用拖动、剪切和粘贴的方法移动幻灯片。

（1）用拖动方法移动幻灯片

首先在普通视图的幻灯片窗格或者在幻灯片浏览视图中选择要移动的幻灯片，然后将鼠标指针指向已选择的幻灯片，按住鼠标左键将幻灯片拖动到新位置，释放鼠标完成移动。

（2）用剪切和粘贴的方法移动幻灯片

用剪切和粘贴的方法移动幻灯片的操作步骤如下。

① 在普通视图的幻灯片窗格或者在幻灯片浏览视图中选择要移动的幻灯片。

② 执行剪切操作。单击鼠标右键，在弹出的快捷菜单中选择"剪切"命令，或者在"开始"选项卡中单击"剪切"按钮 剪切，或者按"Ctrl+X"组合键，将选择的幻灯片复制到剪贴板，窗格中选择的幻灯片会被删除。

③ 执行粘贴操作。在普通视图的幻灯片窗格或者在幻灯片浏览视图中要粘贴幻灯片的位置单击鼠标右键，在弹出的快捷菜单中选择"粘贴"命令。也可在普通视图的幻灯片窗格或者在幻灯片浏览视图中要粘贴幻灯片的位置单击鼠标右键，在"开始"选项卡中单击"粘贴"按钮 粘贴，或者按"Ctrl+V"键，完成粘贴操作。

4.3 打包演示文稿

如果在演示文稿中使用了特殊字体，或者链接了音频、视频等外部文件时，为了在其他计算机上能正常使用演示文稿，就需要使用 WPS 的打包工具。

4.3.1 打包为文件夹

打包为文件夹可将演示文稿、字体文件、链接的音频和视频等复制到指定的文件夹中，将文件夹复制到其他计算机即可正常使用。将演示文稿打包为文件夹的操作步骤如下。

① 保存正在编辑的样式文档。

② 在"文件"选项卡 ≡ 文件 ˇ 中选择 "文件打包"下的"将演示文稿打包为文件夹"命令，打开"演示文件打包"对话框，如图 4-7 所示。

③ 在"文件夹名称"文本框中输入文件夹名称，在"位置"文本框中输入文件夹位置，也可以单击"浏览"按钮打开对话框选择保存位置。可选中"同时打包成一个压缩文件"复选框，打包时将生成该文件夹的压缩文件。

④ 单击"确定"按钮执行打包操作。打包完成后，WPS 演示显示图 4-8 所示的对话框。单击"打开文件夹"按钮，可打开打包生成的文件夹，查看打包内容，如图 4-9 所示。

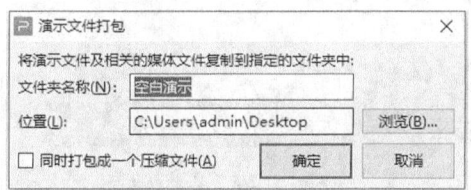
图 4-7 "演示文件打包"对话框

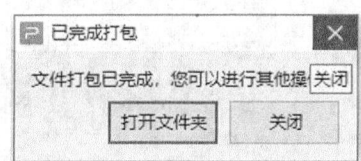
图 4-8 打包完成

图 4-9 查看打包生成的文件夹内容

4.3.2 打包为压缩文件

打包为压缩文件可将演示文稿、字体文件、链接的音频和视频等打包到一个压缩文件中，将压缩文件复制到其他计算机，解压缩后即可正常使用演示文稿。将演示文稿打包为压缩文件的操作步骤如下。

① 保存正在编辑的样式文档。

② 在"文件"选项卡  中选择"文件打包"下的"将演示文稿打包为压缩文件"命令，打开"演示文件打包"对话框。

③ 在"压缩文件名"输入框中输入压缩文件名称，在"位置"输入框中输入文件位置，也可以单击"浏览"按钮打开对话框选择保存位置，如图 4-10 所示。

④ 单击"确定"按钮执行打包操作。打包完成后，WPS 演示显示图 4-11 所示的对话框。单击"打开压缩文件"按钮，可打开压缩文件查看打包的内容，如图 4-12 所示。

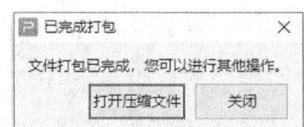

图 4-10　设置打包参数　　　　　　　　图 4-11　打包完成

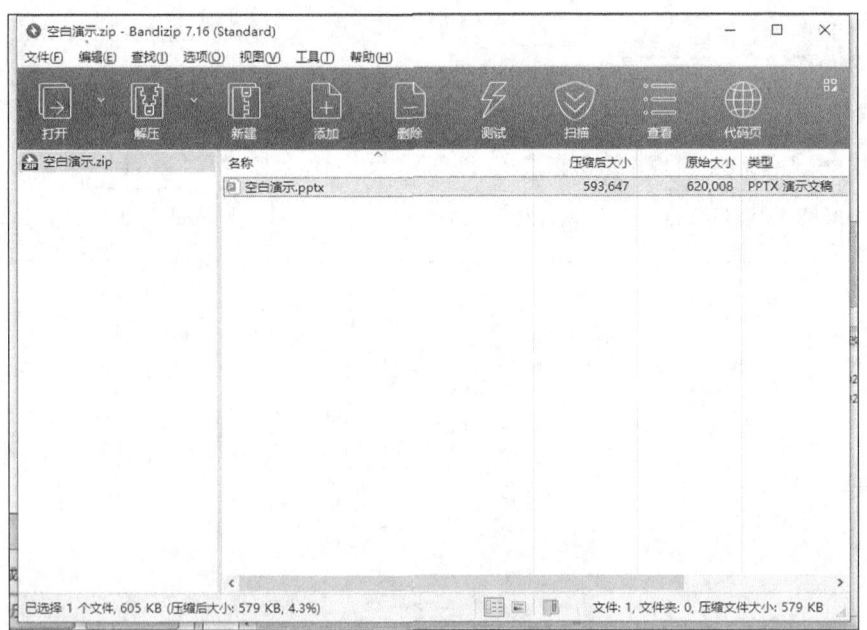

图 4-12　查看打包生成的压缩文件内容

4.4　任务一：制作讲座用演示文稿

【任务描述】

李老师受邀给同学们做一个大学生就业形势分析的讲座，他已拟好讲座文稿，现在需要制作一个演示文稿，以便在讲座中向同学们展示相关的文字、表格等资料。要求利用教材素材\第 4 章素材目录下的"大学生就业形势分析（素材）.docx"，使用 WPS 演示制作一个大学生就业形势分析讲座的演示文稿。

【任务分析】

本任务需要在幻灯片中添加文字展示讲座中的标题和讲述内容，在幻灯片中添加表格和图表辅助说明文字内容；选用设计模板，美化幻灯片；使用超链接对象的插入方法，链接到相关的素材上。

【工作流程】

① 添加文档对象。
② 编辑幻灯片。
③ 添加表格。
④ 绘制表格。
⑤ 将 Word 表格导入幻灯片。
⑥ 添加图表。
⑦ 使用设计方案。
⑧ 修改应用主题颜色。
⑨ 应用幻灯片母版。
⑩ 创建交互式演示文稿。
⑪ 为幻灯片添加动画效果。
⑫ 设置幻灯片的页眉和页脚。

【基本概念】

1. 占位符

占位符是指创建新幻灯片时出现的虚线方框，如图 4-13 所示。文字、图表、表格等占位符可以添加相应的对象。幻灯片的版式由占位符组成，占位符用来确定幻灯片所包含的对象及各对象之间的位置关系。

2. 幻灯片模板

演示文稿提供两种模板：设计模板和内容模板。

图 4-13　占位符

　　设计模板包含预定义的格式和配色方案，可以应用到任意演示文稿中创建独特的外观。内容模板包含与设计模板类似的格式和配色方案，加上带有文本的幻灯片，文本中包含针对特定主题提供的建议。用户可以修改模板以适应需要，或在已创建的演示文稿基础上建立新模板。还可以将新模板添加到内容提示向导中以备下次使用。

　　应用设计模板可以美化演示文稿，使其具有统一的外观风格，是统一修饰演示文稿外观的一种快捷手段。

3. 幻灯片母版

　　演示文稿中有一类特殊的幻灯片叫幻灯片母版，专门用于幻灯片排版的整体调整，幻灯片母版控制了如字体、字号和颜色等文本特征，幻灯片母版中的文本被称为母版文本。另外，它还控制了背景色和阴影、项目符号样式等特殊效果。使用者可以根据自己的意愿统一改变整个演示文稿的外观风格，而不用逐张修改幻灯片。

【详细步骤】

1. 添加文档对象

　　利用现有的素材文档"大学生就业形势分析（素材）.docx"创建名为"大学生就业形势分析.pptx"的演示文稿，操作步骤如下。

　　① 启动 WPS。

　　② 单击左侧"首页"导航栏中的"新建"按钮，打开"新建"选项卡。选择"P 演示"中"推荐模板"列表中的"新建空白文档"选项。

　　③ 单击演示文稿的"文件"选项卡 ≡ 文件 ，在弹出的下拉菜单中选择"插入"中的"从文字大纲导入"命令，打开"插入大纲"对话框。

　　④ 在"插入大纲"对话框中选择需要的素材"大学生就业形势分析（素材）.docx"文档，单击"插入"按钮，将文字大纲导入演示文稿中，如图 4-14 所示。

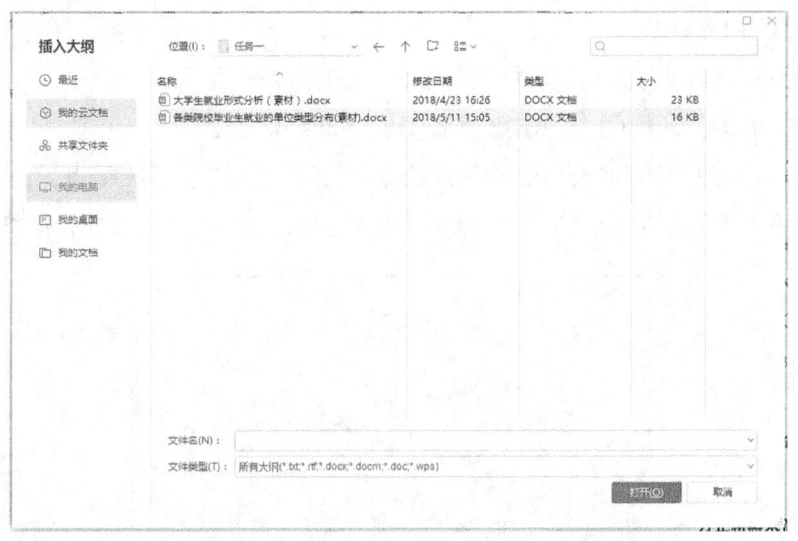

图 4-14 "插入大纲"对话框

2. 编辑幻灯片

直接由 Word 大纲创建演示文稿并不能一步到位地取得令人满意的效果，还需要进行修改和加工，删除不必要的对象，对幻灯片做出适当的调整。

（1）删除不需要的幻灯片

删除第 1 张空白幻灯片和第 3 张幻灯片，操作步骤如下。

① 在演示文稿窗口左下角的视图切换工具中单击"普通视图"按钮，单击"幻灯片"选项卡，幻灯片会以缩略图的形式呈现在演示文稿的左侧区域中，如图 4-15 所示。

② 按住"Ctrl"键逐个单击需要删除的幻灯片（第 1 张和第 3 张），选择完毕后单击鼠标右键，在弹出的快捷菜单中选择"删除幻灯片"命令，如图 4-16 所示，将幻灯片删除。

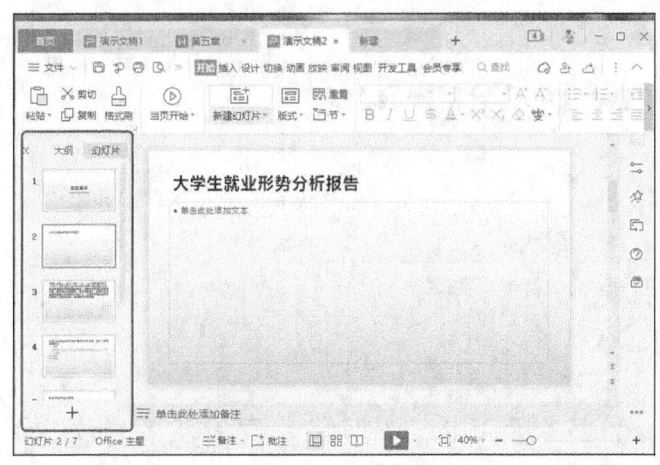

图 4-15 幻灯片缩略图

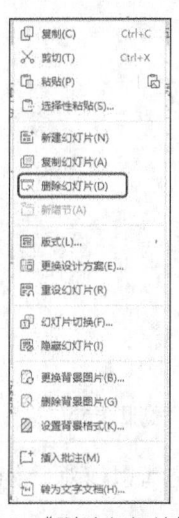

图 4-16 "删除幻灯片"命令

(2)修改幻灯片的版式

将第 1 张幻灯片修改为"标题幻灯片"版式,操作步骤如下。

① 在演示文稿的普通视图中单击第 1 张幻灯片的缩略图。

② 在"开始"选项卡中单击"版式"按钮,打开"版式"下拉菜单。

③ 在"母版版式"列表中选择第 1 行第 1 列的"标题幻灯片"版式,如图 4-17 所示。

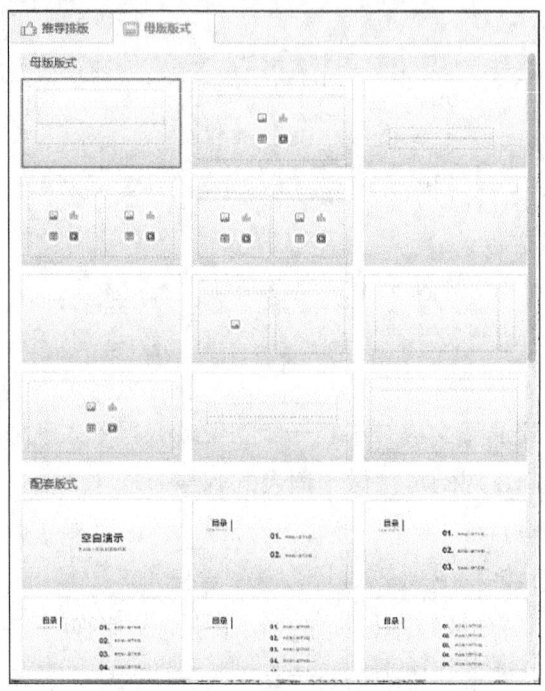

图 4-17 "标题幻灯片"版式

④ 选择副标题占位符,输入文字"主讲:×××",效果如图 4-18 所示,保存演示文稿。

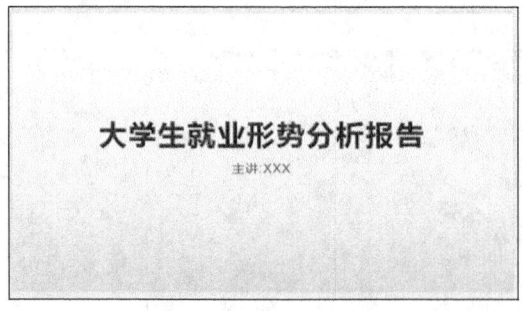

图 4-18 标题幻灯片

3. 添加表格

表格可以直观、简明地表现数据,WPS 演示可以方便地制作含有表格的幻灯片,操作步骤如下。

① 切换到普通视图,将插入点置于第 1 张幻灯片和第 2 张幻灯片缩略图之间。

② 在"开始"选项卡中单击"新建幻灯片"按钮,打开"新建幻灯片"下拉菜单。

③ 在"新建"列表的"母版"区域中选择第 1 行第 1 列"标题和内容"版式,如图 4-19 所示,插入一张"标题和内容"版式的新幻灯片。

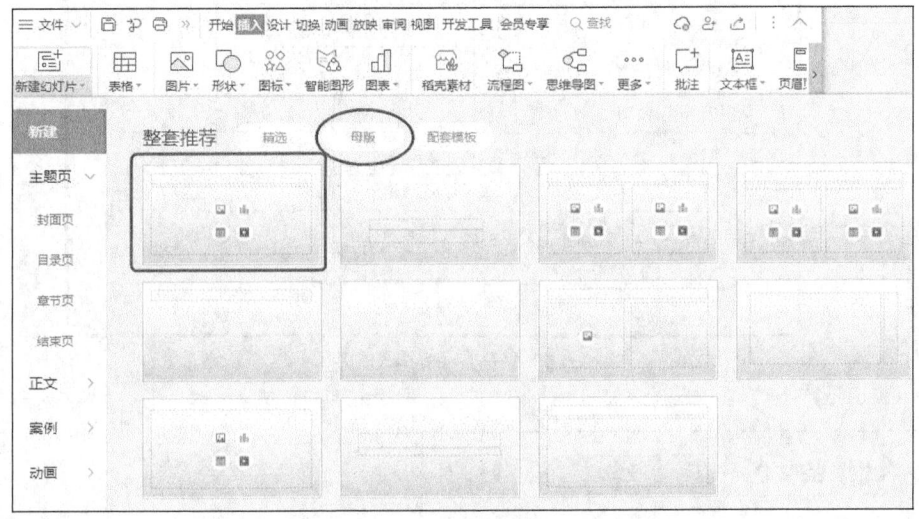

图 4-19 "标题和内容"版式

④ 在标题占位符中添加文字"大学生就业区域分析",如图 4-20 所示。

图 4-20 添加标题后的幻灯片

4.绘制表格

参照图 4-21 所示,制作含有表格的幻灯片,操作步骤如下。

① 单击文本占位符中的"插入表格"按钮,如图 4-22 所示,打开"插入表格"对话框,如图 4-23 所示。输入所需的行数和列数,单击"确定"按钮,创建一个 8 行 5 列的表格,同时出现"表格工具"和"表格样式"选项卡,如图 4-24 所示。

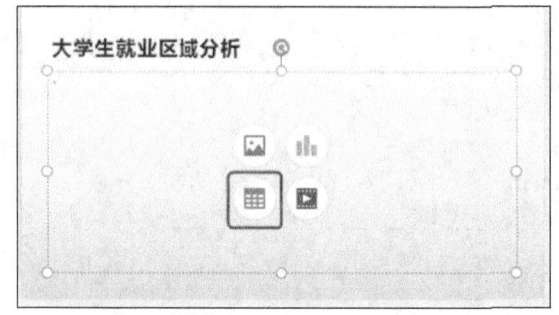

图 4-21 表格幻灯片

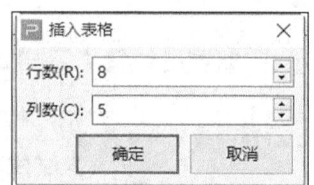

图 4-22 文本占位符　　　　　　　图 4-23 "插入表格"对话框

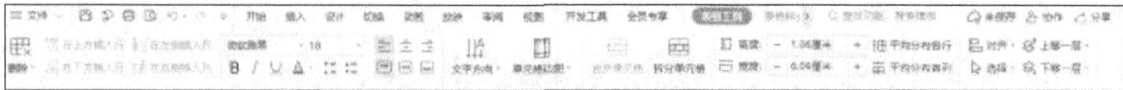

图 4-24 "表格工具"选项卡

② 参照图 4-21 所示在单元格中输入数据,并适当调整行高和列宽。

③ 选择表格第 1 行,在"表格样式"选项卡中单击"填充"按钮下边的下拉按钮,在下拉菜单中选择颜色"矢车菊蓝,着色 2,深色 25%"。

④ 选择整个表格,在"表格工具"选项卡中单击"水平居中"按钮,再单击"居中对齐"按钮,使文本在单元格中居中对齐。

⑤ 单击"保存"按钮保存演示文稿。

5. 将 Word 表格导入幻灯片

图 4-25 所示为"各类院校毕业生就业的单位类型分布(素材).docx"文档中的表格,

制作含有该表格的幻灯片，操作步骤如下。

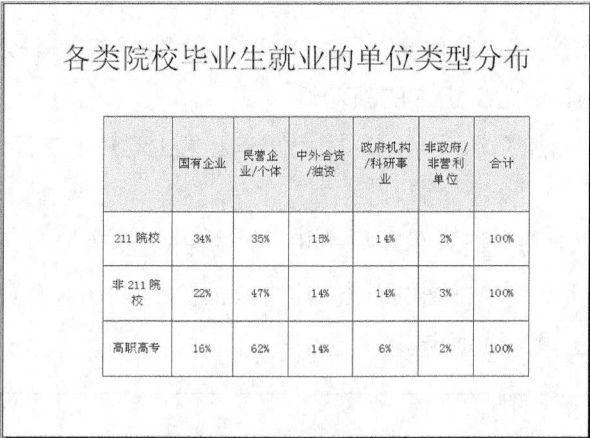

图 4-25　素材表格

① 插入一张"仅标题"版式的新幻灯片。

② 在标题占位符中添加文本"各类院校毕业生就业的单位类型分布"，并适当调整字体大小。

③ 在"插入"选项卡中单击"对象"按钮 ，打开"插入对象"对话框，如图 4-26 所示。

④ 选择"由文件创建"单选按钮，单击"浏览"按钮，选择需要插入的"各类院校毕业生就业的单位类型分布（素材）.doc"文档，选中"链接"复选框，如图 4-27 所示，单击"确定"按钮。

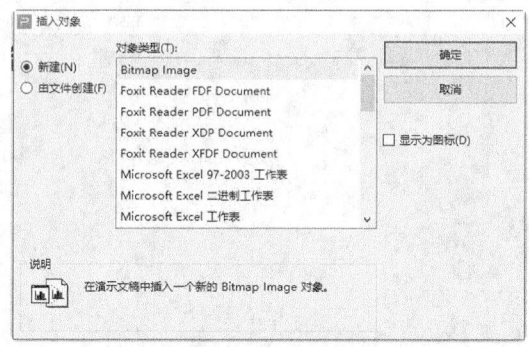

图 4-26　"插入对象"对话框

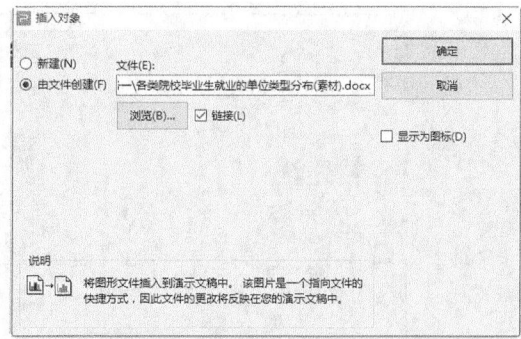

图 4-27　"插入对象"对话框设置

⑤ 适当调整表格的大小和位置，如需要对表格内容及格式进行编辑，可在幻灯片上双击表格，启动 Word 对表格进行编辑。

6．添加图表

图表可以使幻灯片中的数据效果更加清晰，比文字数据更加形象直观。可以将 WPS 表格中制作好的统计图表直接通过复制和粘贴应用到幻灯片中。对于一些小型的统计图，还可以直接在 WPS 中进行输入。

在上述操作的表格幻灯片后制作含有图表的幻灯片，效果如图 4-28 所示，操作步骤如下。

① 插入一张"标题和内容"版式的新幻灯片。

② 在标题占位符中添加文本"XXXX 届大学毕业生主动离职的原因分布"，适当调整文本大小。

③ 在文本占位符中单击"插入图表"按钮 ，打开"图表"对话框。选择"饼图"中的一种饼图，如图 4-29 所示，单击图例下方的"插入图表"按钮。在预留区中会出现一个样本图表，同时出现"图表工具"选项卡。

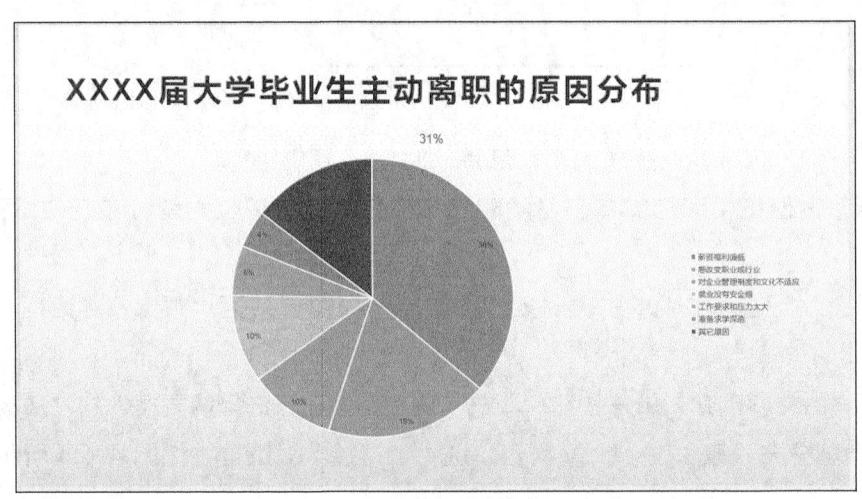

图 4-28　含有图表的幻灯片

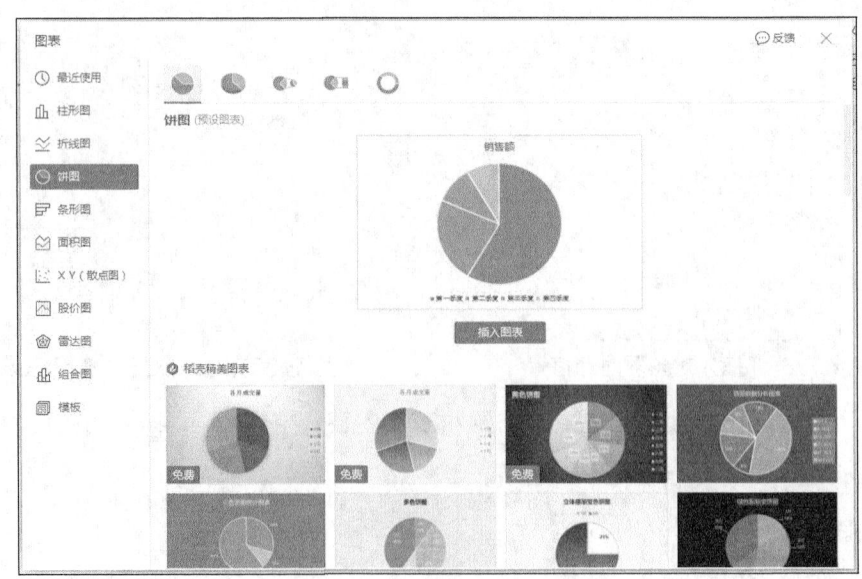

图 4-29　"图表"对话框

④ 在"图表工具"选项卡中单击"编辑数据"按钮，打开"WPS 演示中的图表"窗口，如图 4-30 所示。

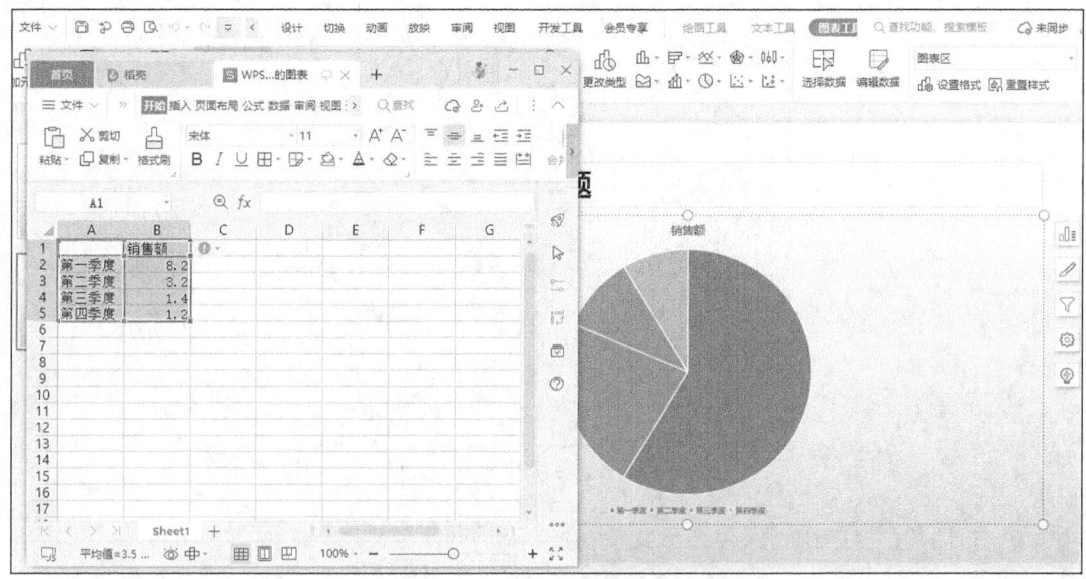

图 4-30 "WPS 演示中的图表"窗口

⑤ 利用在 WPS 表格中介绍的方法，首先将数据表中的数据全部删除，然后从"XXXX届大学毕业生主动离职的原因分布（素材）.xlsx"文档中将对应的表格复制到数据表的 A2：B9 单元格区域中，图表将随着数据表同步变化，如图 4-31 所示。

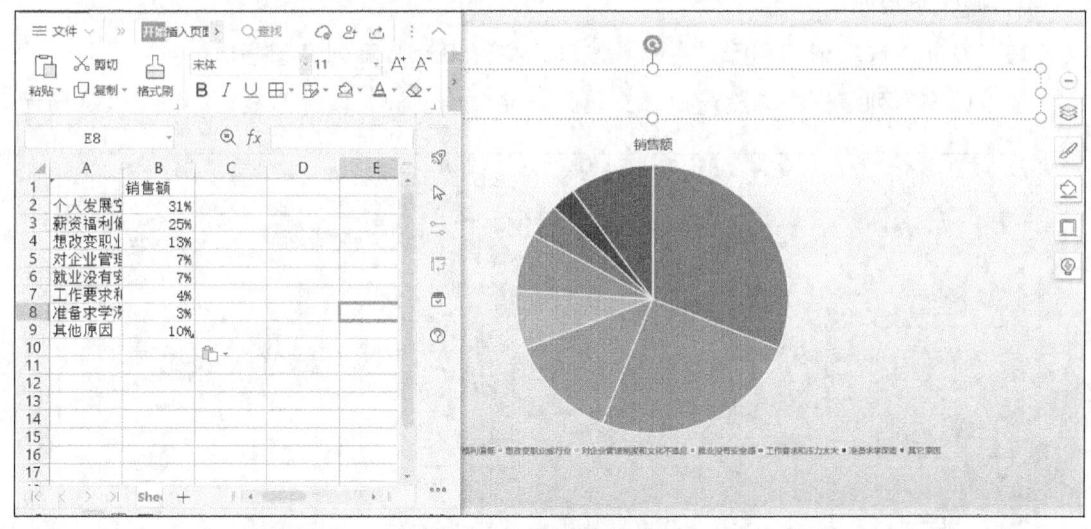

图 4-31 图表编辑状态

⑥ B1 单元格内文字即为幻灯片图表标题。删除图表标题"销售额"，适当调整图例区文本框大小，使所有图例都显示出来。

⑦ 在"图表工具"选项卡中单击"快速布局"按钮，在下拉列表框中选择"布局 6"选项，如图 4-32 所示，使各系列百分比显示出来，图表效果如图 4-28 所示。

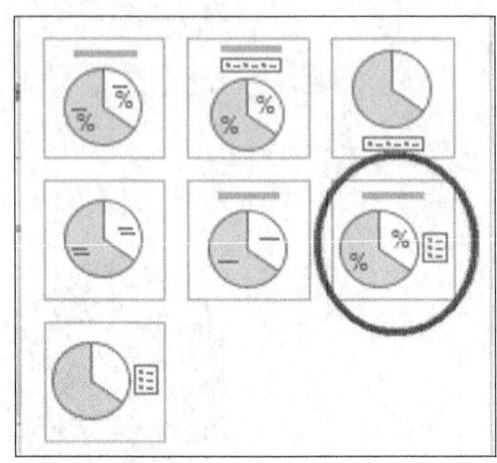

图 4-32　选择"快速 6"选项

⑧ 单击"保存"按钮 保存演示文稿。

7. 使用设计方案

使用 WPS 演示内置的设计方案可以快速对幻灯片进行美化。

（1）设计方案应用于所有幻灯片

将"文艺风产品介绍模板"设计主题应用于"大学生就业形势分析.pptx"演示文稿的所有幻灯片中，操作步骤如下。

① 在"设计"选项卡中选择"主题"选项，打开设计方案列表窗格。

② 在设计方案列表框中浏览查找"文艺风产品介绍模板"设计方案，如图 4-33 所示。

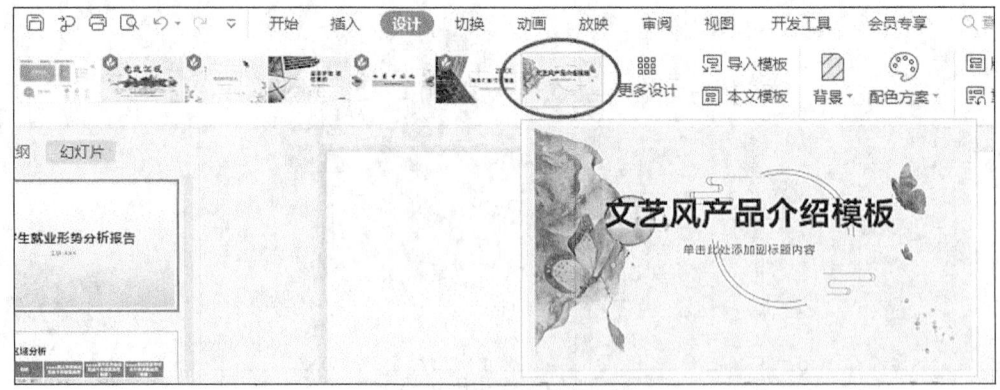

图 4-33　选择设计方案

③ 在弹出的"设计方案"窗口中单击"应用本模板风格"按钮，使用"文艺风产品介绍模板"设计方案，如图 4-34 所示，所有的幻灯片均应用了该设计方案，如图 4-35 所示。

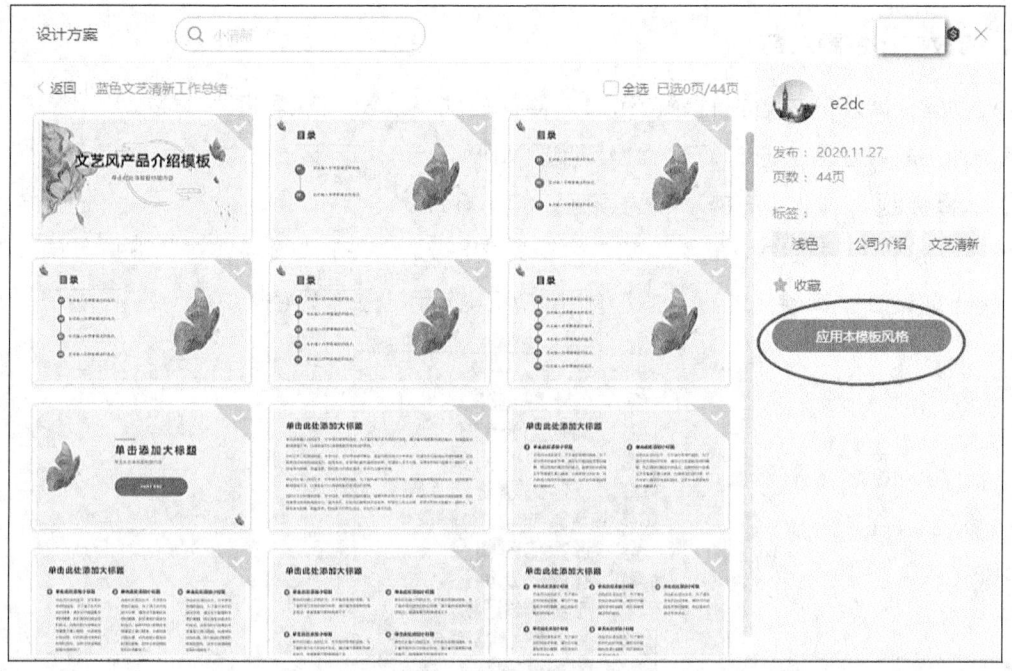

图 4-34 "设计方案"窗口

图 4-35 应用"文艺风产品介绍模板"设计方案的幻灯片

（2）设计方案应用于部分幻灯片

将"薄荷味的夏天"设计方案应用于第 5 张和第 6 张幻灯片中，操作步骤如下。

① 同时选择这 2 张幻灯片。
② 打开设计方案列表窗格。
③ 在设计方案列表框中浏览查找"薄荷味的夏天"设计方案。
④ 单击"薄荷味的夏天"设计方案，则选择的幻灯片均应用该设计方案。
⑤ 保存演示文稿。

8. 修改应用主题颜色

通过 WPS 演示的内置主题颜色可以方便快捷地修改设计方案的色彩搭配。

将一种主题颜色应用于幻灯片，操作步骤如下。

① 选择标题为"就业形势严峻的原因"的幻灯片。

② 在"设计"选项卡中单击"配色方案"按钮，打开"颜色样式"下拉菜单，该菜单中显示出当前设计方案使用的默认主题颜色和可以选用的主题颜色，如图 4-36 所示。

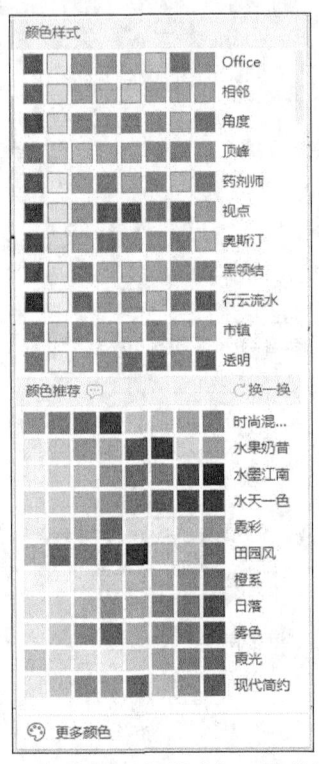

图 4-36 "颜色样式"下拉菜单

③ 任意选择一种主题颜色，则选择的幻灯片均应用该主题颜色，背景、标题、文本等颜色均发生变化。

9. 应用幻灯片母版

将校徽图标添加到所有幻灯片中，并统一设置幻灯片的标题样式，操作步骤如下。

① 任选一张基于"薄荷味的夏天"设计方案的幻灯片。

② 在"视图"选项卡中单击"幻灯片母版"按钮，打开"幻灯片母版"选项卡，如图 4-37 所示，进入幻灯片母版编辑状态。演示文稿中已经应用了 3 个设计模板，窗口左侧按模板的应用先后次序出现了 3 组幻灯片母版，此时的母版视图如图 4-38 所示，当前幻灯片区域显示的幻灯片母版是基于"薄荷味的夏天"设计方案的幻灯片母版。

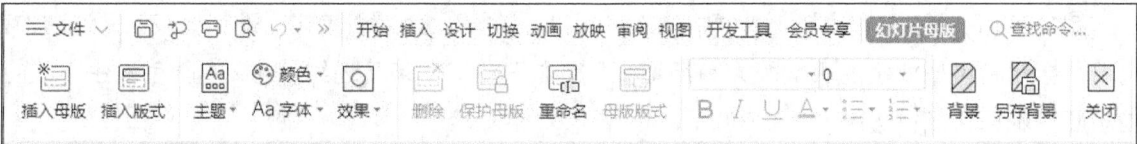

图 4-37 "幻灯片母版"选项卡

图 4-38 母版视图

③ 幻灯片母版是一种特殊的幻灯片,其设置方法与普通幻灯片一样。在"薄荷味的夏天"幻灯片母版上选择"母版标题样式"占位符,设置母版标题样式为"华文新魏"。

④ 选择素材校徽图片"校徽.jpg",将其拖曳到幻灯片母版右下角。

⑤ 在"幻灯片母版"选项卡中单击"关闭"按钮,返回普通视图。现在应用了"薄荷味的夏天"设计方案的所有幻灯片均添加了校徽图片,且其对应的标题样式也发生了改变,但是应用了其他设计方案的幻灯片没有改变,需通过同样的操作方法对其他幻灯片做统一修改。

10. 创建交互式演示文稿

在制作演示文稿时,有时要实现一种交互选择,以达到所期望的放映节奏和放映次序。创建交互式演示文稿的方法包括使用超级链接、动作设置和动作按钮等。

选择标题为"就业形势良好的原因"幻灯片里的文本,为其添加超链接,操作步骤如下。

① 在标题为"就业形势良好的原因"幻灯片中选择文本"首先是社会对高校毕业生的吸纳能力有所增强"。

② 在"插入"选项卡中单击"超链接"按钮,打开"编辑超链接"对话框,如图 4-39 所示。

③ 在对话框的"地址"文本框中输入"任务一\图表.pptx",单击"确定"按钮,这时"首先是社会对高校毕业生的吸纳能力有所增强"文本下多了一条下划线,且文本颜色发生了改变,表示此文本具有超链接。

④ 观看放映效果,当鼠标指针划过带有下划线的文本时会变为手形,单击该文本,就跳转到"图表.pptx"演示文稿的幻灯片。

⑤ 保存演示文稿。

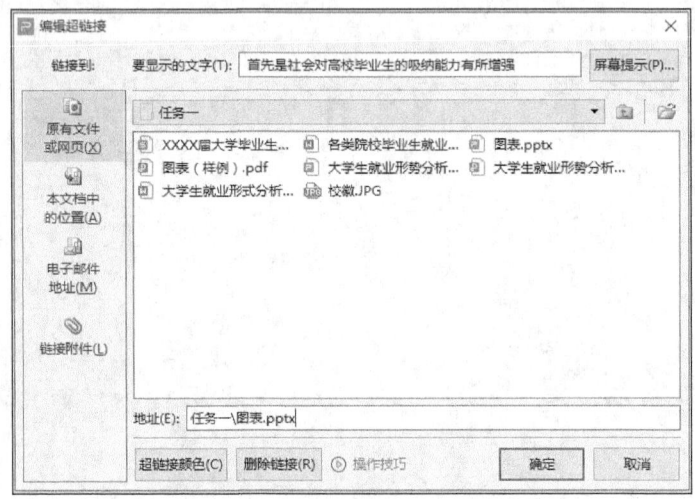

图 4-39 "编辑超链接"对话框

11. 为幻灯片添加动画效果

根据幻灯片的特点安排适当的动画效果,可以增强演示文稿的放映效果,吸引观众的注意力,使演示文稿表现力加强,更生动、更有感染力。

为演示文稿的第 2 张幻灯片设置动画效果,操作步骤如下。

① 选择"大学生就业形势分析.pptx"演示文稿的第 2 张幻灯片。

② 选择该幻灯片中的标题占位符。

③ 单击"动画"选项卡,如图 4-40 所示,单击"自定义动画"下拉按钮,打开"进入"动画效果列表,如图 4-41 所示。

图 4-40 "动画"选项卡

④ 单击"更多选项"按钮,如图 4-41 所示,打开"进入"效果列表,如图 4-42 所示,在"华丽型"区域中选择"浮动"效果。

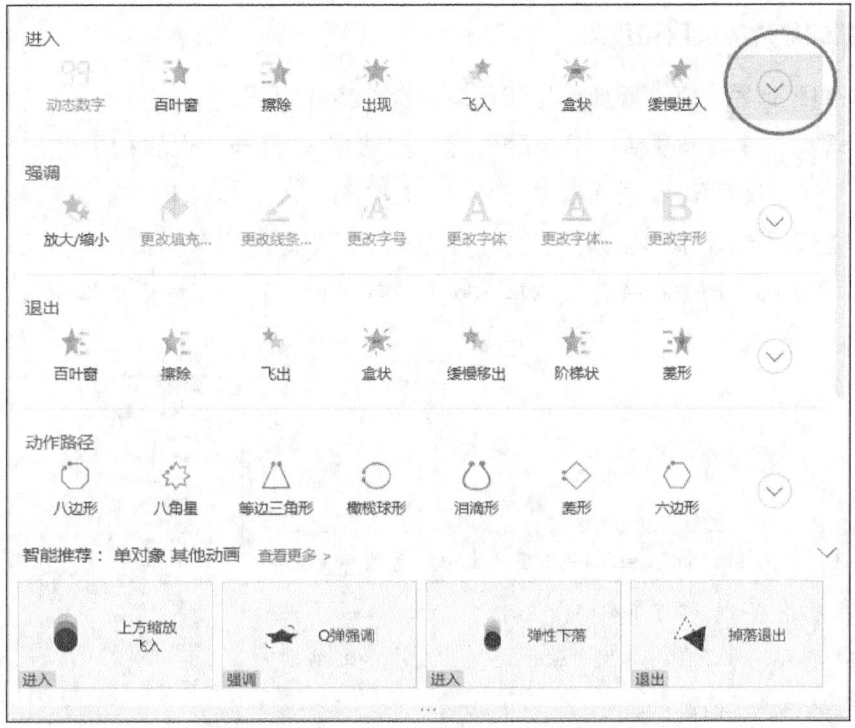

图 4-41 打开"进入"效果列表

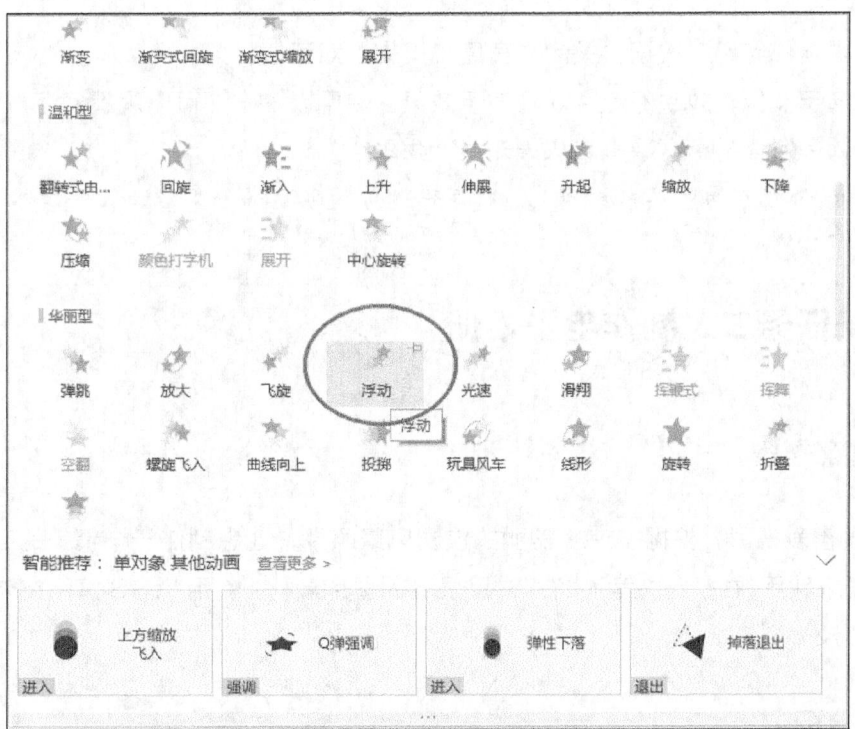

图 4-42 在"进入"效果列表中选择"浮动"效果

⑤ 保存演示文稿。

12. 设置幻灯片的页眉和页脚

使用页眉和页脚为幻灯片添加编号和日期，操作步骤如下。

① 在"插入"选项卡中单击"页眉页脚"按钮，打开"页眉和页脚"对话框。参照图 4-43，对"页眉和页脚"对话框进行设置，在"幻灯片"选项卡中选中"日期和时间"复选框，选择"自动更新"单选按钮并设置日期，选中"幻灯片编号"和"标题幻灯片不显示"复选框，选中"页脚"复选框并在文本框内输入文字"武汉软件工程职业学院"。

> 说明：选择"自动更新"单选按钮可以使幻灯片页脚显示时间与计算机系统时钟显示时间保持一致。如果选择"固定"单选按钮，并在文本框中输入时间，则演示文稿显示的是用户输入的固定时间。

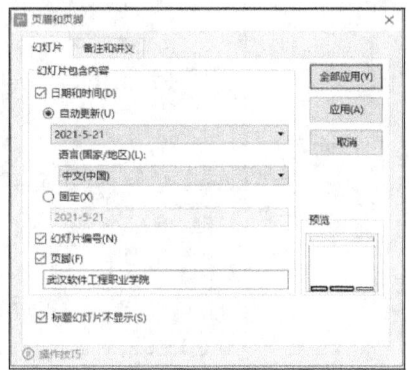

图 4-43 "页眉和页脚"对话框

② 单击"全部应用"按钮，关闭"页眉和页脚"对话框。
③ 保存演示文稿，放映幻灯片观看演示效果。使用以下方法可以观看幻灯片演示效果。
- 在"放映"选项卡中单击"从头开始"按钮。
- 单击 WPS 演示窗口左下角的"幻灯片放映"按钮。
- 按"F5"键。

4.5 任务二：制作电子相册

【任务描述】

小明同学喜爱摄影，拍摄了许多美丽的校园风景照片，他想制作一个精美的电子影集给同学们欣赏。要求利用教材素材\第 4 章素材目录下的图片素材，使用 WPS 演示制作一个校园风光展示的演示文稿。

【任务分析】

本任务要求掌握幻灯片的制作的方法，包括图片、艺术字对象的插入及格式化方法。掌握幻灯片背景设置、幻灯片动画效果的设置、幻灯片放映效果的设置及放映方式等，了解其他菜单的使用方法。演示文稿效果如图 4-44 所示。

本任务可以使用艺术字、装饰图片、幻灯片背景、动画效果等方法实现。

图 4-44 "校园风光.pptx"演示文稿

【工作流程】

① 设置片头艺术字。
② 添加并修饰图片。
③ 设置幻灯片背景。
④ 添加背景音乐。
⑤ 添加动画效果。
⑥ 幻灯片切换。
⑦ 设置幻灯片自动放映。
⑧ 演示文稿的打包。
⑨ 打印演示文稿。

【基本概念】

1. 幻灯片切换

在演示文稿放映过程中，由一张幻灯片进入另一张幻灯片就是幻灯片之间的切换，为了使幻灯片更具有趣味性，在幻灯片切换时可以使用不同的技巧和效果。

2. 排练计时

如果希望随着幻灯片的放映讲解幻灯片中的内容，就不能用人工设定的时间，因为人工设定的时间不能精确判断放映一张幻灯片所需的具体时间。使用排练功能就可解决这个问题，在排练放映时可以自动记录使用时间，从而精确设置放映时间，设置完后就能直接进入幻灯片放映状态，不管事先是何种状态，此时都从第1张幻灯片开始放映，而且会把所有幻灯片全部放映一遍。

【详细步骤】

1. 设置片头艺术字

新建"校园风光.pptx"演示文稿，并制作整个演示文稿的第一页即封面片头页幻灯片，要求用艺术字做标题，操作步骤如下。

① 新建"校园风光.pptx"演示文稿，并将第 1 张幻灯片的版式设置为"空白"版式。

② 在"插入"选项卡中单击"艺术字"按钮，预设样式，选择第 1 行第 2 列"填充-矢车菊蓝，着色 1，阴影"效果，在第 1 张幻灯片中插入艺术字占位符，如图 4-45 所示。

图 4-45　艺术字占位符

③ 在艺术字占位符中输入文本"校园　光"（在"园"字和"光"字之间适当添加空格），在"开始"选项卡中设置艺术字字符格式为"华文琥珀、加粗、80"，如图 4-46 所示，插入艺术字后出现"绘图工具"和"文本工具"选项卡。

图 4-46　编辑艺术字文字

④ 在"文本工具"选项卡中单击"文本效果"按钮，选择"转换"中"弯曲"栏下的第 5 行第 3 列的"双波形 1"效果，单击黄色句柄，如图 4-47 所示，更改艺术字形状为"双波形 1"，调整大小，如图 4-48 所示。

⑤ 插入第 2 个艺术字"风"，设置字符格式为"华文琥珀、加粗"。选择第 1 行第 1 列"填充-黑色，文本 1，阴影"的艺术字效果，设置字符格式为"华文琥珀、加粗、130"，并将其适当调整，设置成比第 1 个艺术字稍大的效果，置于"园"字与"光"字之间，如图 4-49 所示。

⑥ 选择第 2 个艺术字"风"，在"文本工具"选项卡中单击"文本效果"按钮，选择下拉菜单中的"更多设置"命令，打开"对象属性"任务窗格。在"文本选项"选项卡中单击"填充与轮廓"按钮，如图 4-50 所示。

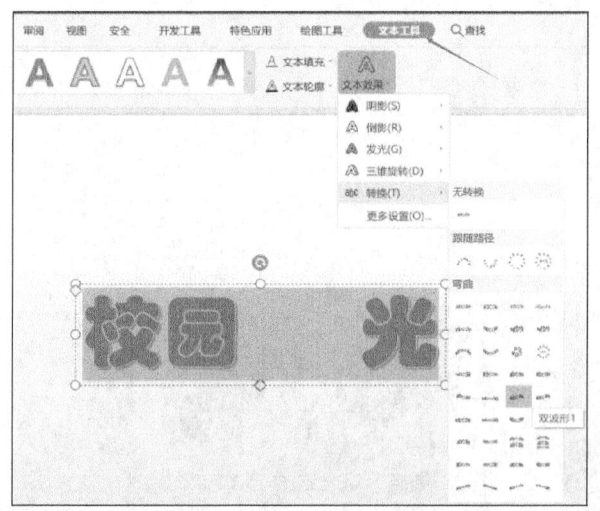

图 4-47　选择"双波形 1"效果

图 4-48　艺术字效果 1

图 4-49　艺术字效果 2

⑦ 选择"渐变填充"单选按钮,在文本填充的颜色列表框中选择渐变填充的"中海洋绿-森林绿渐变"效果,如图 4-51 所示。

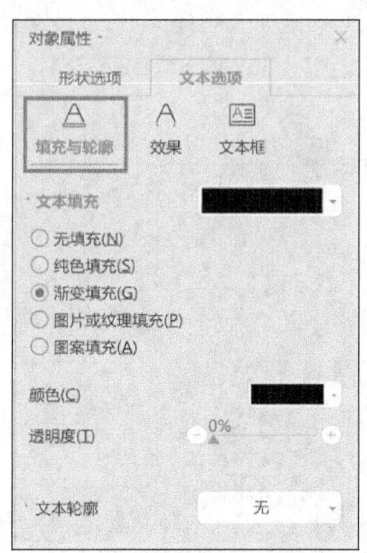

图 4-50　"对象属性"窗格

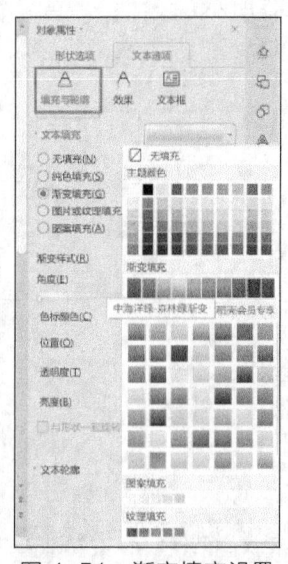

图 4-51　渐变填充设置

⑧ 在"渐变样式"列表框中选择"线性渐变"→"向下"选项,如图 4-52 所示。

⑨ 将艺术字"校园 光"填充设置为"渐变填充、金色-暗橄榄绿渐变"效果,渐变样式

为"射线渐变、从右上角"效果。

⑩ 封面艺术字效果如图 4-53 所示。

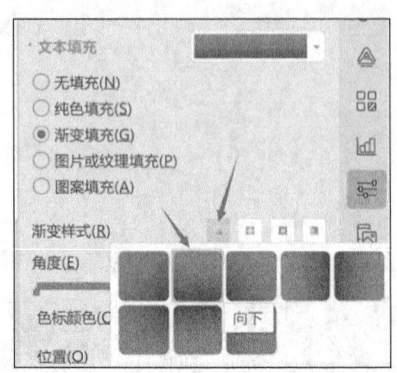

图 4-52 线性向下设置

图 4-53 封面艺术字效果

2. 添加并修饰图片

封面页艺术字设置完毕后,将制作电子相册中的照片幻灯片。为了增强照片的美观效果,需对照片的外形、色彩及角度进行调整,而不是进行直接插入图片的简单操作。

(1)绘制自选图形

在第 1 张幻灯片之后新建一张幻灯片,将其版式更改为"空白"版式,在新幻灯片上绘制多个自选图形,如图 4-54 所示,操作步骤如下。

① 在"插入"选项卡中单击"形状"按钮,选择"星与旗帜"中的"上凸带形"图形,如图 4-55 所示。

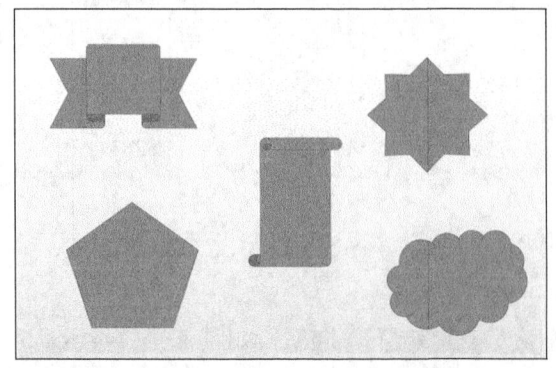

图 4-54 新幻灯片上绘制多个自选图形

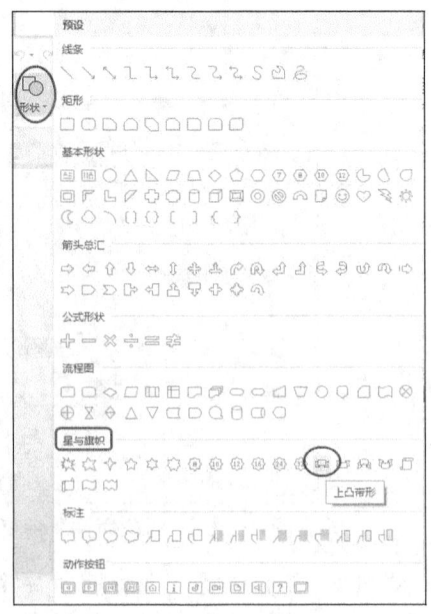

图 4-55 "形状"菜单

② 鼠标指针变成"十"形状后，在空白幻灯片上拖曳鼠标，绘制自选图形。用同样的方法，可以绘制"八角星""竖卷轴""正五边形""云形"等自选图形。

（2）填充照片

利用插入的自选图形对照片外形进行裁剪，将照片填充至自选图形中，操作步骤如下。

① 选择"云形"自选图形，单击"绘图工具"选项卡中"填充"按钮，选择"图片或纹理"中的"本地图片"命令，如图 4-56 所示。

② 在弹出的"选择纹理"对话框中选择素材中的"综合楼.jpg"图片，图片按照"云形"自选图形样式进行填充，填充效果如图 4-57 所示。

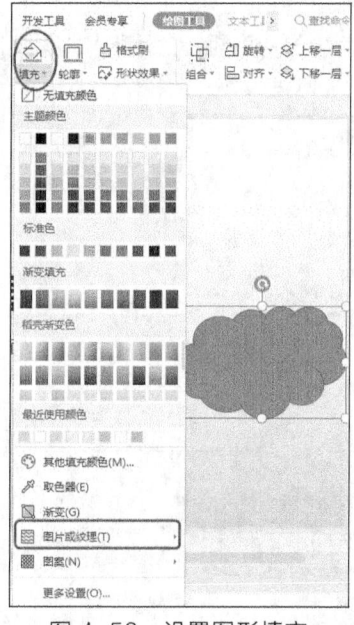

图 4-56 设置图形填充

图 4-57 自选图形填充效果 1

③ 用同样的方法，将素材中的其他图片填充到各自选图形中，效果如图 4-58 所示。

图 4-58 自选图形填充效果 2

（3）设置自选图形的阴影样式

为了使幻灯片的图片具有统一效果，需为其他图形添加阴影样式。为图中无阴影样式的自选图形添加阴影样式，并适当调整所有自选图形的阴影样式，操作步骤如下。

① 按住"Shift"键，单击选择需要设置阴影样式的自选图形，功能区出现"绘图工具"选项卡。

② 在"绘图工具"选项卡中单击"形状效果"按钮，选择"阴影"下"外部"中的"右下斜偏移"效果，如图4-59所示。

③ 选择所有自选图形，选择"形状效果"下拉菜单中的"更多设置"命令，在"对象属性"对话框中单击"形状选项"选项卡中的"效果"按钮，在下拉菜单中选择"阴影"命令，展开阴影设置菜单。根据需要设置阴影的"透明度""大小""模糊""距离""角度"等参数，如图4-60所示。

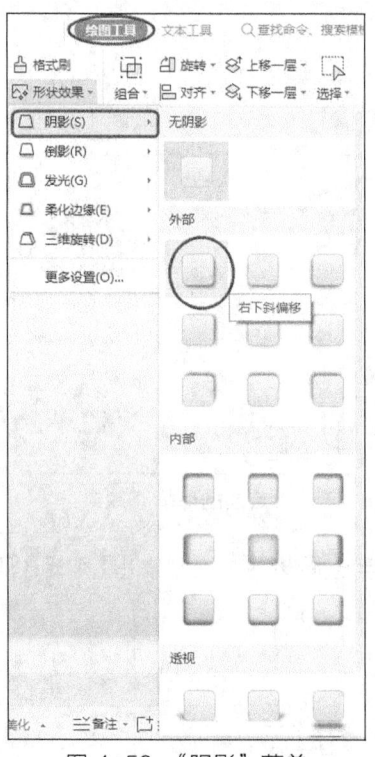

图4-59 "阴影"菜单

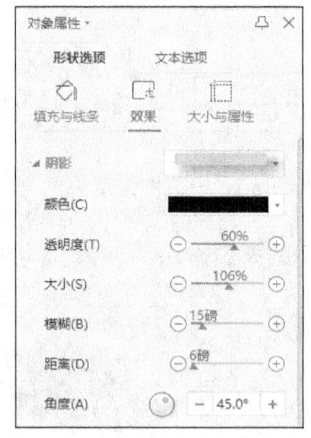

图4-60 "阴影"设置对话框

3. 设置幻灯片背景

参照图4-58将所有的照片添加到幻灯片中，现在可以为幻灯片设置具有个性色彩的图片作为背景。

将"背景1.jpg"图片设置为片头标题幻灯片的背景，操作步骤如下。

① 选择第1张幻灯片，在空白处单击鼠标右键，在弹出的快捷菜单中选择"设置背景格

式"命令,如图 4-61 所示。

② 在右侧"对象属性"任务窗格的"填充"区域中选择"图片或纹理填充"单选按钮,单击"图片填充"选项旁边的"请选择图片"下拉按钮,如图 4-62 所示。

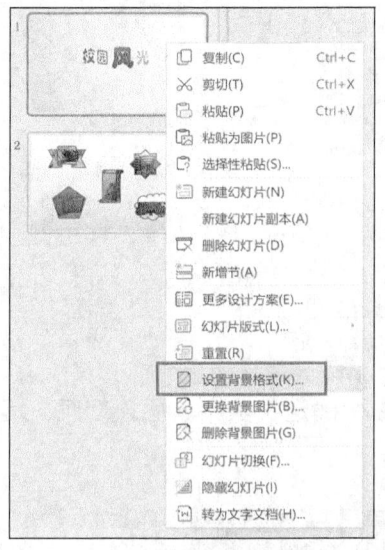

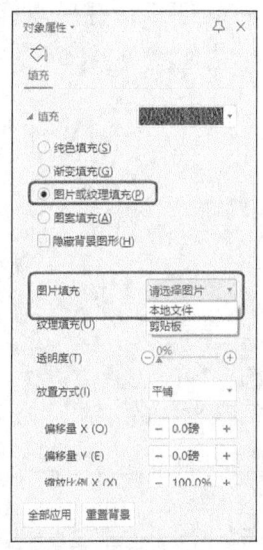

图 4-61 选择"设置背景格式"命令　　　　图 4-62 "对象属性"任务窗格

③ 选择"本地文件"选项,在弹出的"选择纹理"对话框中选择素材"背景 1.jpg"图片,完成对片头标题幻灯片的背景设置,如图 4-63 所示。

图 4-63 幻灯片背景设置

④ 按照同样的方法将"背景 2.jpg"图片设置为其他幻灯片的背景。

⑤ 保存演示文稿。

4. 添加背景音乐

WPS 演示支持多种格式的音频文件,包括常见的 MP3、MID、WAV 和 WMA 等格式,添加背景音乐可以增强演示文稿的演示效果。

为演示文稿添加背景音乐，操作步骤如下。

① 选择"校园风光.pptx"演示文稿的第 1 张幻灯片。

② 在"插入"选项卡中单击"音频"按钮，在弹出的下拉菜单中选择"嵌入音频"命令，如图 4-64 所示，打开"插入音频"对话框。

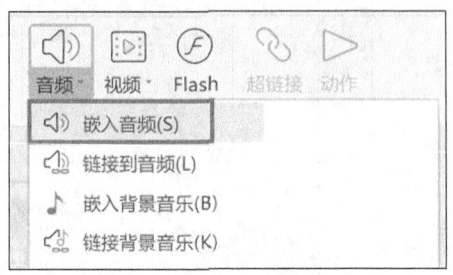

图 4-64 嵌入音频命令

③ 选择素材中的"music.wam"音频文件，单击"确定"按钮，插入音频。幻灯片中出现一个喇叭图标和相应的工具栏，如图 4-65 所示。

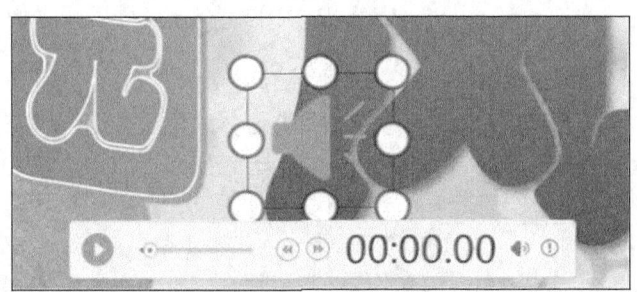

图 4-65 插入音频

④ 选择该图标，出现"音频工具"选项卡，选中"循环播放，直至停止"和"放映时隐藏"复选框，如图 4-66 所示，这样幻灯片放映时声音图标将被隐藏。

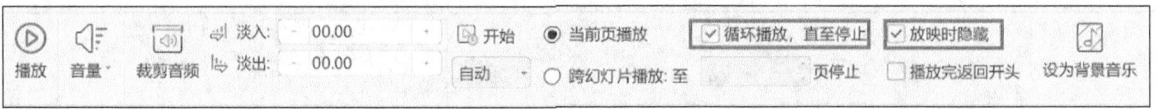

图 4-66 "音频工具"选项卡

5．添加动画效果

根据幻灯片的特点安排适当的动画效果，可以增强演示文稿的放映效果，吸引观众的注意力，使演示文稿表现力更强、更生动、更有感染力。使用动画方案虽直观快速，但效果却有限，如果需要设计更多的动画效果，还要利用自定义动画来实现。自定义动画可以同时设置多个对象的动画和声音效果，还能调整各对象在放映时的顺序、时间和出现速度、轨迹等。

（1）添加动画效果

利用"自定义动画"命令为"校园风光.pptx"演示文稿的封面标题艺术字"风"字设置动画效果，操作步骤如下。

① 选择"校园风光.pptx"演示文稿的第 1 张幻灯片中的"风"字。

② 单击"动画"选项卡，在动画效果栏中单击"更多"按钮，如图 4-67 所示。

图 4-67　动画效果栏

③ 在"进入"效果中单击"更多选项"按钮，如图 4-68 所示。

④ 在"进入"效果中选择"华丽型"中的"螺旋飞入"效果。

⑤ 在"动画"选项卡中单击"自定义动画"按钮，幻灯片编辑区右侧会打开"自定义动画"任务窗格，在动画效果列表中单击"1.矩形 5：风"的下拉按钮，选择"效果选项"命令，如图 4-69 所示。

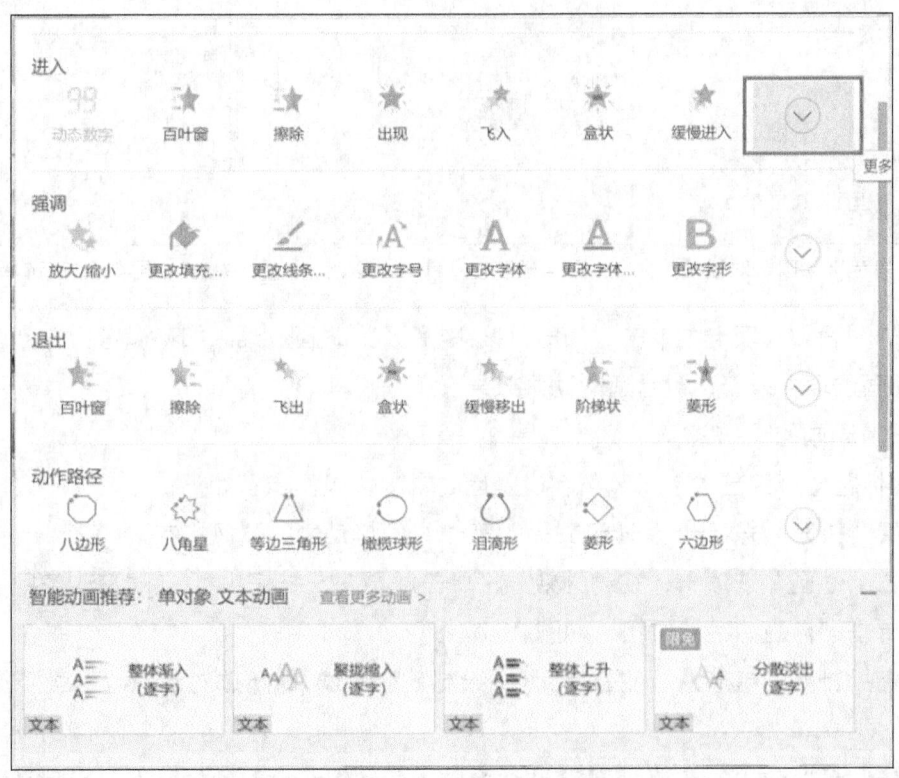

图 4-68　在"进入"效果中单击"更多选项"按钮

⑥ 在"螺旋飞入"对话框中单击"计时"选项卡，在"延迟"下拉列表框中选择"中速(2

秒)"选项，如图 4-70 所示。

⑦ 单击"效果"选项卡，在"声音"下拉列表框中为艺术字"风"添加"风铃"声音，如图 4-71 所示。

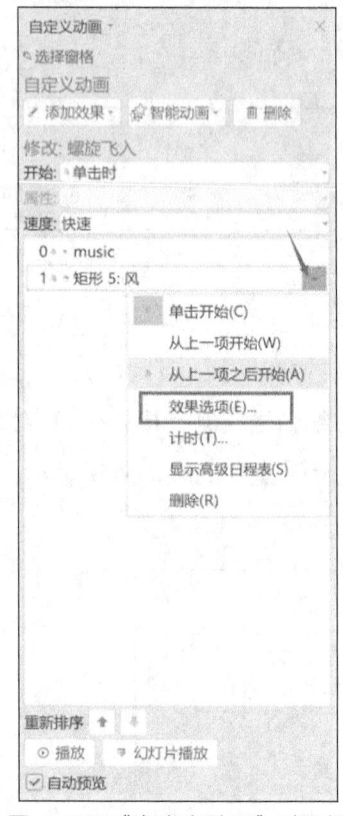

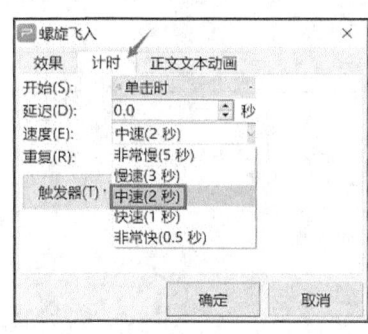

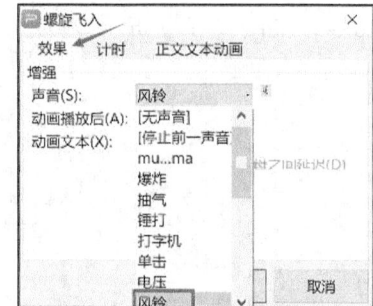

图 4-69 "自定义动画"对话框　　图 4-70 设置动画延迟　　图 4-71 选择声音

⑧ 在"动画"选项卡中单击"预览"按钮，预览动画效果，如不满意可在动画列表中选择对应的动画选项，重新设置合适的动画效果。

（2）设置动画的动作路径

为封面标题幻灯片艺术字"风"字设置运动轨迹，操作步骤如下。

① 选择"校园风光.pptx"演示文稿的第 1 张幻灯片中的"风"字。

② 单击"动画"选项卡，在动画效果栏单击"更多"按钮，拖动滚动条到"绘制自定义路径"，单击"自由曲线"按钮，如图 4-72 所示。

③ 鼠标指针变成笔形，可在幻灯片中绘制随意曲线，即所选对象的动作路径，如图 4-73 所示。

④ 单击"预览效果"按钮，预览动画效果，其他幻灯片对象均可设置自定义动画效果和动作路径。

⑤ 保存演示文稿。

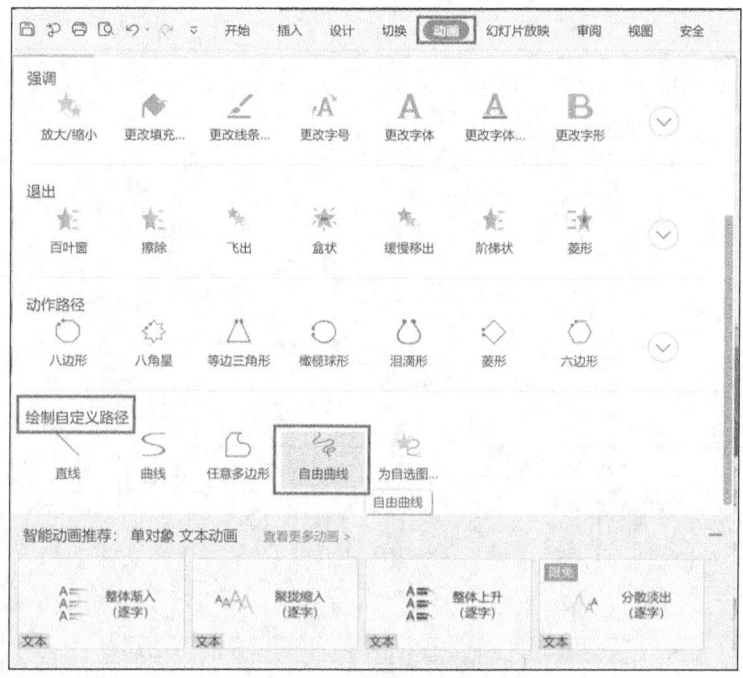

图 4-72 绘制自定义路径

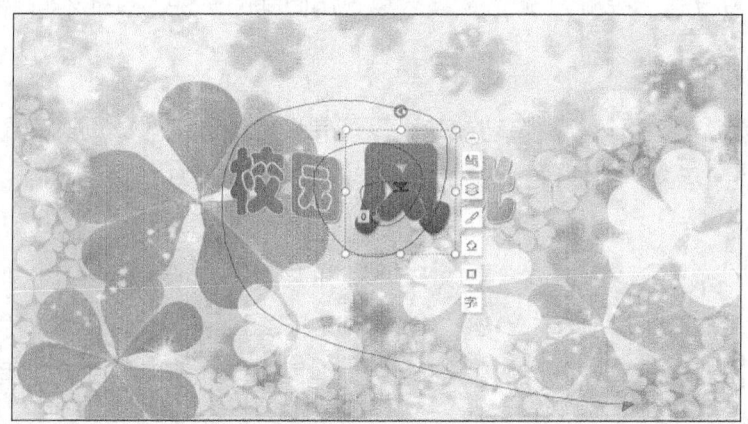

图 4-73 绘制自定义对象的动作路径

6. 幻灯片切换

幻灯片切换效果是指在幻灯片的放映过程中两张幻灯片之间的过渡方式,放映完的幻灯片如何消失,下一张幻灯片如何显示,都可以通过在幻灯片之间设置切换效果来控制。

设置幻灯片的切换效果,操作步骤如下。

① 选择第 1 张幻灯片。

② 单击"切换"选项卡,在幻灯片切换效果栏中选择"擦除"效果,如图 4-74 所示。

③ 单击"效果选项"按钮,在下拉列表框中选择"右下"选项,如图 4-75 所示。

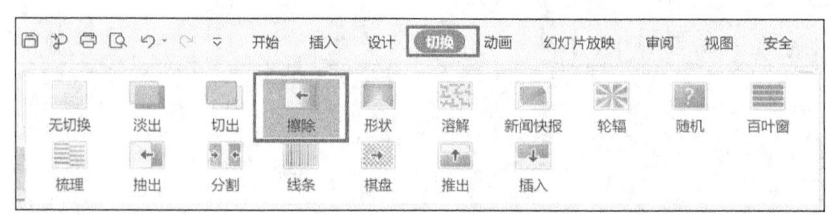
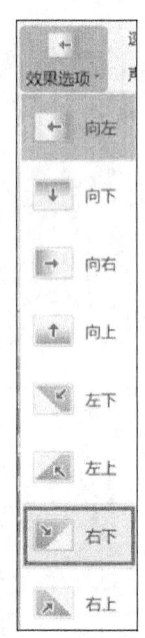

图 4-74　幻灯片切换效果栏　　　　　图 4-75　选择切换效果

④ 单击"预览效果"按钮，预览切换效果，用同样的方法为其他幻灯片设置切换效果。

7. 设置幻灯片自动放映

在某些特殊场合，需要幻灯片自动放映，以及完全自动进行对象浏览。要实现幻灯片循环自动放映，需设置演示文稿的放映排练时间和演示文稿的放映方式。

（1）排练计时

为"校园风光.pptx"演示文稿设置放映排练时间，操作步骤如下。

① 在"幻灯片放映"选项卡中单击"排练计时"按钮，系统自动从第 1 张幻灯片开始放映，此时在幻灯片左上角出现"预演"对话框，如图 4-76 所示。在对话框中自动显示当前幻灯片的停留时间。

图 4-76　排练计时预演窗口

② 按"Enter"键或单击控制每张幻灯片的放映时间，可以边演讲边进行计时。

③ 当放映完最后一张幻灯片时，系统会自动弹出一个对话框，如图 4-77 所示，给出幻灯片放映共需要的时间，并询问："是否保留新的幻灯片排练时间？"单击"是"按钮，此时在幻灯片浏览视图下，可以看到每张幻灯片的下方自动显示放映该幻灯片所需要的时间。如果单击"否"按钮，则将放弃这次的时间设置。

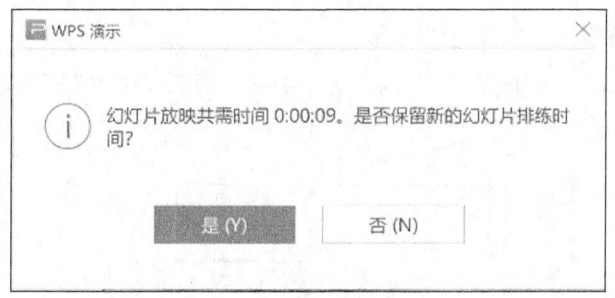

图 4-77　排练计时保存对话框

④ 单击"保存"按钮 ，保存演示文稿。

至此已完成了排练计时操作，但还不能自动循环放映幻灯片，必须进一步设置放映方式。

（2）设置放映方式

为"校园风光.pptx"演示文稿设置放映方式，操作步骤如下。

① 在"幻灯片放映"选项卡中单击"设置放映方式"按钮 ，打开"设置放映方式"对话框，如图 4-78 所示。

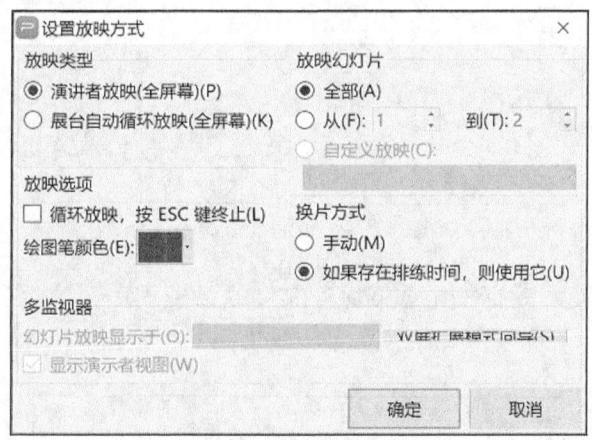

图 4-78　"设置放映方式"对话框

② 在"放映类型"区域中选择"展台自动循环放映（全屏幕）"单选按钮，在"换片方式"区域中选择"如果存在排练时间，则使用它"单选按钮，单击"确定"按钮。

③ 按"F5"键观看放映效果。整个放映过程将在无人干预的情况下不间断地循环进行，直到按"Esc"键才会终止。

8. 演示文稿的打包

通过 WPS 演示，可以与他人共享演示文稿，并且可以共同编辑和修改它们。WPS 演示提供的打包工具可以将演示文稿、其中所链接的文件、嵌入的字体等文件打包到文件夹或者压缩文件中。将"校园风光.pptx"演示文稿打包，操作步骤如下。

① 打开"校园风光.pptx"演示文稿。

② 在"文件"选项卡中选择"文件打包"中的"将演示文档打包成文件夹"命令，如图 4-79 所示。

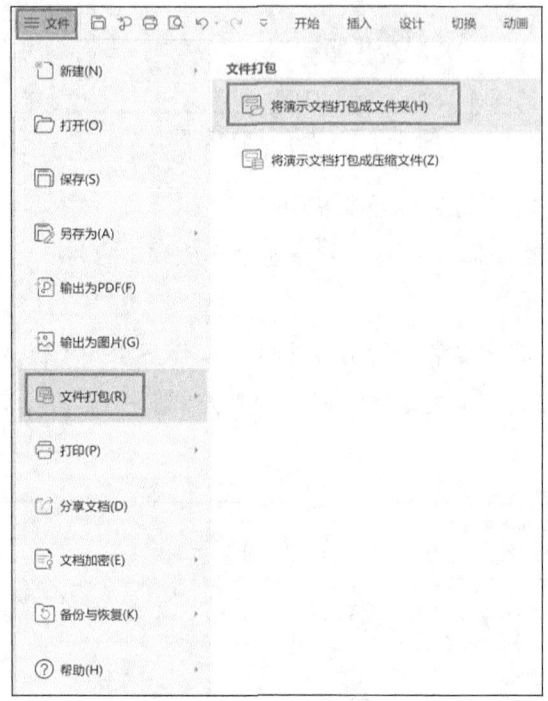

图 4-79　文件打包命令

③ 在"演示文件打包"对话框中选择保存文件的路径，单击"确定"按钮，完成打包操作，如图 4-80 所示。

图 4-80　"演示文件打包"对话框

9. 打印演示文稿

当一份演示文稿制作完成以后，有时需要将演示文稿打印出来。WPS 演示允许用户选择以彩色或黑白方式来打印演示文稿的幻灯片、讲义或备注页。打印"讲义"即将演示文稿中的若干张幻灯片按照一定的组合方式打印在纸张上，可以节约纸张。

将"校园风光.pptx"演示文稿以"讲义"的形式打印出来，操作步骤如下。

① 在"文件"选项卡中选择"打印"中的"打印预览"命令，如图 4-81 所示。

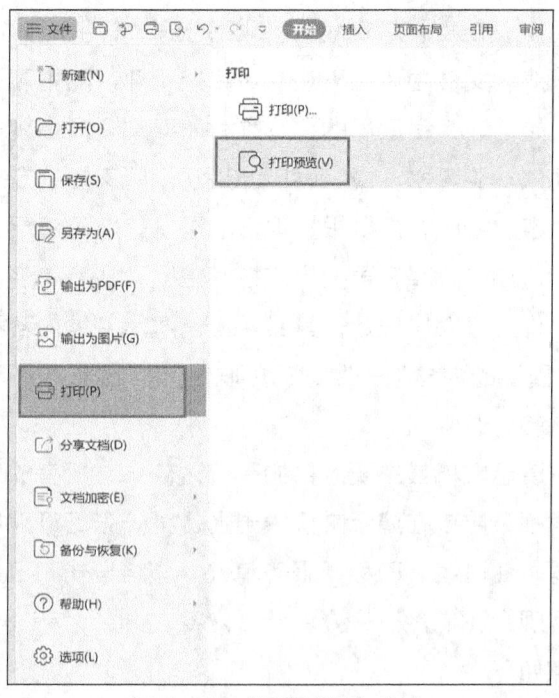

图 4-81 "打印预览"命令

② 在"打印预览"选项卡中单击"打印内容"按钮，在打开的下拉菜单中选择"讲义（每页 2 张幻灯片）"命令，如图 4-82 所示。

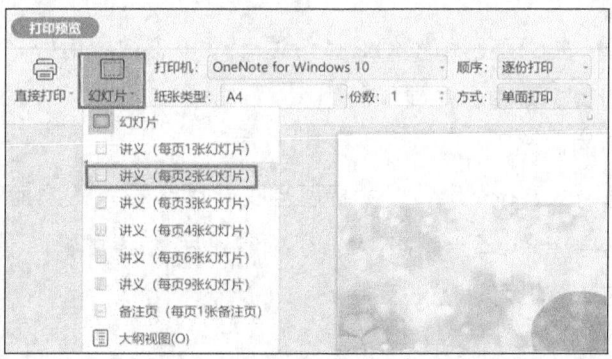

图 4-82 幻灯片"讲义"打印

③ 在"份数"区域中设置打印份数，单击"确定"按钮开始打印。

拓展阅读

演示文稿是说话的艺术。要说服观众接受我们的观点，首先要抓住观众的注意力，然后帮助观众清楚地了解我们要传达的信息，引导观众同意我们的观点，最后建立共识。下面分享制作演示文稿的一些小经验。

首先要了解我们的观众。如果能够事先知道观众的基本信息，那么在设计演示文稿内容时，就可以将观众的特性融入演示文稿中。如果观众对我们所要讲的主题已经很熟悉，我们却还在讲众人皆知的基本观念，是会让人很厌烦的；反之，如果观众对主题一点也不熟悉，而我们一下子就切入核心，会让观众一头雾水，或者满口都是观众听不懂的专有名词、英文缩略词，那么观众也不会对演讲感兴趣。所以，需要根据观众的需求来准备演示文稿内容，当为观众建立背景知识时，务必对此知识加以解释，再把焦点拉回主题，让所有观众都能理解。

然后对演示文稿的结构进行编排设计。其实，准备演示文稿内容和写文章是一样的，确定题目后，先列出大纲，把重要的观念和关键词的关联性架构出来，接下来再加上创意，以数据、图表、动画等视觉工具来辅助说明。

最后编辑相关信息。演示文稿最主要的目的是传达信息，所有的内容都应该辅助信息的传达，与此目标无关的内容都不应该在演示文稿中出现。第一张幻灯片应提供下列完整的信息，包括会议名称、演讲主题、演讲者、职称、服务单位、联络方式、日期等。还需要准备一张幻灯片标示内容大纲，告诉观众我们接下来要讲什么内容。

演示文稿的设计要点如下。

（1）文字的使用

善用 WPS 演示文稿设计模板，可以省去配色定字形的时间。切记，演示文稿只是辅助信息传达的工具，而真正传达信息、说服观众的是演讲者，所以不要将所有文字都罗列在幻灯片上，照本宣科。

制作幻灯片需遵循一些原则：每张幻灯片传达 5 个概念效果最好，7 个概念人脑恰好可以处理，超过 9 个概念则负担太重，需要重新组织。

（2）文字字号大小的选择

幻灯片的文字字号要大、行数要少，大标题至少要用字号为"44 磅"以上的字，如果演讲会场很大的话，字号需再加大。幻灯片的大、小标题，尽量用粗体，不要选用系统预设以外的字体设计，因为会场的计算机可能无法支持。

（3）标题的使用

标题是每张幻灯片的主题，需简洁有力地传达每张幻灯片的重点，最好用 5~9 个字来说明。

（4）缩写的使用

用英文缩写可以让演示文稿内容更精简、更专业，但缩写只有对非常熟悉主题的人才有用，所以除非我们非常确定观众的背景，否则还是需要将全文拼出。

（5）数字的使用

统计数字也是演示文稿常用的信息，在演示文稿中引用统计数字时，宜以精确数字呈现，但在口述时不要太拘泥于精确数字，而应使用近似值，因为近似值容易记忆，容易使听众产生联想。只有在有特殊目的的时候，才需要使用精确数字。

（6）图表的使用

表胜于文，图胜于表，图表只需添加标题，不需要加上文字解释图表内容。

（7）动画的使用

我们经常利用饼图、柱形图等来呈现统计数字，此时也可以加些创意，以动画来呈现市场占有率或业绩成长，令人印象更深刻。

（8）信息来源的标注

演示文稿也应该尊重知识产权，注明资料来源，一来可以表示所引用信息的权威性，二来也可彰显演讲者的专业。幻灯片中的信息来源也应该采用标准书目格式，以免挂一漏万，可将信息来源放在每张幻灯片的最下方。

课后练习

利用提供的素材制作演示文稿"古代诗歌鉴赏.pptx"，效果如图 4-83 所示，制作要求如下。

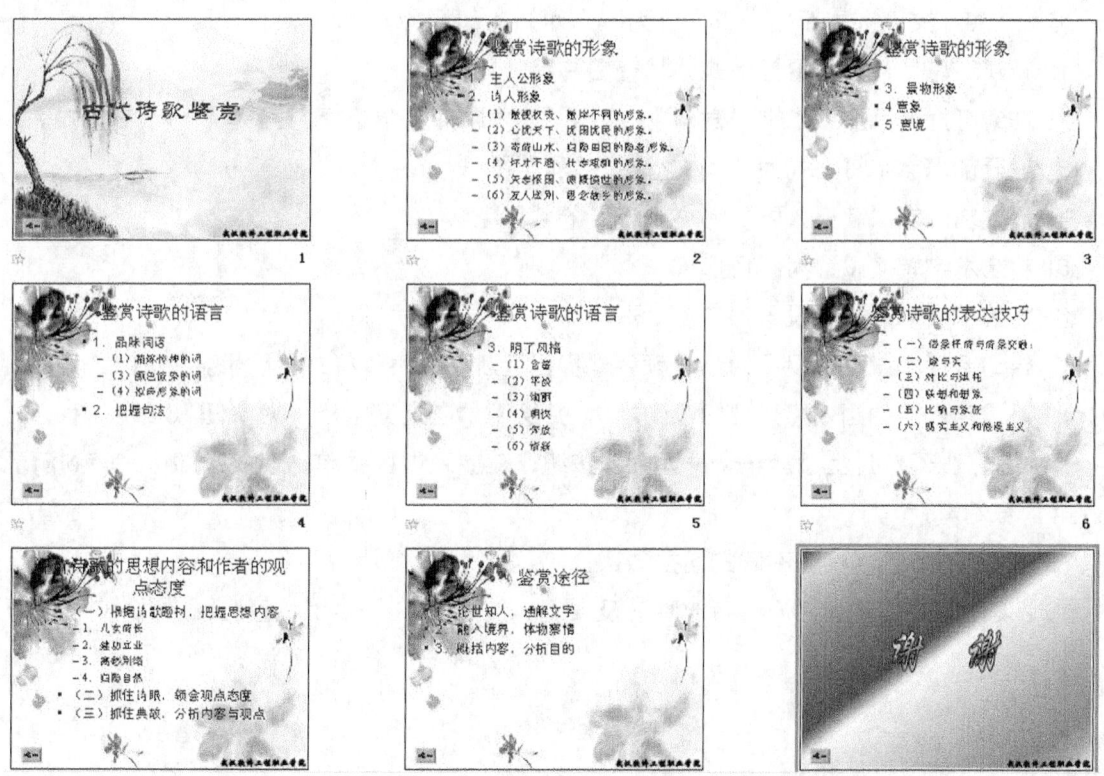

图 4-83 "古代诗歌鉴赏.pptx"演示文稿

（1）制作标题幻灯片"古代诗歌鉴赏"，效果如图 4-83 所示。

① 将"古代诗歌鉴赏（素材）.doc"作为幻灯片大纲插入新建演示文稿中。

② 删除空白幻灯片。
③ 将"古代诗歌鉴赏"幻灯片版式设置为"标题幻灯片"。
④ 将标题"古代诗歌鉴赏"文本的字符格式设置为"华文隶书""66 磅"。
⑤ 将标题"古代诗歌鉴赏"的动画效果设置为"轮子"-"3 轮辐图案",速度设置为"快速"。

（2）将演示文稿中的幻灯片根据内容适当拆分,并将标题内容复制到拆分的新幻灯片中,适当调整文本位置。

（3）设置幻灯片背景,具体步骤如下。
① 将使用"标题幻灯片"版式的幻灯片背景设置为"background1.jpg"。
② 将使用"标题和文本"版式的幻灯片背景设置为"background2.jpg"。

（4）修改使用"标题和文本"版式的幻灯片主题颜色。
① 将"标题文本"设置为"蓝色"。
② 将"内容文本"设置为"深绿色"。

（5）在演示文稿的每张幻灯片上添加"校名.emf"图片,将图片置于幻灯片的右下角,并适当调整图片大小。

（6）在演示文稿末尾新建一张内容为"谢谢"的幻灯片。
① 新建幻灯片,并设置其版式为"空白"版式。
② 在幻灯片上添加艺术字"谢谢",使用"艺术字库"中第 2 行第 1 个艺术字样式。
③ 设置艺术字字符格式为"华文行楷""加粗"。
④ 设置艺术字"填充效果"为"预设"的"铬色"。
⑤ 将艺术字转换设置为"桥形"。
⑥ 将艺术字字符间距设置为"200%"。
⑦ 将幻灯片"背景"设置为预设颜色"极目远眺","底纹样式"设置为"斜上"。
⑧ 设置艺术字动画效果为"曲线向上",并绘制"自定义路径"为"任意曲线"。

（7）在各张幻灯片上添加一个"返回"按钮,在放映过程中单击该按钮即可跳转到演示文稿的第 1 张幻灯片。

（8）为每张幻灯片设置不同的切换效果。

（9）设置放映方式为"演讲者放映"及"循环放映,按'Esc'键终止"。

第 5 章
计算机网络及使用

随着网络技术的发展,计算机网络已深入社会的各个领域,今天的网络是我们学习的一种工具,也是我们生活的一种方式。

学习内容:

- 计算机网络的基本概念、原理。
- 互联网的基本概念、原理。
- 使用互联网的基本方法。

学习目标:

- 了解计算机网络的发展和计算机网络的功能。
- 理解常用网络术语和常用网络设备。
- 掌握网络的多种分类。
- 理解互联网的 TCP/IP 体系结构。
- 掌握互联网的工作原理。
- 掌握互联网的接入方法。
- 掌握浏览器的使用方法。
- 掌握使用 Outlook Express 收发电子邮件的方法。

5.1 了解计算机网络

计算机技术与通信技术高度发展,两种技术相互渗透、紧密结合,产生了计算机网络技术。计算机网络技术发展的根本目的是实现资源共享。计算机网络就是将不同地理位置的、具有独立计算能力的计算机或者计算机系统,通过通信技术相互连接起来,实现数据传输和资源共享的系统。

计算机网络从二十世纪五六十年代形成雏形,发展到现在,经历了面向终端的连机系统、计算机—计算机网络、开放式标准化网络、互联网的广泛应用与高速网络技术使用 4 个阶段。

5.1.1 计算机网络的功能

1. 资源共享

资源共享是计算机网络最重要的功能之一。这里的资源包含数据、硬件和软件资源。硬件资源指的是计算机的处理能力、存储能力和网络信道带宽等。网络允许用户远程访问数据库，通过网络还可以实现网络文件传送、远程文件访问、远程管理等服务。

2. 信息交流

计算机网络为不同地点的用户提供了信息交流的通信手段，用户可以使用计算机网络发送电子邮件、发微博、进行电子商务、进行远程教育等。

3. 分布式处理

利用计算机网络技术可以将网络中的许多计算机连接成一个高性能的计算机系统，使计算机具有解决复杂问题的能力。将一个较大的处理任务划分为多个小任务，分配给网络中的多个计算机系统完成，若多个小任务完成后，将结果反馈给统一管理任务的计算机。

5.1.2 计算机网络的分类

计算机网络可以按多种标准分类，具体分类如下。

1. 按网络分布的地理范围分类

按照网络中计算机覆盖的地理范围，可以把计算机网络分为局域网（Local Area Network，LAN）、城域网（Metropolitan Area Network，MAN）和广域网（Wide Area Network，WAN）。

（1）局域网

局域网通常指覆盖范围在几千米以内的网络。将一个办公室、一栋或者几栋建筑内的计算机连接起来构成的网络就是局域网。局域网采用基带传输技术直接处理数字信号，具有延迟低、成本低、组网容易、易维护等优点。

（2）城域网

城域网的覆盖范围一般是一座城市或一个地区，由多个局域网组成，可以为个人或者企业、事业单位提供接入互联网的服务。

（3）广域网

广域网的覆盖范围可达数百至数千平方千米，由多个城域网互联而成，常见的广域网有

ChinaNet（中国公用计算机网）、Internet等。广域网结构较为复杂，组网的成本比较高。

2. 按照传输介质分类

计算机网络根据传输介质可分为有线网和无线网。

（1）有线网

使用双绞线、光纤和同轴电缆等介质传输数据的网络被称为有线网。

（2）无线网

无线网使用空气作为传输介质，具有安装便捷、使用灵活、成本低、易于扩展等优点。

无线局域网（Wireless Lan，WLAN）是局域网技术与无线通信技术相结合的产物，常用的无线局域网技术有802.11和蓝牙（Bluetooth）等。

5.1.3 常见网络术语

1. 数据

在计算机系统中，所有信息都是用数据的方式来存储的。各种字符、数字、语音、图形、图像等都是数据的表现形式，数据经过加工后就成为信息。

2. 信号

信号是数据的电子或电磁编码的表现方式。信号有模拟信号和数字信号两种。

（1）模拟信号

模拟信号是随时间连续变化的电流、电压或电磁波，固定电话机的电话线所传输的信号就是模拟信号。

（2）数字信号

数字信号是一系列离散的电脉冲，用某一瞬间的状态变化来表示要传输的数据，计算机产生的电信号为0、1这样的数字信号。

3. 信道

信道是信息传输的通道，作用是把携带有信息的信号从信源端传递到信宿端。根据传输介质的不同，信道可分为有线信道和无线信道两类。

4. 上传

上传指将数据从本地的计算机传递到远程的计算机系统上，上传的英文是"upload"。常见的将网页、文字、图片传输到远程服务器的操作都是上传。

5. 下载

把远程计算机系统上的数据通过网络传输到本地计算机上的过程称为下载。下载一词的英文是"download"。在网络应用中，只要是从网络上获得本地计算机上没有的信息的活动都可以认为是下载，如在线听歌、在线看电影、收电子邮件等。

6. 传输速率

传输速率指网络设备在单位时间内传输的数据量，常见单位为比特/秒，多被记作 bit/s 或 b/s。

7. 带宽

通信介质可以传输的频率范围，即最高频率与最低频率之差。它也被用来衡量信道传递数据的能力。在数字设备中，带宽通常以 bit/s 表示，即每秒可传输的数据量。在模拟设备中，带宽通常以频率（Hz）来表示。

8. 协议

协议（Protocol）是指网络中的计算机之间进行通信时必须共同遵守的规定、规则、标准或约定。协议也可以理解为连入网络的计算机都要遵循的技术规范，如硬件、软件和端口的一些技术规范。

9. 网络拓扑结构

网络拓扑结构是指计算机网络系统中各种物理设备之间的物理布局和相互关系。网络拓扑结构与网络的传输介质和节点之间的距离无关。常见的网络拓扑结构主要有星形、环形、总线型、树形和网状几种。

10. 以太网

以太网（Ethernet）是一种较成熟的局域网技术，它使用 IEEE802.3 标准规定的带冲突检测的载波监听多路访问（CSMA/CD）技术控制多个用户共用一条信道。目前应用广泛的有快速以太网（100Mbit/s）、千兆以太网（1Gbit/s）和万兆以太网（10Gbit/s）技术。

5.1.4 常用网络设备

1. 网卡

网卡（Network Interface Card，NIC）又称网络适配器或者网络接口卡。网卡是最常见的网络设备之一，常见的计算机都已经在主板上集成了网卡，如图 5-1 所示。在服务器、交换机、路由器这些网络设备中，往往还有多个网卡。

网卡是计算机与传输介质的接口设备，计算机通过网卡进行编码和解码、发送和接收数据，还可进行介质访问控制。家用和商用计算机中集成网卡多为 RJ-45 接口,如图 5-2 所示。普通的网卡通信速度已达到 100Mbit/s 以上。

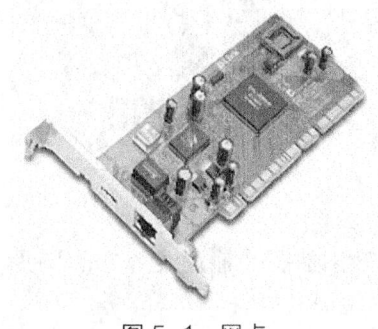

图 5-1　网卡　　　　　　　　　　　图 5-2　RJ-45 接口

2. 无线网卡

无线网卡的功能和原理与网卡一样,但是无线网卡使用无线电波作为传输介质,多用在无线局域网中。无线网卡通过无线局域网中的无线接入点(Access Point,AP)连入网络。无线网卡目前已广泛作为标准配置内置于笔记本计算机、平板计算机、手机等一些数码设备中。外置的无线网卡外形与 U 盘类似,采用 USB 接口,如图 5-3 所示。

无线网卡工作时使用的协议不同,传输速率也不一样。使用 802.11b　图 5-3　外置无线网卡
标准的无线网卡传输速率为 11Mbit/s,使用 802.11g 标准的无线网卡传输速率为 54Mbit/s,使用 802.11n 标准的无线网卡传输速率为 300Mbit/s。

注意

Wi-Fi(Wireless Fidelity)是一种无线局域网技术。Wi-Fi 技术的使用需要"热点",即无线路由器或者无线网关这些网络设备。家庭的无线路由器连上一条 ADSL 线路,支持 Wi-Fi 功能的手机、平板计算机、笔记本计算机等设备都可以使用 Wi-Fi 技术上网。现在,机场、咖啡店、旅馆、书店及校园等地方 Wi-Fi 已较为常见。

3. 双绞线

双绞线(Twisted Pair)是目前网络布线中较常用的传输介质,如图 5-4 所示。双绞线把两根绝缘的铜导线按一定密度互相绞在一起,可降低信号干扰的程度。双绞线可分为非屏蔽双绞线(Unshielded Twisted Pair,UTP)和屏蔽双绞线(Shielded Twisted Pair,STP),屏蔽双绞线的外层由铝箔包裹着,因此屏蔽双绞线的价格相对要高一些。

双绞线用 RJ-45 水晶头连接在网络设备上,这种 RJ-45 接头与电话中使用的 RJ-11 接头非常相似,如图 5-5 所示。这些接头要比 T 形接头便宜,而且在移动时不易受损。

图 5-4 双绞线

图 5-5 水晶头

与其他传输介质相比，双绞线在传输距离、信道宽度和数据传输速度等方面均受一定限制，但价格低廉。

4. 光纤

光纤（Optical Fiber）是光导纤维的简称，是一种细而柔韧的光束传输媒质，如图 5-6 所示。光纤通常是由石英玻璃制成，纤芯是光纤中横截面积很小的双层同心圆柱体。光导纤维电缆由一捆光纤组成，简称光缆。光缆是数据传输中一种常见的传输介质。

光纤传输具有频带宽、损耗低、重量轻、抗干扰性强、工作性能稳定等优点。在网络传输中，光在光纤中的传导损耗比电在电线中的传导损耗低得多，所以光纤在长距离的信息传递中有较大优势。

5. 交换机

交换机（Switch）是一种用于数据转发的网络设备，具有简化、低价、高性能和端口密集等特点，产品如图 5-7 所示。

计算机网络中使用的交换机可分为两种：广域网交换机和局域网交换机。广域网交换机主要应用于电信领域，提供通信用的基础平台。局域网交换机则应用于局域网，用于连接终端设备，如 PC 机及网络打印机等。作为局域网的主要连接设备，以太网交换机成为应用普及最快的网络设备之一。

图 5-6 光纤

图 5-7 交换机

6. 路由器

路由器（Router）能在两个局域网之间按数据包传输数据，其主要用途是连接多个网络。

路由器能根据信道的情况自动选择和设定，以最佳路径发送数据。路由器是互联网的关键网络设备，如图 5-8 所示。

从使用的用户对象来划分，路由器可以分为接入路由器、企业级路由器、骨干级路由器等。家庭和小型局域网用户多通过接入路由器连接到互联网，接入路由器支持 SLIP、PPP、PPTP 和 IPSec 等网络技术。

无线路由器是一种用来连接有线网络和无线网络的网络设备，如图 5-9 所示。无线路由器集 AP、路由器和交换功能于一身，它可以通过 Wi-Fi 技术收发无线信号来连接笔记本计算机、平板计算机、智能手机等设备。通过无线路由器可以在不设电缆的情况下，方便快捷地搭建一个家庭或其他小型局域网。

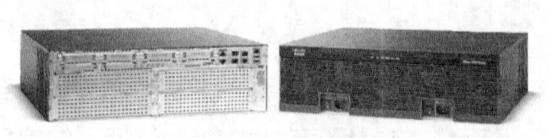

图 5-8　路由器

图 5-9　无线路由器

5.2　认识互联网

5.2.1　了解互联网

Internet 称为因特网或者互联网，是一个开放的全球性的广域网，Internet 的骨干网已经覆盖了全球。Internet 对全世界的经济、社会、科学、文化等多个领域产生了深远的影响。

20 世纪 60 年代，美国国防部高级研究计划局（Advance Research Projects Agency，ARPA）建立了计算机实验网 ARPANet，建网的目的是帮助美国军方的科研人员通过计算机交换信息。1969 年 12 月，ARPANet 投入运行，建成了一个由 4 个节点连接而成的网络。到 1983 年，ARPANet 已连接了三百多台计算机，供美国各研究机构和政府部门使用。1988 年，美国国家科学基金组织（National Science Foundation，NSF）建立了 NSFNet，将美国各地的 5 个为科研教育服务的超级计算机中心互联，逐步取代了 ARPANet。1990 年左右，ARPANet 正式关闭。20 世纪 90 年代初，Internet 开始走向商业化。今天的 Internet 已不再局限于计算机人员和军事部门进行科研的领域，而变成了覆盖全球的信息海洋。

Internet 的常见应用如下。

1. WWW

WWW 是网络用户使用最多、最基本的网络应用。WWW 是环球信息网（World Wide Web）的缩写，也可以简称为 Web，中文名字为"万维网"。网络用户可以访问 Internet 上的任何网站，在网上畅游，能够"足不出户尽知天下事"。WWW 提供丰富的文本、图形、音频、视频等多媒体信息，并将这些内容集合在一起，并提供导航功能，使用户可以方便地在各个页面之间进行浏览。由于 WWW 内容丰富，浏览方便，目前已经成为互联网最重要的服务。

2. 电子邮件

电子邮件（E-mail）是早期互联网三大经典应用之一，目前也有广泛应用，是一种用电子手段提供信息交换的通信方式。电子邮件支持对方不在线的信息通信，和其他通信方式相比，它具有使用价格低廉、快捷方便等特点。

3. 信息检索

Internet 是一个巨大的信息资源库，使用搜索引擎，可以在浩瀚的知识海洋里找到自己需要的信息。搜索引擎是提供信息检索服务的工具平台，它使用某些程序把互联网上的信息进行收集和归类。搜索引擎其实就是一个网站，是专门提供信息检索服务的网站。

当用户以关键词查找信息时，搜索引擎会在数据库中进行搜寻，如果找到与用户要求内容相符的网站，便采用特殊的算法计算出各网页的相关度及排名等级，然后根据关联度高低，按顺序将这些网页链接返回给用户。著名的搜索引擎有 Google、百度等。

4. 电子商务

电子商务是利用计算机技术、网络技术和远程通信技术，使整个商务过程实现电子化、数字化和网络化的一种技术。电子商务以互联网为工具，使买卖双方不见面就能进行各种商业和贸易活动。

电子商务一般可分为企业对企业（Business-to-Business，B2B）、企业对消费者（Business-to-Consumer，B2C）、消费者对消费者（Consumer-to-Consumer，C2C）、企业对政府（Business-to-government，B2G）4 种模式。随着国内网络使用人数的增加，利用网络进行购物、付费的消费方式已广泛流行，网购的市场份额也在迅速增长，电子商务网站也越来越多。常见的电子商务网站有淘宝网、当当、京东等。

5. 即时通信

即时通信（Instant Messenger，IM）是指能够通过网络即时发送和接收消息的一种通信技术。

早期的即时通信工具软件主要具有聊天功能，随着功能的日益丰富，现在的即时通信软件逐渐集成了电子邮件、网络日志、音乐、电视、游戏和搜索等多种功能，已经发展成集交流、资讯、娱乐、搜索、电子商务、办公协作和企业客户服务等为一体的综合化信息平台。微信、QQ 是常见的即时通信软件。

随着人们生活的丰富多彩，基于 Internet 的应用还有文件传输、网上听歌、网上看电影、网上炒股、网络求职、网上银行、远程教育、远程医疗等多种。

5.2.2 互联网工作原理

1. 互联网体系结构

Internet 的体系结构为 TCP/IP 协议族，简称 TCP/IP，凡是遵循 TCP/IP 的计算机网络都能相互通信。

为统一网络软硬件资源的生产标准，Internet 的体系结构使用分层的方法进行管理，每一层都有相关的协议。TCP/IP 的层次模型分为 4 层，如图 5-11 所示。

最顶层为应用层，该层中有 HTTP、FTP、SMTP、DNS、SNMP 等协议。HTTP（Hypertext Transport Protocol）是超文本传送协议，它允许将超文本标记语言（Hypertext Markup Language，HTML）文档从 Web 服务器传输到客户机浏览器。FTP（File Transfer Protocol）是文件传输协议，协议的任务是将文件从一台计算机传输到另一台计算机，分为服务器端和客户端。

应用层	Telnet	FTP	SMTP	DNS	HTTP	SNMP
传输层	TCP			UDP		
网络层			IP		IGMP	ICMP
	ARP					
网络接口层	Ethernet		Token Ring	Frame Relay		ATM

图 5-11 TCP/IP 的层次模型

第 3 层为传输层，主要包括 TCP 和 UDP。TCP（Transmission Control Protocol）是传输控制协议，它把数据分成若干个数据包，给每个数据包写上序号，以便接收端按原始的顺序把数据还原成原来的格式。TCP 的目的是确保数据的可靠传输，一旦某个数据包丢失或者损坏，TCP 会要求发送端重新发送这个数据包。

第 2 层为网络层，主要包括 IP。IP（Internet Protocol）是网间协议，它给每个数据包写上发送主机和接收主机的地址，一旦写上源地址和目标地址，数据包就可以在物理网上传输了。IP 还具有利用路由算法进行路由选择的功能。

底层为网络接口层，常用的有以太网技术规范。

2. IP 地址

在日常生活中，我们买了手机如果不使用手机号，手机无法正常通信。计算机网络世界也是一样，如果计算机相互之间要通信，也必须给每台计算机指定一个号码，这个号码就是 IP 地址。IP 地址是为标识 Internet 上主机位置而设置的。

在计算机内部，IP 地址是一个 32 位的二进制数，由 4 个 8 位二进制数组成。为了书写和使用方便，IP 地址通常用"点分十进制"数来表示，形式为 4 组数字，每组数字介于 0～255 之间，每组数字之间用圆点分隔。如某一台计算机的 IP 地址可为 15.96.3.120，但不能为 260.360.2.16。

在日常生活中，我们可以通过手机号知道该号码属于哪一个运营商（未转网情况），如 139 开头的手机号是中国移动的号码，130 开头的手机号是中国联通的号码。为了便于寻址和路由，将 32 位的 IP 地址进行划分，每个 IP 地址包括两个标识码（ID），即网络 ID 和主机 ID。同一个物理网络上的所有主机都使用同一个网络 ID，网络上的一个主机有一个主机 ID 与其对应。Internet 委员会定义了 5 种 IP 地址类型以适合不同容量的网络，即 A 类～E 类。

A 类：0.0.0.0～127.255.255.255。

B 类：128.0.0.0～191.255.255.255。

C 类：192.0.0.0～223.255.255.255。

D 类 IP 地址是一个专门保留的地址，它并不表示特定的网络，目前这一类地址被用在多点广播（Multicast）中。多点广播地址每次可以寻址一组计算机，它标识共享同一协议的一组计算机。

E 类 IP 地址保留，仅用作实验和开发。

私有地址（Private Address）属于非注册地址，专门在组织机构内部使用。下面列出留用的内部私有地址。

A 类 10.0.0.0～10.255.255.255。

B 类 172.16.0.0～172.31.255.255。

C 类 192.168.0.0～192.168.255.255。

在设置 IP 地址时，还有一个子网掩码。通过 IP 地址和子网掩码可以计算出两台主机是否在同一网络中。子网掩码的表示方法和 IP 地址一样，也是 32 位的二进制数，它将 IP 地址中的网络 ID 用 1 表示，主机 ID 用 0 表示。若两台主机的 IP 地址与子网掩码相"与"后的结果相同，则说明这两台主机在同一个子网中。

从 IP 地址的表示方法可以看到，IP 地址的数量是一种有限的资源，为了避免 IP 地址分配完毕影响互联网的发展，目前已广泛使用 IPv6 版本的协议，IPv6 地址长度为 128 位，几乎可以不受限制地提供地址。

3. 域名

互联网上相互通信的主机都有唯一的 IP 地址标识。网络上有许许多多可以提供资源共享和访问的主机，如 WWW 服务器、邮件服务器、文件服务器，如果让我们记住这些机器的 IP 地址再进行访问，显然是一件非常困难的事。因此，人们想出了一个办法，就是用字符串来表达主机的 IP 地址，这种代表 IP 地址的字符串就是域名。

域名的管理有一套完整严格的系统，称为域名系统，即 DNS（Domain Name System）。DNS 是一种采用客户与服务器机制实现名称与 IP 地址转换的系统，由名字分布数据库组成。它建立了叫作域名空间的逻辑树结构，是负责分配、改写、查询域名的综合性服务系统，该空间中的每个节点或域都有唯一的名字。

域名由字符串组成，每个字符串间用圆点分隔，域名中的标号都由英文字母或数字组成，每一个标号不超过 63 个字符，也不区分大小写字母。级别最低的域名写在最左边，而级别最高的域名写在最右边，由多个标号组成的完整域名总共不超过 255 个字符。常见的域名格式如下。

主机名.子域名.二级域名.顶级域名

常见的域名有 www.****.com.cn、mail.****.com。

顶级域名由国家和地区代码或代表组织类型的域名代码组成。在国家和地区代码中，cn 代表中国、uk 代表英国、kr 代表韩国等。顶级域的命名由国际互联网络信息中心（Internet Network Information Center，InterNIC）进行管理和维护。常用的组织类型代码见表 5-1。

表 5-1　常用组织类型代码表

域名代码	意义
.com	商业组织
.edu	教育机构
.gov	政府机关
.net	网络机构
.org	组织机构

当顶级域名为国家和地区代码时，二级域名中可以是组织类型代码，表明这个组织机构在这个国家或地区的域名结构下。二级域名也由 InterNIC 负责管理和维护。

子域名是在二级域名的下面所创建的域名，它一般由各个组织根据自己的需求与要求自行创建和维护，大多以自己组织的拼音、英文单词缩写命名，命名的原则是要让用户越容易记住越好。

主机名是域名命名空间中的最底层，是提供网络服务的计算机的名字。为便于用户记忆，一般提供网页浏览服务的服务器主机名为 www，提供邮件服务的主机名为 mail。

DNS 服务器是提供域名和 IP 地址转换服务的计算机，互联网的正常工作离不开众多 DNS 服务器日夜不停运转，为我们提供域名解析服务。

4. 统一资源定位符

统一资源定位符（Uniform Resource Locator，URL）是专为标识 Internet 网上资源位置而设计的一种表示和书写方式，我们平时所说的网址指的就是 URL。URL 的格式如下。

协议://主机 IP 地址或域名地址/资源所在路径/文件名

例如 http://www.m**.gov.cn/publicfiles/business/htmlfiles/moe/moe_1485/201203/131427.html 是一个网页的 URL。从这个 URL 中，我们可以知道，使用 HTTP 协议去访问域名为 www.m**.gov.cn 的服务器，具体要访问的是 publicfiles/business/htmlfiles/moe/moe_1485/201203 这个路径下文件名为 131427.html 的网页。

有些时候，我们不需要知道访问网页的具体路径和文件名，此时只需要打开网站首页，在浏览器的地址栏里直接输入服务器域名即可，如输入 http://www.****.com.cn。

5. 工作模式

在互联网中，通信采用客户机-服务器（Client/Server）模式，简称 C/S 模式。客户机是一个需要资源的计算机，而服务器则是提供资源的计算机。一个客户机可以向许多不同的服务器请求访问资源，一个服务器也可以向多个不同的客户机提供服务。通常情况下，一个客户机需要访问资源时启动与某个服务器的对话，服务器通常是等待客户机请求的一个自动程序。协议是客户机请求服务器和服务器如何应答请求的各种方法的定义。在整个访问过程中客户机与服务器分别完成自己的任务。

客户机任务如下。

（1）客户机通过程序生成访问请求。

（2）发送请求给服务器。

（3）接收服务器发送的应答内容。

服务器任务如下。

（1）接收连接请求。

（2）访问请求的合法性检查。

（3）收集客户机访问所需的数据，并进行有效性和安全性检查。

（4）将数据发送给客户机。

5.2.3 接入互联网

互联网的接入需要通过 Internet 服务提供商（Internet Service Provider，ISP）提供分配

IP 地址、网关、DNS、接入等服务。我国现在有中国电信、中国移动、中国联通三大基础运营商，另外还有长城宽带、艾普宽带等第三方宽带业务提供商。

目前常见的 Internet 接入方法有光纤接入、光纤同轴电缆混合网接入、局域网接入、无线网络接入等。

5.3 任务：使用互联网

【任务描述】

小明的大学学习生活到了最后一个学期，需要撰写毕业论文。论文的撰写需要收集相关的素材和资料，也需要经常请教指导老师论文方面的问题，根据老师的修改意见及时修改论文。经过努力，小明出色地完成了毕业论文，顺利毕业。

【任务分析】

小明毕业前的这段学习生活是每个大学生都会经历的一个学习阶段，正确、高效地使用互联网，从互联网中获取需要的信息和资源，使用网络及时、快速地传输信息，这些都是大学生必不可少的技能。

【详细步骤】

1. 浏览网页

浏览器是访问 WWW 服务的一种工具，访问 WWW 服务俗称"上网"或"网上冲浪"。常见的浏览器有微软的 Internet Explorer（IE）和 Edge、360 的 360 安全浏览器等。在 Windows 10 中，微软用 Edge 取代了 IE。

下面使用 Windows 10 中的 360 安全浏览器说明浏览器的基本使用方法。

（1）安装浏览器

在 360 主页中下载 360 安全浏览器安装程序，按照提示运行安装程序安装浏览器。

（2）浏览网页

启动浏览器。在地址栏中输入网址，按"Enter"键打开网址页面，如图 5-22 所示。

网页中的超链接可以实现页面跳转。通常，将鼠标指针指向超链接时，鼠标指针变为形状，此时单击超链接，可跳转到链接的页面。单击快速工具栏中的"后退"按钮 < 或按"Alt+←"组合键，可返回前一个访问过的页面；单击"前进"按钮 > 或"Alt+→"组合键，可前进到后一个访问过的页面。

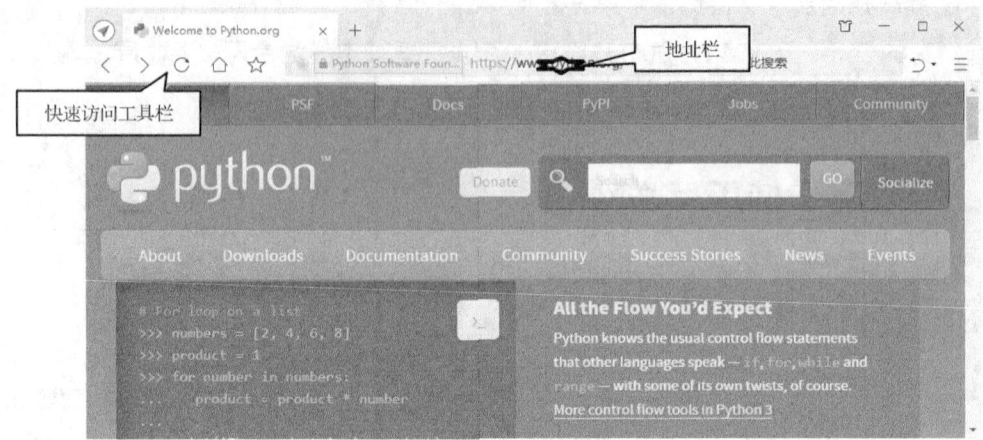

图 5-22　浏览网页

（3）使用收藏夹

收藏夹可保存网页的网址，以便快速打开网页。在网页空白位置单击鼠标右键，在弹出的快捷菜单中选择"添加到收藏夹"命令，打开"添加收藏"对话框，如图 5-23 所示。在"名称"文本框中可修改网页收藏名称，单击"添加"按钮，可将网页添加到收藏夹。

图 5-23　"添加收藏"对话框

单击浏览器快速工具栏中的"管理收藏"按钮☆，打开收藏菜单，在菜单中单击网页收藏名称，可快速在浏览器中打开网页。

（4）访问历史记录

历史记录保存了网页浏览记录。单击浏览器右上角的"打开菜单"按钮≡，打开浏览器菜单，在菜单中单击"历史"按钮，打开历史记录管理页面，如图 5-24 所示。

历史记录管理页面默认显示当前日期的网页浏览记录。如果要查看其他日期的记录，可在页面左侧的日期列表中选择日期，显示对应日期的网页浏览记录。在网页浏览记录列表中单击网页收藏名称，可打开网页。

图 5-24　历史记录管理页面

（5）保存网页

保存网页的操作步骤如下。

① 单击浏览器右上角的"打开菜单"按钮三，打开浏览器菜单。在菜单中单击"保存网页"按钮，打开"另存为"对话框，如图 5-25 所示。

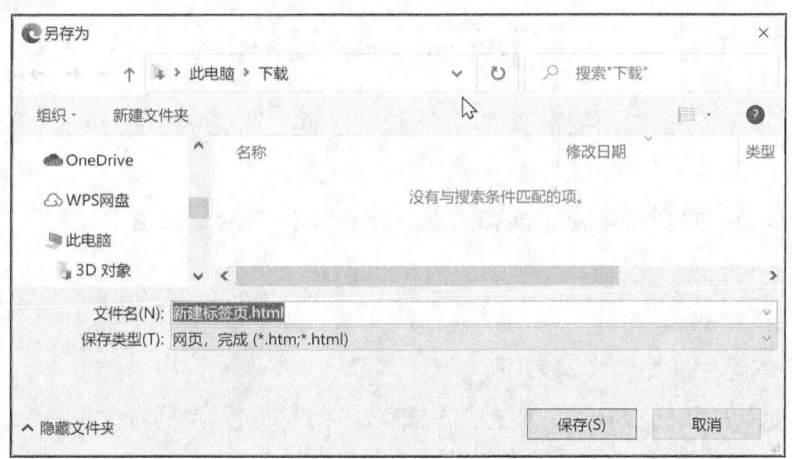

图 5-25　"另存为"对话框

② 在"另存为"对话框中选择保存位置，在"文件名称"文本框中修改保存名称，在"保存类型"下拉列表框中可选保存类型。

③ 单击"保存"按钮，完成保存操作。

保存网页后，浏览器会在指定位置按指定文件名保存一个网页文件，并创建一个同名的文件夹，在文件夹中保存网页中的图片、脚本、样式表等相关文件。如果保存类型选择了"网页（单个文件）"选项，则将网页的全部内容，包括图片、脚本、样式表等，保存在一个网页文件中。在系统文件夹窗口中双击保存的网页文件，可在不联网的情况下，用浏览器查看保存的网页。

也可将网页保存为 PDF 文件，操作步骤如下。

① 在网页空白位置单击鼠标右键，在弹出的快捷菜单中选择"打印"命令，打开"打印"对话框，如图 5-26 所示。

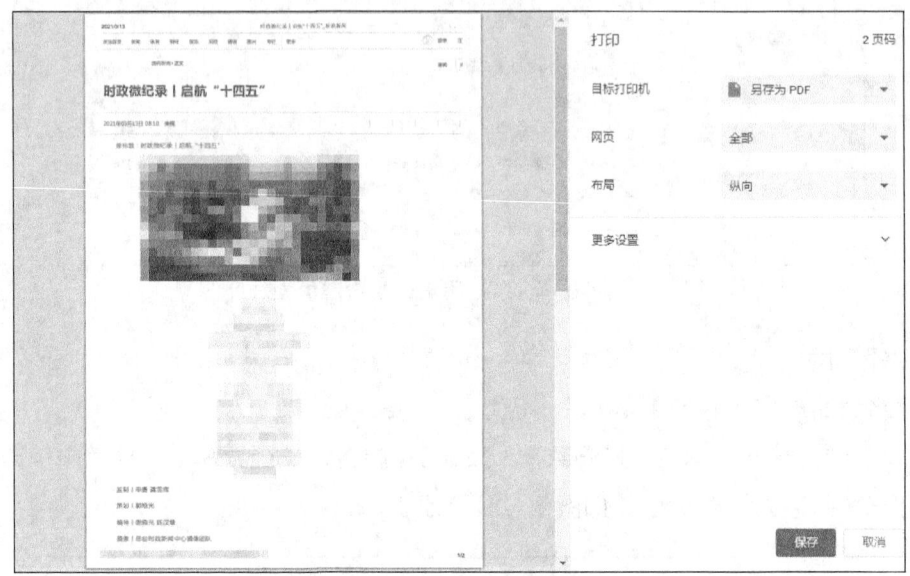

图 5-26 "打印"对话框

② 在"打印"对话框的"目标打印机"下拉列表框中选择"另存为 PDF"选项，单击"保存"按钮，打开"另存为"对话框。

③ 在"另存为"对话框中指定保存位置、保存文件名后，单击"保存"按钮，完成保存操作。

（6）保存网页中的图片

保存网页中的图片的操作步骤如下。

① 在图片上单击鼠标右键，在弹出的快捷菜单中选择"图片另存为"命令，打开"另存为"对话框。

② 在"另存为"对话框中指定保存位置、保存文件名后，单击"保存"按钮，完成保存操作。

也可在图片上单击鼠标右键，在弹出的快捷菜单中选择"复制图片"命令，将图片复制到系统剪贴板，然后在 Word、Photoshop 等应用程序中执行粘贴操作，将网页中的图片复制到相应的应用程序中。

2. 下载资源

Internet 中存在大量的免费软件、共享软件、共享文档等共享资源，用户可将其下载到本地计算机中使用。共享资源通常在网页中提供了下载链接，单击链接即可下载资源。

图 5-27 显示了在 360 安全浏览器中打开的 360 软件下载页面。

图 5-27　360 软件下载页面

单击软件对应的"下载"按钮，打开"新建下载任务"对话框，如图 5-28 所示。对话框显示了共享资源的网址，在"名称"文本框中可修改保存到本地的文件名称，在"下载到"文本框中可输入资源的保存位置。单击"浏览"按钮打开对话框，可选择保存位置，单击"下载"按钮开始下载。360 安全浏览器会打开"下载"对话框，显示下载进度和已下载的文件，如图 5-29 所示。

图 5-28　"新建下载任务"对话框

图 5-29　"下载"对话框

完成下载后，在弹出的对话框中单击"打开"按钮可打开已下载的文件，单击"文件夹"按钮可打开下载文件所在的文件夹，单击"删除文件"按钮可删除已下载的文件，单击"清空已下载"按钮可清空已下载文件列表，但不会删除已下载的文件。"下载"对话框被关闭后，可单击浏览器右上角的"打开菜单"按钮≡，打开浏览器菜单。在菜单中单击"下载"按钮，可重新打开"下载"对话框。

也可以使用下载工具下载网络资源，常见的下载工具有迅雷、快车等。在网页中直接下载资源时，浏览器通常不提供断点续传功能，当下载被中断时需要重新从头开始下载。下载工具通常提供了断点续传功能，下载被中断时，可从被中断的位置继续下载。使用迅雷（确认计算机中已安装）下载网络资源的操作步骤如下。

（1）在网页的下载链接上单击鼠标右键，在弹出的快捷菜单中选择"使用迅雷下载"命令，打开"新建下载任务"对话框，如图 5-30 所示。通常，只要系统装有迅雷软件，单击下载链接时，迅雷可自动打开"新建下载任务"对话框。

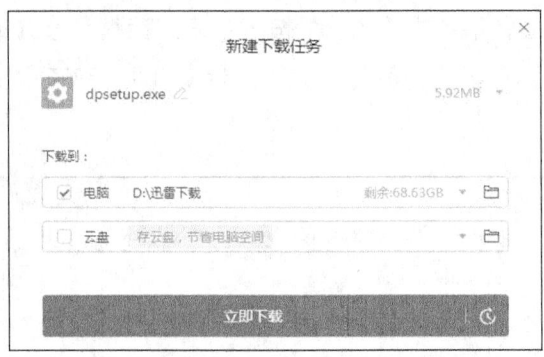

图 5-30　"新建下载任务"对话框

（2）在对话框中指定下载位置后，单击"立即下载"按钮开始下载。可在"已完成"选项卡中查看已下载的文件，如图 5-31 所示。

在已下载文件列表中双击文件名，可打开文件。单击文件名右侧的"打开文件夹"按钮，可打开下载文件所在的文件夹。

图 5-31　查看已下载的文件

注意　应特别注意的是，网络共享资源已成为计算机病毒传播的主要途径。从网络下载文件后，应使用杀毒软件检测文件是否安全，在确保文件安全后再打开文件。

3．收发电子邮件

收发电子邮件可使用 Outlook Express，也可使用网页邮箱。下面以 QQ 邮箱为例说明如何收发电子邮件。

（1）登录邮箱

在浏览器中打开 QQ 邮箱登录页面，如图 5-32 所示。

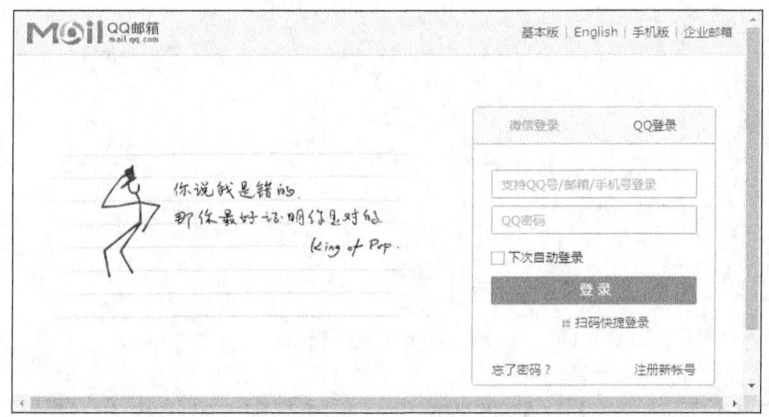

图 5-32　QQ 邮箱登录页面

QQ 邮箱支持 QQ 号、手机号和邮箱账号等登录方式。在登录页面中输入 QQ 号、手机号或者邮箱账号及登录密码，单击"登录"按钮登录邮箱，进入邮箱首页。

（2）接收电子邮件

在邮箱首页单击左上角的"收信"按钮，可进入收件箱查看接收到的电子邮件列表，如图 5-33 所示。

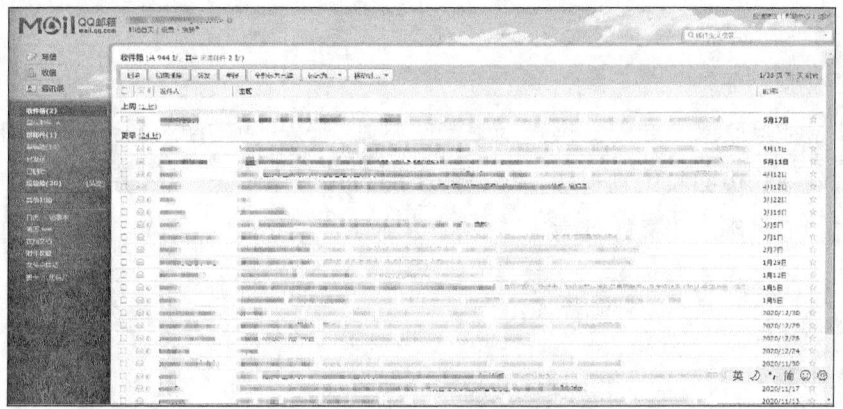

图 5-33　收件箱中的电子邮件列表

在电子邮件列表中单击电子邮件主题，可打开电子邮件查看其内容。

（3）发送电子邮件

发送电子邮件的操作步骤如下。

① 在邮箱首页单击左上角的"写信"按钮，打开写信页面，如图 5-34 所示。

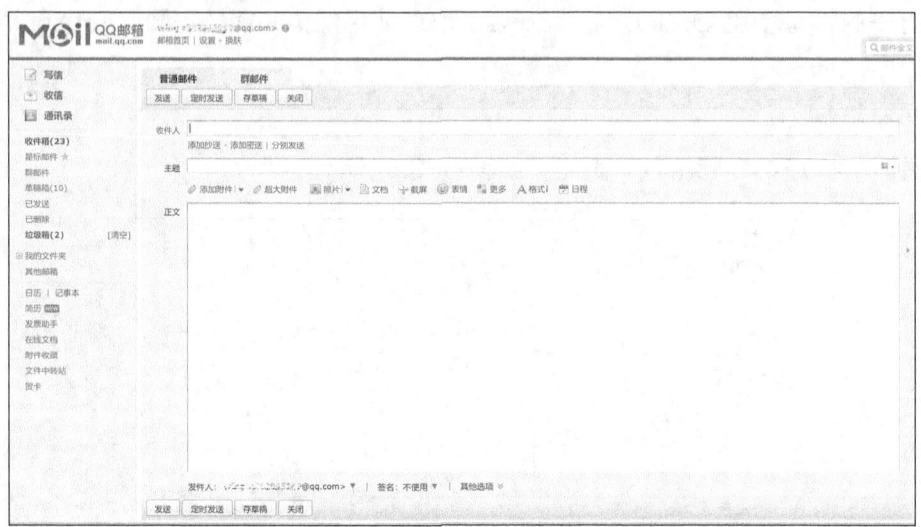

图 5-34　写信页面

② 在"收件人"文本框中输入收件人的电子邮件地址，若输入多个地址，应用分号分隔。QQ 邮箱的电子邮件地址可只输入 QQ 号。

③ 在"主题"文本框中输入电子邮件主题。

④ 在"正文"文本框中输入电子邮件正文。

⑤ 单击"添加附件"按钮，打开对话框可添加本地文件作为电子邮件附件。如果要发送的文件过大，可单击"超大附件"按钮添加超大附件，单击"图片"按钮可添加图片作为附件。

⑥ 单击"发送"按钮发送电子邮件。

4．信息搜索

（1）认识搜索引擎

搜索引擎是指互联网上专门提供查询服务的网站，这些网站通过复杂的网络搜索系统，将互联网上大量网站的页面收集到一块，经过分类处理并保存起来，从而能够对用户提出的各种查询做出响应，提供用户所需的信息。

常见的搜索引擎有百度、360 搜索等。

（2）使用搜索引擎

操作步骤如下。

① 在浏览器地址栏中输入百度的网址，按"Enter"键，打开百度的首页。在搜索框中输

入搜索信息的关键词"计算机等级考试"文本，如图 5-35 所示。

图 5-35　搜索结果

百度的首页搜索框下方有一个搜索内容的导航栏，如图 5-36 所示。

图 5-36　导航栏

导航栏中有"网页""新闻""知道""音乐""图片""视频"等标签。用户可以根据自己需要搜索的信息的种类单击标签，在相应的结果中搜索内容，这样可以提高搜索的效率。

说明

技巧：搜索框提示

当输入搜索关键词时，百度会根据输入的内容，在搜索框下方实时展示最符合的提示词。用户只需单击需要的提示词，或者用键盘中的上下键选择想要的提示词并按"Enter"键，就会打开该词的查询结果，不必再费力地敲打键盘即可轻松地完成查询。例如输入"计算机等级考试"，搜索框下方会出现"计算机等级考试时间""计算机等级考试成绩查询""计算机等级考试报名时间"等提示词。

---

② 单击"百度一下"按钮 百度一下 ，显示搜索结果页面，如图 5-37 所示。
页面中包括以下内容。
- 搜索结果标题：标题都有超链接，单击标题可以打开搜索结果页面。
- 搜索结果摘要：通过摘要可以判断这个结果是否满足需要。

- 百度快照:"快照"是该网页在百度的备份,如果原网页打不开或者打开速度慢,可以查看快照浏览页面内容;百度快照只会临时缓存网页的文本内容,所以那些图片、音乐等非文本信息仍存储于原网页中,百度快照中没有。
- 相关搜索:"相关搜索"是其他有相似需求的用户的搜索,按搜索热门度排序;如果搜索效果不佳,可以参考这些相关搜索。

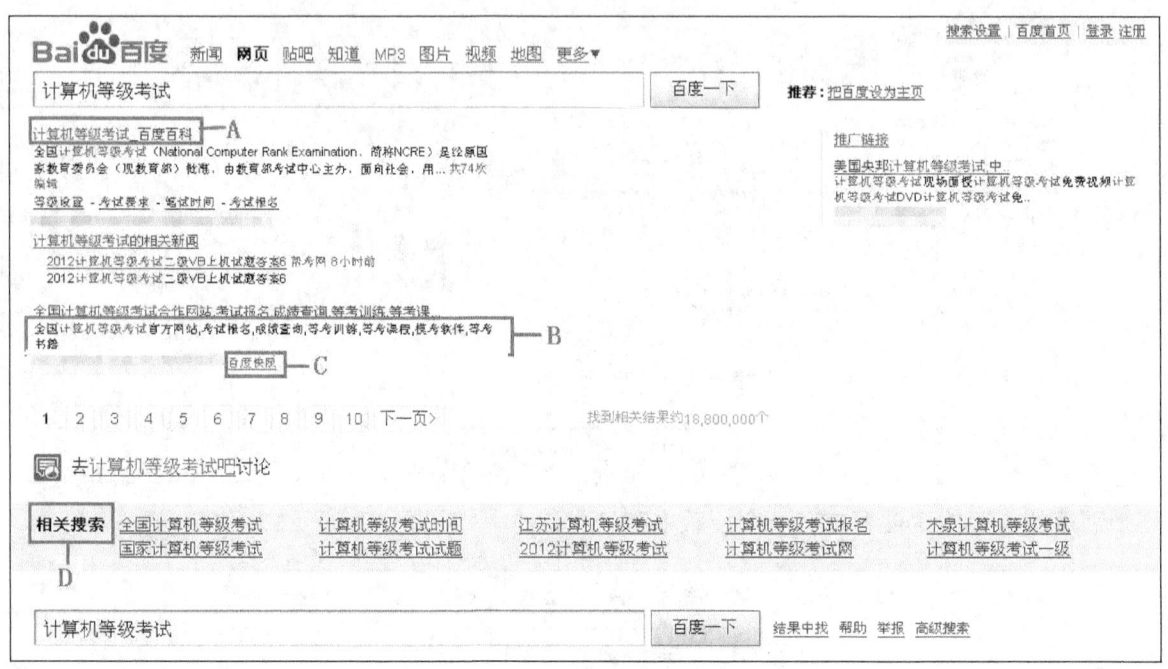

图 5-37　搜索结果页面

说明　　技巧:高级搜索

百度搜索首页的"设置"菜单中有"高级搜索"命令,使用该命令,可以更加精确地搜索信息。

- 把搜索范围限定在网页标题中。

网页标题通常是对网页内容提纲挈领式的归纳。把查询内容范围限定在网页标题中,有时能获得良好的效果。方式是把查询内容中特别关键的部分使用"intitle:"进行查询。例如,要找计算机硬件中标题为"CPU"的网页,可以这样输入"计算机硬件 intitle:CPU";注意"intitle:"后面不要有空格。

- 把搜索范围限定在特定站点中。

如果知道某个站点中有自己需要找的东西,就可以把搜索范围限定在这个站点中,提高查询效率。方式是在查询内容的后面加上"site:站点域名"。例如,想在天空网网站下载 Winrar 软件,可以输入"winrar site:skycn.com"。注意,"site:"后面跟的站点域名不要带"http://",

另外,"site:"和站点名之间不要带空格。

- 精确匹配——双引号和书名号。

如果输入的查询词很长,百度在经过分析后,给出的搜索结果中的查询词可能是拆分的。如果对这种搜索结果不满意,可以尝试让百度不拆分查询词,给查询词加上双引号,就可以达到这种效果。例如,搜索"武汉软件工程",如果不加双引号,搜索结果不是很精准,但加上双引号搜索"武汉软件工程",获得的结果就符合要求了。

书名号是百度独有的一个特殊查询语法。在其他搜索引擎中书名号会被忽略,而在百度中,书名号是可被查询的。加上书名号的查询词有两层特殊功能,一是书名号会出现在搜索结果中;二是被书名号扩起来的内容不会被拆分。书名号在某些情况下特别有效,例如,查名字很通俗、很常用的电影或者小说。例如查电影《手机》,如果不加书名号,很多情况下显示的是通信工具的手机信息,而加上书名号后,搜索《手机》,结果就都是关于电影等作品方面的。

- 要求搜索结果中不含特定查询词。

如果你发现搜索结果中有某一类网页是不希望看见的,而且这些网页都包含特定的关键词,那么用减号语法就可以去除所有这些含有特定关键词的网页。例如,搜《神雕侠侣》,希望出现关于武侠小说方面的内容,却发现搜索结果中很多是关于电视剧方面的网页,那么就可以输入"神雕侠侣 - 电视剧"。注意,前一个关键词和减号之间必须有空格,否则减号会被当成连字符处理,从而失去减号语法功能,减号和后一个关键词之间有无空格均可。

- 专业文档搜索。

很多有价值的资料,在互联网上并非是普通的网页,而是以 DOC、PPT、PDF 等格式存在。百度支持对 Office 文档(包括 Word、Excel、PowerPoint)、PDF 文档、RTF 文档进行全文搜索。要搜索这类文档,可在普通的查询词后面加一个"filetype:"文档类型限定,查询词后可以跟以下文件格式:DOC、XLS、PPT、PDF、RTF、ALL(大小写皆可)。其中,ALL 表示搜索所有这些文件类型。也可以通过百度文档搜索界面(http://file.baidu.com/),直接使用专业文档搜索功能进行搜索。

拓展阅读

云的概念

1. 云计算

云计算是以公开的标准和服务为基础,以互联网为中心,提供安全、快速、便捷的数据存储和网络计算服务的一种技术。云计算是一种基于互联网的超级计算模式。云是远程的数据中心中，几万甚至几千万台计算机和服务器连接而成的系统。云计算可以提供强大的运算能力。用户可以通过台式计算机、笔记本计算机、手机等方式接入数据中心，按各自的需求进行存储和运算。

云计算的实质是通过互联网访问应用和服务，而这些应用或者服务通常不是在自己的服务器上运行，而是在互联网的数据中心里。云计算的目的是把一切都拿到网络上，云就是网络，网络就是计算机。

云计算技术的特点是方便、安全可靠，能节约大量人力、物力，主要体现在以下几个方面。

（1）方便快捷的云服务

云计算模式下一切皆服务，用户基本上不再需要拥有使用信息技术所需的基础设施，而仅需要租用并访问云服务供应商所提供的服务。

（2）安全可靠的数据存储

云计算提供了可靠的数据存储中心，数据可以自动同步传递，并可通过 Web 在所有的设备上使用，避免了用户将数据存放在本地而出现的数据丢失或感染计算机病毒等问题。

（3）节约大量人力物力的云计算

用户不需要购置大量的软、硬件资源，也不需要找专业人员维护和补充这些资源，只需拥有终端设备（一台计算机、一套鼠标键盘、一根网线），就可以使用互联网上的资源和服务了。

2. 云存储

云存储是在云计算概念上延伸和发展出来的一个新概念，云存储系统指通过集群应用、网格技术或分布式文件系统等功能，将网络中大量各种类型的存储设备通过应用软件集合起来协同工作，共同对外提供数据存储和业务访问功能的一个系统。当云计算系统运算和处理的是大量数据的存储和管理时，云计算系统中就需要配置大量的存储设备，那么云计算系统就转变成为一个云存储系统，所以云存储系统是一个以数据存储和管理为核心的云计算系统。

就如同云状的广域网和互联网一样，云存储对使用者来说不是指某一个具体的设备，而是指一个由许许多多存储设备和服务器构成的集合体。使用者使用云存储，并不是使用某一个存储设备，而是使用整个云存储带来的数据访问服务。所以严格来讲，云存储不是存储，而是一种服务。

3. 云安全

云安全是我国企业创造的概念，在国际云计算领域独树一帜。云安全通过大量网络中的客户端对网络中计算机的安全行为进行异常监测，获取互联网中木马、恶意程序的最新信息，推送到服务端进行自动分析和处理，再把计算机病毒和木马的解决方案分发到每一个客户端。

现在的杀毒软件无法有效地处理日益增多的恶意程序。来自互联网的主要威胁正在由计算机病毒转向恶意程序及木马，在这样的情况下，杀毒软件采用的特征库判别法显然已经过时。应用云安全技术后，识别和查杀计算机病毒不仅要依靠本地硬盘中的病毒库，而且要依靠庞大的网络服务，实时进行采集、分析及处理。整个互联网就是一个巨大的"杀毒软件"，参与者越多，计算机就越安全，整个互联网也会更安全。

云安全的策略构想是使用者越多，每个使用者就越安全。因为如此庞大的用户群足以覆盖互联网的每个角落，只要被网站记录过的计算机病毒或某个新木马出现，就立刻会被截获。

物联网

简单来说，物联网就是物体和物体连接起来的互联网，是一种互联网的应用扩展。物联网通过射频识别（RFID）、红外感应器、全球定位系统、激光扫描器等信息传感设备，按约定的协议把物品与互联网相连接，进行信息交换和通信，以实现对物品的智能化识别、定位、跟踪、监控和管理，物品与物品之间可以进行信息交换和通信。物联网可以广泛应用在物体的智能标签、智能控制和环境监控、对象跟踪等场合。

联网把新一代 IT 技术充分运用在各行各业之中，具体地说，就是把感应器嵌入和装备到电网、铁路、桥梁、隧道、公路、建筑、供水系统、大坝、油气管道等各种物体中，然后将物联网与现有的互联网整合起来，实现人类社会与物理系统的整合。在这个整合的网络当中，存在能力超级强大的中心计算机群，能够对整合网络内的人员、机器、设备和基础设施实施实时的管理和控制。在此基础上，人类可以以更加精细和动态的方式管理生产和生活，达到"智慧"状态，提高资源利用率和生产力水平，改善人与自然间的关系。

网络礼仪

在现实生活中，人与人之间的社交活动有不少约定俗成的礼仪。在互联网这个虚拟世界中，也同样有一套不成文的规定及礼仪（即网络礼仪）供互联网使用者遵守。常见的基本网络礼仪如下。

（1）礼仪 1：记住别人的存在

互联网聚集了世界各地的用户，这是网络技术的功劳，但我们在使用鼠标和键盘、面对计算机屏幕时，往往会忘了我们是在跟其他人打交道，我们的行为也容易因此变得粗俗和无礼。因此网络礼仪第一条就是"记住别人的存在"，如果你当着别人面不会说的话在网上也不要说。

（2）礼仪 2：网上网下行为要一致

在现实生活中，大多数人都遵纪守法，同样在网上也应如此。网上的道德和法律与现实生活中是相同的，不要因为在虚拟的网络中就降低道德标准。

（3）礼仪3："入乡随俗"

同样是论坛，不同的论坛有不同的规则。在一个论坛可以做的事情在另一个论坛做就可能不被接受。例如在聊天时"打哈哈"发布传言和在一个新闻论坛散布传言是不同的。建议多看看再发言，这样你可以知道论坛的气氛和哪些是可以接受的行为。

（4）礼仪4：尊重别人的时间

在提问题以前，自己先花些时间去搜索和研究。很有可能同样问题以前已经有人问过，现成的答案随手可得。不要以自我为中心，别人为你提供答案也需要消耗时间和资源。

（5）礼仪5：在网上给自己留个好印象

因为网络的匿名性质，别人无法从你的外观来判断你的形象，所以你的一言一语成为别人对你印象的唯一判断标准。发帖以前仔细检查语法和用词，不要故意挑衅和使用脏话。

（6）礼仪6：分享你的知识

网络世界不仅可以回答问题，还可以分享好的答案，在分享中帮助别人。

（7）礼仪7：平心静气地讨论

讨论出现分歧是正常现象，要以理服人，不要人身攻击。

（8）礼仪8：尊重他人的隐私

别人与你用电子邮件交流或私聊的记录是隐私的一部分。在论坛未经同意将他的真名公开不是一个好的行为。如果不小心看到别人的电子邮件或秘密，也不应该到处传播。

（9）礼仪9：不要滥用权限

管理员和版主比其他用户有更多权限，应该珍惜这些权限，不滥用权限。

（10）礼仪10：宽容

我们都曾经是新手，都会有犯错误的时候。当看到别人写错字，用错词，问一个低级问题或者写篇没必要的长篇大论时，要宽容地对待。

课后练习

1. 选择题

（1）将数字信号转换成模拟信号的过程称为_____。

  A. 转换 B. 解调 C. 调制 D. 传输

（2）不属于TCP/IP参考模型的层次是_____。

  A. 应用层 B. 传输层 C. 互联层 D. 会话层

（3）下列各项中，不能作为IP地址的是_____。

  A. 15.21.102.1   B. 202.206.107.221

  C. 222.234.258.246 D. 152.0.0.1

（4）实现局域网与广域网互联的主要设备是_____。

    A．交换机   B．路由器   C．网桥   D．集线器

（5）下列各项中可以作为域名的是_____。

    A．www.com.whvcse   B．office.whvcse.com

    C．www,whvcse.com   D．whvcse

（6）下列各项中，正确的 URL 是_____。

    A．http://www.******.com/news/file.htm

    B．http:\\www.******.com\news\file.htm

    C．http://www.******.com/news\file.htm

    D．http://www.******.com/news/file.htw

（7）网络中将域名转换成 IP 地址或者将 IP 地址转换为域名的服务是_____。

    A．WWW   B．SMTP   C．DNS   D．FTP

（8）浏览器收藏夹的作用是_____。

    A．保存感兴趣的网页内容   B．保存感兴趣的文件名

    C．收集感兴趣的网页地址   D．收集感兴趣的网页内容

（9）关于电子邮件，下列说法中错误的是_____。

    A．发件人必须要有自己的电子邮件地址

    B．发件人必须知道收件人的电子邮件地址

    C．发件人必须知道收件人的邮政编码

    D．Outlook Express 可以管理联系人信息

（10）关于 FTP 下载文件，下列说法中错误的是_____。

    A．FTP 是文件传输协议

    B．登录 FTP 不需要用户名和密码

    C．可以使用客户端软件登录 FTP 服务器下载文件

    D．FTP 服务器使用客户/服务器模式

（11）无线网络相对于有线网络来说，优点有_____。

    A．传输速度更快，误码率更低   B．设备费用更低廉

    C．组网简单，维护方便   D．网络安全性好，可靠性高

2．操作题

（1）在桌面上新建一个名为"网页"的文件夹，将搜狐网新闻频道的主页保存到"网页"文件夹中。

（2）在浏览器的收藏夹中新建一个名为"新闻"的文件夹，将搜狐网新闻频道的主页地址

保存到浏览器收藏夹的"新闻"文件夹中。

（3）在网络上搜索计算机应用基础学习方法的资料，将搜索到的资料保存到名为"学习方法.docx"的文档中。

（4）给班上的学习委员发送主题为"我的学习方法"的电子邮件，将"学习方法.docx"作为附件，同时抄送给班长一份。